天津市哲学社会科学规划后期资助项目
项目编码：YSHQ-05

城市公共环境设施设计
Environmental Design of Urban Public Facilities

钟 蕾　罗京艳　著

中国建筑工业出版社

图书在版编目（CIP）数据

城市公共环境设施设计／钟蕾等著．—北京：中国建筑工业出版社，2011.6
ISBN 978-7-112-13270-6

Ⅰ.①城… Ⅱ.①钟… Ⅲ.①城市公用设施－环境设计 Ⅳ.① TU984

中国版本图书馆CIP数据核字（2011）第097248号

责任编辑：李晓陶
责任设计：董建平
责任校对：姜小莲　关　健

城市公共环境设施设计
Environmental Design of Urban Public Facilities
钟　蕾　罗京艳　著
*
中国建筑工业出版社出版、发行（北京西郊百万庄）
各地新华书店、建筑书店经销
北京嘉泰利德公司制版
北京中科印刷有限公司印刷
*
开本：787×1092 毫米　1/16　印张：15½　字数：390千字
2011年9月第一版　2018年1月第二次印刷
定价：49.00元
ISBN 978-7-112-13270-6
（20643）

版权所有　翻印必究
如有印装质量问题，可寄本社退换
（邮政编码100037）

前 言

城市是人类文明的标志。一座具有活力的城市，是历史轨迹的美好延续，而公共环境艺术正是这种延续的升华。公共环境艺术担负着城市对未来的理想、对过去的缅怀。城市的形象和内涵会通过城市的文化与景观公共环境设施来体现，正如国际著名设计师及理论家伊利尔·沙里宁（Eliel Saarinen）所说："让我看看你的城市，我就能说出这个城市居民在文化上追求的是什么。""城市是一本打开的书，从中可以看到它的目标与抱负。"

现代城市公共环境设施设计应是人与自然、人与文化的和谐统一，体现着现代人的价值观、审美观和趣味，在很大程度上是人们公共生活的舞台，是城市人文精神的综合反映，是一个城市历史文化延续变迁的载体和见证，是一种重要的文化资源，是构成区域文化的灵魂要素。未来的城市环境公共设施设计应更关注和谐生态的设计理念，与环境更加协调。

本书的内容——第1篇城市公共环境设施设计理论篇，分6个章节，分别从城市公共环境设施设计历史与现状、城市公共环境设施的自然生态性、城市公共环境设施与城市的人文性、城市公共环境设施与城市的地域性、城市公共环境设施的人性化设计、城市公共环境设施设计的构成要素展开理论分析，并结合天津市公共环境设施设计案例生态之美分析、天津公共环境设施人文之美分析、天津地域性特征对城市街道设施设计的影响、天津城市环境设施的无障碍设计分析四个方面，全面系统地论述了城市公共环境设施设计理论。

本书的内容——第2篇城市公共环境设施设计实践篇，以天津市为例，分两个章节——城市公共环境设施的设计运用和天津市公共环境设施的设计案例展开比较性分析，在比较成熟的调查研究体系上，提出了多项设计方案和建议。本书以追求城市建设的"和谐、生态"和"以人为本"为理念，从学术研究的高度探索了城市公共环境设施建设在城市现代化建设和社会文明发展中的重要性及其意义。全书内容完整，系统体现了本研究成果的意义和价值。

此书能够得以顺利付梓，首先要感谢中国建筑工业出版社李东禧先生、李晓陶编辑的热心支持和帮助，同时，还要感谢我的科研团队和学生们，他们的理论研究成果和设计作品为本书的完成增添了不少光彩。在本书撰写过程中，笔者使用的一些设计图例部分来自于国内最新发表的资料和网站，在此谨向所有资料的提供者致以衷心的感谢！对于本书中的不足与错误之处，也真诚地希望读者提出批评指正。

钟蕾

2011年3月于天津

目 录

第1篇
城市公共环境设施设计理论篇

1 城市公共环境设施设计历史与现状 |001
   1.1 城市公共环境设施的概念 |002
   1.2 城市公共环境设施设计的历史 |005
   1.3 东西方环境设施设计理念比较 |011
   1.4 城市公共环境设施的分类 |013
   1.5 城市公共环境设施设计现状 |016

2 城市公共环境设施的自然生态性 |023
   2.1 自然环境与生态环境 |023
   2.2 城市的自然形态之美 |025
   2.3 生态城市——人与自然的和谐环境 |027
   2.4 城市环境设施设计与自然生态的和谐之美 |030
   2.5 天津市环境设施设计案例的自然生态之美分析 |031

3 城市公共环境设施与城市的人文性 |033
   3.1 城市的人文特征 |033
   3.2 城市形象定位 |035
   3.3 公共环境设施与城市形象定位的关系 |042
   3.4 城市形象定位影响下的城市公共环境设施设计 |044
   3.5 天津城市公共环境设施人文之美分析 |048

4 城市公共环境设施与城市的地域性 |051

- 4.1 城市地域特征 |051
- 4.2 城市公共环境设施地域性设计的原则 |055
- 4.3 城市公共环境设施地域性设计的方法 |057
- 4.4 地域性文化符号的设计应用 |060
- 4.5 地域性与时代性的整合 |062
- 4.6 天津的地域性特征对城市公共环境设施设计的影响 |065

5 城市公共环境设施的人性化设计 |071

- 5.1 人性化设计概述 |071
- 5.2 城市公共环境设施使用人群特征分析 |072
- 5.3 城市公共环境设施人性化设计应考虑的主要因素 |077
- 5.4 城市公共环境设施设计人性化的思想内容 |081
- 5.5 城市公共环境设施人性化设计的方法 |083
- 5.6 无障碍公共环境设施设计 |090
- 5.7 天津市公共环境设施的无障碍设计分析 |097

6 城市公共环境设施设计的构成要素 |101

- 6.1 形式要素 |101
- 6.2 结构要素 |106
- 6.3 材料要素 |112
- 6.4 功能要素 |117
- 6.5 色彩要素 |120

第 2 篇
城市公共环境设施设计实践篇

7 城市公共环境设施的设计运用 |129
    7.1 交通设施系统设计 |129
    7.2 照明设施系统设计 |136
    7.3 管理设施系统设计 |145
    7.4 信息识别设施系统设计 |150
    7.5 公共卫生设施系统设计 |162
    7.6 休息设施系统设计 |166
    7.7 游乐设施系统设计 |169

8 天津市公共环境设施的设计案例 |173
    8.1 鼓楼商业街公共设施设计案例 |173
    8.2 五大道公共设施设计案例 |181
    8.3 红星路沿线公共设施设计案例 |192
    8.4 华苑居住区公共设施设计案例 |196
    8.5 友谊路公共设施设计案例 |197
    8.6 水上公园附近道路公交站设计案例 |205
    8.7 天津站公共设施设计案例 |206
    8.8 中山路报刊亭设计案例 |208
    8.9 天津滨海新区公共设施设计案例 |209

9 彩图 |229

参考文献 |242

第1篇　城市公共环境设施设计理论篇

1　城市公共环境设施设计历史与现状

城市是人类文明的标志。一座具有活力的城市，是历史轨迹的美好延续，而公共环境艺术正是这种延续的升华。公共环境艺术担负着城市对未来的理想、对过去的缅怀。城市的形象和内涵是通过城市的文化与景观公共环境设施来体现的，正如国际著名设计师及理论家伊利尔·沙里宁（Eliel Saarinen）所说："让我看看你的城市，我就能说出这个城市居民在文化上追求的是什么"，"城市是一本打开的书，从中可以看到它的目标与抱负。"

中国古代的环境艺术提倡"顺应自然"、"天人合一"，现代环境艺术贯穿在城市化进程的始终，正如环境艺术理论家多伯（Richard P. Dober）所说："环境艺术（Enviromental Art）是一种实效的艺术，早已被传统所瞩目的艺术,环境艺术实践与人们影响周围环境的能力、赋予环境视觉次序的能力、提高人类居住环境质量的能力和装饰水平的能力是紧密联系在一起的。"他指明公共环境艺术存在于传统与现代社会中，以人的需求为出发点，注重人与环境的融合。

宜人的城市环境根本上来自于其功能的合理性和空间的有效组织，来自对城市良好人文环境的营造。既不能单单靠种植树木、摆上雕塑、设置座椅就能实现，也不能仅仅用建筑密度、容积率、绿化率等指标加以衡量。作为与人文环境息息相关的、在城市公共环境中起重要作用的公共设施，忠实反映着一个都市的经济以及文化水准，也体现着一个城市、一个社区的文明程度。城市公共设施与大众的日常生活关系密切，被人们形象地称为城市家具。作为城市空间的要素之一，公共设施是城市形象构筑中不可缺少的一部分，在实现其自身功能的基础上，与建筑共同反映着城市的特色与风采。现代城市公共环境设施设计应是人与自然、人与文化的和谐统一，体现着现代人的价值观、审美观和趣味，在很大程度上是人们公共生活的舞台，是城市人文精神的综合反映，是一个城市历史文化延续变迁的载体和见证，是一种重要的文化资源，是构成区域文化的灵魂要素。未来的城市公共环境设施设计应更关注和谐生态的设计理念，与环境更加协调（图1-1、图1-2）。

1.1 城市公共环境设施的概念

社会的发展，人口的聚集，形成城市化的格局。人需要交流、需要沟通，这就是公共空间形成的基础。随着城市建设逐渐步入理性阶段，人们不再以追求单纯的物质层面的完善为唯一目标，而更多地把注意力转移到城市文化环境上，公共环境艺术将成为城市形象建设的决定性因素之一。环境质量的提高，特别是生活环境向更加适用、更加美观改善的同时，公共环境设施设计已经提到日程上来。它作为人类文化资产，在整个社会结构和环境设计范畴内已经占有一定的位置。当然，无论是发达国家还是发展中国家和地区，公共环境设施必须伴随着城市建设而同步进行，满足人们生活的公共环境设施设计也就日益呈现出其重要性。围绕公共空间历史成因的探讨，回顾公共艺术发展的文化脉络，透析公共艺术与公众、自然环境、文化背景的关系，已经受到社会普遍关注。

1.1.1 概念

1. 公共设施的概念

公共设施这种称呼出现于处在公共艺术萌芽年代的欧洲，英文为"Street Furniture"，意为"街道的家具"，同样的意思在德文里称为"街道设施"，法文里为"都市家具"、有时也称为"都市组件"，其余类似的词汇则有园林装置、城市装置、城市元素等。目前，各国学者对城市公共设施所界定的含义差别很大。罗布·克里尔（Rob Krier）认为："城市公共设计就是指城市内开放的用于室外活动的、人们可以感知的设施，它具有几何特征和美学质量，包括公共的、半公共的供内部使用的设施。"我国的一些学者认为：城市公共设施包括公共绿地、广场、道路和休憩空间的设施等。还有学者认为：城市公共设施是指向大众敞开的、为多数民众服务的设施，不仅指公园绿地这些自然景观，城市的街道、广场、巷弄、庭院等都在公共设施的范围内。一般公认此种设施的定义是为了提供公众某种服务或某项功能，装置在都市公共空间里的私人或公共物件或设备的统称（图1-3~图1-6）。

图1-1　爱晚亭依山而建，不仅给上山的人们提供休息场所，同时与山间的景物十分协调

图1-2　贝聿铭设计的卢浮宫入口，是体现现代艺术风格的佳作

图1-3　温哥华乔治·韦恩本公园绿地

图1-4 温哥华乔治·韦恩本公园休憩空间

图1-5 巴黎街头的路灯与公交

图1-6 埃菲尔铁塔周边景观

2.公共设施设计概念

所谓的公共空间是指具有开放、公开特性的、由公众自由参与和认同的公共性空间。公共开放空间建设是城市人文景观建设和城市环境空间改观的主要内容。而公共空间艺术则是公共开放空间中的艺术创作和与之相应的环境设计，同时也是公共空间建设的核心与灵魂。公共环境设施设计是伴随着城市的发展而产生的，融产品设计与环境设计于一体，是工业设计的一部分，犹如城市的家具。公共环境设施设计是城市的不可缺少的构成元素，是城市的细部设计，它的主要目的是完善城市的使用功能，满足公共环境中人们的生活需求，方便人们的行为，提高人们的生活质量与工作效率。都市中的公共设施是实用性公共空间艺术的重要组成部分，也是整个都市景观的重要组成部分。其在环境中所发挥的效用，除了自身的实用功能外，还具有装饰性与意象性。因此，公共设施的创意和视觉形象是体现一个城市的文化品位以及形象的重要内容。

3. 城市公共设施系统概念

城市公共设施系统是指供城市里的人们在生存空间进行社会活动的非生产性设施系统。从广义上讲，城市中除了生产性设施系统外，均为公共设施系统。城市的现代化程度越高，城市的公共设施越健全。从专业上分，城市公共设施系统可分为行政公共设施系统、环境公共设施系统、交通公共设施系统、文化体育公共设施系统、医疗卫生公共设施系统和人权公共设施系统等。从狭义上看，城市公共设施系统一般泛指道路（区域）指示、公共座椅、公共厕所、街头绿地、垃圾箱、宣传栏、候车亭、路灯、广场、雕塑、栏杆和无障碍设施等。这些城市公共设施系统，均被归纳为城市景观公共设施系统，这个系统几乎涵盖室外造型艺术的一切。景观设计越来越受到欢迎和重视，是社会经济发展的必然结果，是人们日益重视环境品质的直接体现。可以断言，在未来城市建设中，应用景观设计的手段来改善城市的文化及生态环境将是必然的趋势。

1.1.2 城市公共设施的功能

功能与形式，二者互为矛盾，互为统一。功能包含了作为社会的人使用产品的需要；形式是这种需要的具体体现，即造型、色彩是将社会及人的需要物化的结果和表达。二者一致才有存在价值。在空间环境中，现代公共设施设计应以人为服务对象，为人的生理、心理需要服务，为大众社会环境改善服务。公共设施在环境中所起的作用可从物质功能与精神功能两方面进行分析。

1. 公共设施的物质功能

（1）休息功能

利用公共设施可以创造出优美的、轻松的空间气氛，为居民提供良好的休息与交往场所，使空间真正成为一种亲切的生活空间。

（2）安全功能

一方面是利用一些公共设施和通过对场地细部构造的处理，可保护人们避免发生安全事故，另一方面，则可以用场地设施吸引更多的行人活动，增加了在空间中的"眼睛"，能起到减少犯罪活动的作用。

（3）便利功能

用水器、废物箱、公厕、邮筒、电话间、行李寄存处、自行车存放处、儿童游戏场、活动场以及露天餐座设施等。这些设施都向居民提供方便的公共服务，因此也是城市社会福利事业中一个不可缺少的部分。

（4）遮蔽功能

如亭、廊、篷、架、公共汽车站等，在空间中起到为人们遮风挡雨、避免烈日暴晒的遮蔽作用。

(5) 界定功能

可强化那些可能在本空间内发生的活动，界定出公共的、专用的或私有的领域。如路灯、台阶等标识的空间范围、走向，使空间趋于完整和统一。

2．公共设施的精神功能

公共设施在造景上可起到点缀、陪衬、换景、修景等作用，使空间环境更富有生趣，更舒适、优美，并有意境、特性，增加了空间的可识性与地域性，同时，兼有装饰和传播意义的作用。城市形象和其空间，不仅靠建筑群体、单体构成，而且受环境细部构造装饰和公共设施的影响。公共设施作为一种独特的空间符号，传递着浓郁的城市形象特征信息。

1.2 城市公共环境设施设计的历史

作为人们日常生活需要的环境设施，远在古代即已出现。上古时代祭天的公共场所可以定义为最早出现的公共设施，如古希腊罗马时期的城市排水系统、古奥林匹克竞技场、古剧场等，都属于当时的公共设施。考古学家在庞贝古城（公元前 7 世纪～公元 79 年）遗址处曾发现古罗马时期的城堡，共有 7 座城门，西南角为中心广场，设有公众讲演台、祭祀堂、妓院、公共浴池等；城堡园林用墙包围，园内建置藤萝架、凉亭、沿墙设座凳等（图 1-7）；以水渠、草地、花坛、花池、雕塑为主体而对称的布置格局，形成了以环境设施为主体的深邃幽雅的景观环境。17 世纪的法国，受意大利风格影响，在以凡尔赛宫为中心的林荫大道，以对称均衡的几何形式配置无数的水池、喷泉、雕塑及绿篱，并把植物整形为各种动物形象及几何体，极大地影响了 18 世纪的欧洲及世界各国（图 1-8）。可见，虽然古代东西方各国文化、地域不尽相同，但均已明确了城市环境设施的作用，并发挥了其应有的机能。

随着城市的发展，现代意义的城市兴起之后，公共设施变得更加普及。公元 9 世纪，当时的科尔多瓦在街道两旁普遍设置了街灯，700 年后，伦敦的街道上出现了用煤气的街灯。但第一次系统的现代化的城市公共设施的出现却是要晚至 18 世纪巴黎大改造时期。

图1-7 庞贝古城遗迹

图1-8 凡尔赛宫

留意欧洲都市的发展演变就会发现，中世纪与文艺复兴之后的都市有着迥然不同的形态和性格。中世纪的都市呈现出有机的自然状态，居住建筑稠密、街道狭窄。当时最重要的城市空间即为"广场"，由广场与教堂、市政厅建筑共同构成了城市公共空间的重点。文艺复兴至巴洛克时期的街道空间则开始往规整化发展，呈现为有规划的几何形。不论是呈棋盘式或是放射状的街道，都讲求直线式、通畅和宽敞的布局。随着工业革命的到来，尤其是蒸汽动力火车的出现，交通工具的变革推动巴黎和其他城市进入了现代化时期，尤其是城市街道空间发生了巨大的变化。从18世纪开始，随着法国革命进程的加快，城市越来越成为人们的领地，人们在街道上从事各种活动，个人和公众的生活开始融合成一体。街道就开始成为人们日常生活的一个"剧场"。在法国，拿破仑三世和经他发掘的一位能够胜任执行巴黎公众改善设施计划的领导者——奥斯曼开始了巴黎的现代化城市改造。当时城市的特征发生了深刻的变化，以前的房屋正对内部庭院，而现在新的街区和建筑的规划使其可以面临街道开高窗。居民可以通过阳台俯瞰街上的行人和马车的移动。咖啡馆满足了活动在新的街道上日益增长的人们的需要，为室外生活空间服务。随着街道形态的变化，人们日益需要更宽敞的街道和其他空间，于是林荫大道逐渐取代那些阴暗狭窄的小巷。与此同时政府开始在街道两旁种植数英里的行道树，美化街道节点，并安装路灯、座凳和其他的路边设施小品。从此城市公共设施在城市系统中成为不可或缺的重要部分。

中国古代的石牌坊、牌楼、石狮子、拴马桩、灯笼、抱鼓石及水井等（图1-9~图1-12）。在张择端著名的长卷作品《清明上河图》中，描绘了北宋时期汴京城中的繁华街面，展现了街道中店铺的各种招牌、门头、商店幌子等（图1-13）。日本在江户时期，街道上就设置了水井，成为当时的环境设施之一；而且，街道上设置了道标，成为人们重要的信息媒体。

随着东西方文化的交流，中外环境设施的设计观念不断地丰富、发展和完善。以圆明园为代表的中国园林艺术被介绍到欧洲，英国皇家建筑师以"中国式"的手法设计英国的庄园，并风行于欧洲，出现了一种对中国古典园林认同的倾向。而东方各国的城市环境设施也改变了原来的姿态，玻璃路灯、道路绿化、邮筒、公用电话等相继作为公共环境设施而出现。当汽车出现后，街道不再是步行者的空间，传统的地缘街道的共同生活地域体系已逐渐消失。中国的城市建设，从清末开始即向现代转化，建筑材料、结构、形式等均逐渐改变着千年的传统，尤以上海、天津、广州等城市的租界地更为突出。中国近代的城市设施和建筑小品深受西方建筑思

图1-9　明十三陵石牌坊

图1-10　老北京的抱鼓石

图1-11　故宫里的石狮子

图1-12　古水井

图1-13　清明上河图局部

图1-14　颐和园

图1-15　苏州园林

潮的影响。新的文明产生了新的地域社会，也导致新的环境设施出现。今天，耸立的现代化高楼，开放的广场和公园的公共空间，商业街、大型购物超市等，构成新的城市环境模式，更为有力地推动了公共环境设施的结构改革。

东西方在哲学思想、思维方式及生活环境等方面的差异，造成了东西方在公共环境设施设计理念与实用价值观上的不同，从而推动了公共环境设施的不断演化。

传统中国以农业为本，人与自然和睦相处，祖祖辈辈对自然界的认识以一种自然崇拜的形式体现出来，逐渐形成了独特的思维方式，讲求人与自然的融洽、和谐，善于以小见大。因此，在景观设计中常运用借景、透景、漏景的技法表达人与自然的关系，崇尚模仿自然，注重营造景象和意境。从秦汉的皇家园林，到隋唐、宋元的山水园林，明清的皇家及私家园林，形成了犹如立体的山水画一般的别具风貌的园林模式。许多成功的园林通过将山石塑成麓坡、岩崖、峰峦、谷涧、洞隧、瀑布、矶滩等景象，营造出无尽的诗情画意（图1-14、图1-15）。宋代商业发达，一些茶楼酒馆附设池馆园林以招徕顾客，形成了公共环境空间，并出现了与其相对应的公共环境设施，假山、水池、竹林布列，亭榭建筑穿插。日本园林深受中国影响，再结合本土的地理条件和文化传统，发展自成体系。为反映禅宗修行者所追求的苦行及自律精神，日本园林开始摈弃以往的池泉庭园，而是使用一些如常绿树、苔藓、沙、砾石等静止、不变的元素，营造枯山水庭园，园内几乎不使用任何开花植物，以期达到自我修行的目的。因此，禅宗庭院内，树木、岩石、天空、土地等常常是寥寥数笔即蕴涵着极深寓意，在修行者眼里它们就是海洋、山脉、岛屿、瀑布，一沙一世界，这样的园林无异于一种精神园林。后来，这种园林发展到极致，乔灌木、小桥、岛屿甚至园林不可缺少的水体等造园惯用要素均被一一剔除，仅留下岩石、沙砾和自发生长于荫蔽处的一块块苔地，这便是典型的、流行至今的日本枯山水庭园的主要构成要素。而这种枯山水庭园对人精神的震撼力也是惊人的（图1-16~图1-19）。

中国等东方国家重视主体，重视事物的辩证统一，重视整体效果。在公共环境设施设计中，重组群效果，追求整体统一，造成所谓星罗棋布之势。重物感，重直觉，重人的内心世界对于外界事物的感受。在设计中讲气势、重意境，讲究环境设施与群体的空间艺术感染力，以方便人的生活为设计的准则，运用均衡、对称、统一变化等形式原则，讲究设施与环境的调和、与人类自身的适应，以及出于自然胜于自然的意境。

西方国家在处理人与自然的关系上，以征服自然、改造自然、战胜自然作为文明的进步体现。在环境设计中，常以大尺度景观对视自然。重客体，重形式逻辑，重探索事物的内在规律性，讲求事物间的因果关系，并常以数学几何关系来分析。如平坦的草坪、笔直的林荫道、几

图1-16　日本京都龙安寺

图1-17　日本枯山水庭园

图1-18　日式石灯

图1-19　日本寺庙的蹲踞

图1-20　西式园林　　图1-21　卢浮宫花园极富轴线的几何布局，修剪整齐的绿化景观　　图1-22　凡尔赛宫后花园喷泉

何形的水池、比例讲究的抽象雕塑等，使人有强烈的秩序感。重模仿，重理性，重可观的写意性。在设计中讲求个体的造型，追求实体简单清晰而富于逻辑，坚持"实用、坚固、美观"的原则，严格遵循比例、均衡、韵律、对称等的原则，着力于客观的写意法。也以园林为例，古埃及人的园林即以"绿洲"作为模拟对象，把几何的概念用于园林设计，水池和水渠的形状方整规则，建筑、树木亦按几何规矩加以安排，是世界上最早的规整式环境设计模式。巴黎凡尔赛宫的庭园几何风格，具有强烈的人工雕琢痕迹，大理石雕塑、林荫下设置座椅、装饰性水景的环境，人们游历其间或散步、或闲谈。"文艺复兴"时期的意大利公共环境设施，由于当时其主要建筑物通常建于山坡地段的最高处，在建筑前开辟层层山地，分别配置坡坎、平台、花坛、水池、喷泉、雕塑及绿化；在水景的处理手法上丰富多样，于高处汇聚水源作贮水池，然后顺坡势往下引注成为水瀑、平濑或流水梯，在下层台地则利用水落差的压力作各种喷泉。这种做法对于18世纪的西方各国产生了深远的影响（图1-20~图1-23）。

20世纪初，西方产生了抛弃传统的再现论和模仿论的抽象艺术，反映在景观（设施）设计上，开创了设计内容决定设计形式的功能主义设计理论与实践。景观设计逐渐抛弃了装饰图案和纹样，从现代艺术（绘画、雕塑）角度开拓景观的新形势、新语汇。用抽象绘画的构图方法来设计景观（设施），扩大了景观艺术的表现力。雕塑艺术的抽象化，是雕塑从景观的装饰品、附属物发展成为对景观设计产生实质作用和影响的重要因素。最早受现代艺术影响形成的景观也许就是建筑师古埃瑞克安为Noailles设计的法国南部Hyeres的别墅庭院了（图1-24）。在设计中，设计师采用以铺地砖和郁金香花坛的方块划分三角形的基地，沿浅浅的台阶逐渐上升，至三角形的顶点以著名的立体派雕塑家普希兹的作品"生活的快乐"作为结束。强调了对无生命的物质（墙、铺地等）的表达，与以往植物占主导的传统有很大不同。当它初次展出的时候，给人以耳目一新的感觉和很强的视觉冲击力。在设计中，明显可以看到该作品吸取的风格派别是蒙德里安的绘画的精神，充分利用地面并进入第三维的构图设计。而另一个著名的设计作品是由费拉兄弟与莫劳克斯设计的瑙勒斯花园（图1-25）。在设计中吸取了立体派的思想，以动态的几何图案组织不同色彩的低矮植物和砾石、卵石等材料，围篱上还安了一排镜子，使花园的空间无形扩大。

图1-23 意大利雕塑

图1-24 Hyeres的别墅庭院

图1-25 瑙勒斯花园

图1-26 瑞欧购物中心庭院

　　20世纪50年代末产生了后现代艺术，促进了艺术景观（设施）的融合和发展，使其在形式上密切联系，在观念上融合相通，在彼此的界限上变得模糊不清，呈现出艺术的景观化和景观的艺术化。巴西优秀的抽象画家马尔克斯将抽象绘画构图运用于植物组成的自由式庭院设计，将北欧、拉美和热带各地植物混合使用，通过对比、重复、疏密等设计手法，取得如抽象画一般的视觉效果。美国亚特兰大市瑞欧购物中心是玛莎·施瓦茨设计的最有影响的作品之一（图1-26），其错位的构图，夸张的色彩，冰冷的材料，特别是在庭院中布置的300个镀金青蛙点阵，创造出奇特和怪异的视觉效果。这一典型的波普艺术风格和手法的设计，使人感到醒目、新奇、滑稽和幽默。

　　20世纪70年代后，人本主义思想重新抬头，随着发达国家由工业化社会向信息化社会的转变，现代城市开放空间在人类行为、情感、环境等方面的缺陷日益明显。人们逐渐认识到城市开放空间应适应人类行为、情感的人文化、连续化的发展。都市中为人服务的设计观念开始兴起。都市规划与设计专家提议将汽车赶出市中心，把城市中供市民活动的公共空间归还给市民舒适地使用。于是，城市公共空间的功能被重新定位，除去传统的交通功用外，还衍生出商业、休憩及社会公共活动等多元化的功能。这些功能均以"人"而不是以"车"作为中心，这是城市空间规划设计观念的又一次重大转变。城市空间职能的转变又一次带动城市家具的现代化发展。

1.3 东西方环境设施设计理念比较

人类生存的空间环境无时无地不存在着复杂和矛盾的因素。无论是外在的还是内在的，均呈现出封闭—开放、压抑—自由、理性—感性、动态—静态、实体—虚体、内向—外向等现象。这样多的二元现象同时存在的事实，揭示了人类复杂的心绪。它们的不同根源于东西方的不同特质，是追寻地方个性文化的线索，也反映在城市的某些传统建筑和环境设施中。东西方的不同特质主要体现在以下几个方面：

1.3.1 哲学理念的差异

在哲学理念上，西方人重视理智，讲究比例、尺度、均衡、韵律、对称等形式美法则，而中国人比较重视直觉。因此，在环境设施的设计上，西方人十分严格地用形式美法则来指导环境设施设计；而在我国，设计以方便人的生活为准则，在尺度和体量的把握上主要讲究人与空间环境之间的调和，以及人类自身的适应性。另外，由于中国的传统文化讲究"天人合一"，即强调人是自然界的一部分，人与天地万物本来就是一个有机统一的整体。因此，环境设施往往是自然的缩影和提炼，是出于自然而高于自然的直接展现。

1.3.2 自然观认知的差异

早在古希腊，就形成了一种宇宙秩序的观念。这种秩序建立在宇宙的内在规律和分配法则上，这种规律和法则要求大自然的所有组成部分都遵循一种平等的秩序，任何部分都不能统治其他部分。这种思想具有明显的几何学性质。希腊人相当早的将自然世界与人文世界脱离开来，把自然界作为一个独立体系来观察。这种对自然的观察方法，也影响了古代西方人的人文社会理想。在西方，看待人和世界的模式是超越自然的，即超越宇宙的模式，把人看成是上帝创造活动的一部分。在《圣经·创世纪》中，上帝创造万物众生的故事，宣布了上帝对宇宙的统治权以及人对地球上具有生命的创造物的派生统治权。西方人理所当然地认为地球完全是为了服务于人的目的而设计的，自然应处于人的控制之下。因此，在处理人与自然的关系上，西方社会以征服自然，改造、战胜自然为文明演进、文化发展的动力。西方人常常喜欢设计大尺度的广场、绿地、水景等对视自然。

在中国，传统文化中所追求的"天人合一"，使中国文化重视人与自然的和谐，讲究以少胜多、以小胜大的设计手法，加之中国古典园林中的借景、透景、漏景等技法的运用，将人与自然合成了一个和谐的境界关系。

在环境设施的设计上，西方常常看到大尺度的景观、台阶、绿地、花坛等；而在中国，有很多讲究"意境"的环境设施，比如，许多使用中国古典园林中的借景、透景、漏景等技法设计出的环境设施（图1-27～图1-30）。

图1-27　西班牙广场大台阶

图1-28　西班牙广场水池

图1-29　中国古典庭园中的廊

图1-30　中国古典庭园中的榭

1.3.3　思维方式的差异

西方人重客体，思维习惯倾向于探究事物的内在规律，重视形式逻辑、重视事物间的因果关系；而中国人重主体，重视整体的辩证逻辑，在设计中注重整体效果，讲究统一、有机联系的"模糊"状态。在环境设施的设计中，西方人常用数学逻辑和几何关系来分析，经常可以看到西方的城市景观中，修剪整齐的树木、砌筑方整的台阶、比例讲究的雕塑，具有强烈的几何形，让人感觉整齐而又有秩序。而在中国，常表现为一种对现象的直观体验，对人的个体感受的追求。

1.3.4　审美认同的差异

中国人的美学观是"重情"的美学观，注重内心的体验，讲究人的内心世界，设施与群体的空间艺术感染力。例如，在中国园林里采用题刻、楹联等来拓宽园林空间意境。

西方人的美学观是"唯理"的，是把美学建立在"唯理"的基础上。无论是毕达哥斯拉学派的"黄金分割"，还是哥白尼、伽利略用数的和谐和简洁的几何关系去解释宇宙，都体现了西方美学观讲究实体清晰简单、有逻辑、理性的明晰性，价值通常采用透视原则，来创造第三自然。

鉴于中西方不同的特质（如思维模式、哲学理念、审美情趣及价值观认同等），它们在环境设施的设计和运用方面也有着根本的不同。

从环境设施的外观形态上讲，西方人喜欢用几何的、比例的方法来确定设施的外观；中国人重直觉，设计以方便人的生活为准则，在尺度和体量的把握上主要讲究与空间环境之间的调和关系。中国人的性格比较拘谨，过于夸张的色彩和形态就不太符合中国人的喜好；而西方人崇尚个性自由，因此，形态夸张的设施造型比较容易得到他们的认可。

1.4 城市公共环境设施的分类

现代社会的生活丰富多样，导致多样化环境设施的出现。公共环境设施一般可从三方面来分类，即从使用方面分类，从管理经营方面分类，从生产制作方面分类。仅仅从单一方面进行环境设施的分类是缺乏科学性的，它涵盖了较多的因素。环境设施的产生，不仅要考虑城市环境的特点、人对环境设施的视觉分析及人们对现代生活的需要，而且与工学、医学、心理学、社会学、材料学以及文化、经济、艺术等密切相关。

1.4.1 国外对公共环境设施的分类与界定

1. 日本公共环境设施的分类（以道路为例）

（1）道路本体的要素

1）土木工程的基础。

2）路面的铺装工程。

（2）道路构造物要素

1）桥梁、高架立交桥。

2）隧道、地下通道。

3）道路隔离栅、防护墩。

（3）道路附属物要素

1）交通宣传安全要素（立交桥、防护栅、道路照明、视线诱导标识、眩光防止装置、道路交通反射镜、防止进入栅等）。

2）交通管理要素（道路标识、道路信号、紧急电话、可变性标识、交通管理驾驶系列等）。

3）驻车场等要素（管理亭、停车场、公共汽车停车区、休息处等）。

4）防雪、除雪要素。

5）安全要素。

6）防御要素。

7）共同隔离障碍（如道路与道路以外环境的隔离沟或绿化隔离带等）。

8）绿化要素。

（4）道路占有物要素

1）空间要素（地下街）。

2) 设备要素（电力、电话线、给水道、排水道、煤气管道等）。

3) 休息要素（长椅、咖啡亭等）。

4) 卫生要素（垃圾箱、烟灰缸、饮水器、公共厕所）。

5) 照明要素（步行者专用照明、商店照明、投光照明）。

6) 交通要素（公共汽车站、停车场装置等）。

7) 信息要素（道路、住宅区引导标识、公用电话等）。

8) 配景要素（雕刻、纪念碑、喷水等）。

9) 购物要素（贩卖亭、广告塔、商品陈列橱窗等）。

10) 其他要素（游乐具、展示陈列装置等）。

2. 英国公共环境设施的分类

1) High Mast Lighting（高柱照明）

2) Lighting Columns DOE Approved（环境保护机关制定的照明）

3) Lighting Columns Group A（照明灯 A）

4) Lighting Columns Group B（照明灯 B）

5) Amenity Lighting（舞台演出照明）

6) Street Lighting Lanterns（街路灯）

7) Bollards（止路障柱）

8) Litter Bins and Grit Bins（防火砂箱）

9) Bus Shelters（交通隧道）

10) Outdoor Seats（室外休息椅）

11) Children's Play Equipment（儿童游乐设施）

12) Poster Display Units（广告塔）

13) Road Signs（道路标识）

14) Outdoor Advertising Sings（室外广告实体）

15) Guard Rails, Parapets, fencing and Walling（防护栏、栏杆、护墙）

16) Paving and Planting（铺地与绿化）

17) Footbridge for Urban Roads（人行天桥）

18) Garages and External Storage（停车库和室外停车场）

19) Miscellany（其他）

3. 德国公共环境设施的分类

1) Floor Covering（地板材）

2) Limit（栅）

3) Lighting（照明）

4) Facade（裱装）

5) Roof Covering（屋顶）

6) Disposition Obj.（配置）

7) Seating Facility（坐物）

8) Vegetation（植物）

9) Water（水）

10) Playing Object（游乐具）

11) Object of Art（艺术品）

12) Advertising（广告）

13) Information（引导、询问处）

14) Sign Posting（告示）

15) Flag（旗）

16) Show-case（玻璃装饰橱）

17) Sales Stand（售货亭）

18) Kiosk（简易售货店）

19) Exhibition Pavilion（销售陈列摊位）

20) Table and Chairs（椅和桌）

21) Waste Bin（垃圾箱）

22) Bicycle Stand（停车场）

23) Clock（钟表）

24) Letter Box（邮筒、邮箱）

1.4.2 中国公共环境设施的分类

据资料记载，中国较早对环境设施进行翔实分类的是梁思成先生。1953年，他在给考古工作人员培训班所作的讲演中，将环境设施分为：园林及其附属建筑、桥梁及水利工程、市街点缀、建筑的附属艺术等。

我国台湾地区则将城市景观的环境设施分为自然景致、街廓设施和建筑景观三部分。

根据我国的具体情况，参考公共景观规划设计、环境艺术设计、工业设计、视觉传达设计及数字设计等专业，依据基础环境设施设计的概念，结合环境设施的各要素而组成的系列性体系，可大致将环境设施分为：

(1) 管理设施系统。控制设施、电气管理、电线柱、路灯、消防管理设施等。

(2) 照明设施系统。道路照明、广场照明、商业街照明、公园照明等。

(3) 信息、识别设施系统。标识、公用电话等。

(4) 卫生设施系统。垃圾箱、烟灰缸、饮水器、洗手器、公共厕所等。

(5) 休息设施系统。休息椅、凳等。

(6) 交通设施系统。人行天桥、连拱廊、止路障碍、铺地、公共汽车站、自行车停车处等。
(7) 游乐具设施系统。静态游乐具、动态游乐具、复合性游乐具等。
(8) 无障碍设施系统。交通、信息、卫生等。
(9) 配景设施系统。水景、绿化、雕塑等。
(10) 其他要素设施系统。购售系统、计时装置等。

1.5 城市公共环境设施设计现状

进入21世纪，世界各国有关环境的问题，尤其是城市空间环境的问题以各种形式出现，环境设计的思维方法和理论也在不断地提高。正如著名建筑大师密斯·凡·德·罗所说"建筑的生命在于细部"。"城市家具"——公共设施作为城市规划、建筑设计、环境景观设计、室内设计中的一项重要设计因素正得到重视，它同样影响着整个空间环境形象。公共设施设计的品质与设置齐全与否，直接体现出该空间环境的质量，更表明了一个城市的精神文化、艺术品位与开放度。设施是空间环境中不可缺少的要素，每个环境中都需要特定的设施来使空间和景观环境相互融合并具亲和力，产生人与空间环境、空间与空间、人与物之间的相互关系。它们构成一定氛围的环境内容，体现着不同的功能与文化气氛，为使人们能在空间环境中更加轻松、舒适、便利等提供帮助。

公共设施在世界各国的发展是不平衡的，在欧美以及一些经济发达的国家，因为工业化程度较高，经济力量比较强大，在公共设施建设中的投资比较大，公共设施的建设也比较完善。但在发展中国家，特别是非洲等经济不发达的国家，公共设施的发展比较落后。我国的公共设施发展经历了漫长的过程，近代由于工业化起步比较晚，经济比较落后，公共设施的建设落后于西方的发达国家。近几年来，我国的各个城市都加快了现代化城市建设步伐，注重城市公共设施的建设，关注城市发展和人的关系。通过兴建广场、步行街、城市绿地、停车场等公共设施，满足了人民的需求。

1.5.1 国际公共设施设计现状

1. 美国公共设施设计现状

美国的公共设施相当完善。例如，美国的自来水是可以直接饮用的，其饮用设备随处可见，很多公共场所的自来水饮用设备设计一高一低两个出水口。其用意十分明显，就是考虑到身材矮小的人或未成年人的需求（图1-31、图1-32）。再比如，在美国华盛顿的国家美术馆，其一流的展品自不必说，就是馆内的服务设施也同样令人感慨。展厅内一般都设有供参观者休息的座椅，大多还配置了专供美术爱好者临摹的画架和专用座椅，这样的设备可以让参观者欣赏或临摹美术作品，有效放大或延伸了此类展览场馆服务社会的功能。除此之外，还有很多：洗手间里供临时放置婴儿的折叠式设备；街头设置的密度很高的与警察局联网的紧急求救设备；大学校园路旁,为夜晚行走方便而设置的地灯;火车站候车厅里高靠背座椅上,供人们阅读使用的灯光设施等等。

另外,美国无障碍公共设施齐全,处处体现出人性化的关注。美国每个城镇的街道上,在人行道至马路的接合处都铺设有倾斜的路面,方便残障人士的轮椅和婴儿车上下马路。在公共汽车上,靠门口的几排椅子都是竖排,这不仅方便残障人士就座,对老弱妇孺也堪称方便,上车后他们很容易地便坐下来,下车也用不着从他人的腿上跨过去,站起来便能走下车。美国的洗手间为残障人士及儿童想得更周到。在机场、餐厅、超级市场、宾馆、医院里的洗手间,都设有残障人士专用的房间或空间,而且标识极明显,其间隔比一般人士使用的空间要大得多。墙上设有不锈钢把手,残障人士使用方便,非常舒适,年老体弱或行动不便的老年人也可以使用。儿童使用的小便池比成年人的要矮很多,十分得体。美国所有公共场所的停车场,都划有专门地段供残障人士停车,只要车主把有关部门发给的残障人士准停证放在车子挡风玻璃前,就可以名正言顺地把车子停放在他们独享的地段里。车位通常都在靠近出入口的地方,其他人士的车辆是不能抢占乱停的,若被保安人员发现,罚款比一般违规停车要重得多,所以大家都不会轻易去抢占属于残障人士的"专利"。可以说,美国公共服务设施的人性化特点十分鲜明(图1-33~图1-35)。

图1-31 美国随处可见的自动饮水器

图1-32 美国饮水器一高一低的人性化设计

图1-33 旧金山的活动厕所外观和细部,不用投币,按压按钮即可免费使用

图1-34 夏威夷免税商店的厕所,男厕也有托婴板

图1-35 新泽西州的公厕,洗手盆不用水龙头,投入少、节水、降低维修成本

1 城市公共环境设施设计历史与现状 | 017

2. 澳大利亚公共设施设计现状

澳大利亚的公共设施可以用十分完善来形容。虽然看起来都很简单，但总是给人一种中规中矩的感觉，并很好用，或者说非常亲和。

（1）残障人士设施

在澳大利亚，几乎所有的马路、步行道、出入口、台阶等都设有专为轮椅通行的或缓坡、或单独通道。写字楼、商场、居民楼都有残障人士电梯。停车场有残障人士专用车位。所有公共区域的洗手间设有残障人士洗手间。公共汽车、火车、地铁、渡轮都可以驾驶轮椅轻松上下进出。飞机场也有专用的残障人士轮椅，而且由专人负责，并保证残障人士优先登机。

（2）洗手间

街头或旅游景点都设有足够的洗手间。随着国内重大事件、节日的临近，为了考虑涌入的人群，临时厕所也将投入使用。据说千禧年夜那天，千百万人涌到悉尼大桥下安营扎寨，而数量众多的临时厕所也一夜间全都安上。另外，一些建筑工地也都配备临时厕所。

（3）垃圾箱

澳大利亚的垃圾实行分类处理。不仅居民自家会有几个垃圾箱，分别装生活垃圾、酒瓶和可回收纸张，公共场所也基本每隔几十米就有垃圾箱，督促人们不要乱丢垃圾。另外，在澳大利亚的一些旅游景点或海边沙滩边，还会有专放狗粪的垃圾箱，可以说是考虑得十分周全。

（4）其他

至于其他一些设备，也都很健全。比如旅游景点或海边，都有饮水池，供行人饮水。公用电话随处都是，而且话筒旁都有详细说明，解释不同电话如何使用。由于说明为反光材料或写在某种荧光材料上，晚上也可以提供足够的亮度供使用者阅读并拨打电话。还有，澳大利亚人喜欢园艺，到处都种满了花草树木。

3. 日本公共设施设计现状

在日本，第二次世界大战后，随着经济的发展，各种各样的公共服务设施都不断得到重建和改善。下面一段描述，足以让人感受到日本公共设施建设的发达。

"在日本的土地上，醒目的黄色盲道是日本抹不掉的风景，目之所及，有路处必有盲道；目之不及，路与盲道共赴远方。"

在广岛，地铁站和新干线车站中的盲道，可谓是四通八达，精细有致，一条条漂亮的盲道不仅可以为盲人引路，也可以为市民清晰地指引一条正确的通路（图1-36）。较之我国尚不多见的盲道设施，在日本，盲人可以说是已经得到很好的关照了，但还有更为周到的考虑，那就是十字路口的鸟鸣声。在京都，每当过十字路口时都会有悦耳的鸟鸣声响起，也许有些人会感到奇怪，过马路还要放音乐，谁会顾得听呀！的确，对于视力正常的人来说，没有人会专心听这些音乐，但对于盲人而言，这些鸟鸣声就显得至关重要了，迥然不同的两种鸟鸣就是代表着行与止的信号，这样，即使他们看不到信号灯的变换，只要凭着鸟鸣声就可以安全通行了。而且，鸟鸣声自然清悦，与环境相和相谐，为现代都市平添几分野趣。

在山口，无论是图书馆、博物馆还是宾馆、餐厅等，大凡有电梯处，电梯门旁都设有两组按钮，一组是正常的高度，另一组则偏低，偏低的这一组标有轮椅的标记，显然这是为了方便坐轮椅的人而准备的。另外，在公共场所对于只有一层楼因而没有电梯的情况下，楼梯边也都会设有一滚轴滑竿和相应的坡道，以方便轮椅的上下。即使是在只有三四级台阶的场合下，方便轮椅通行这一方面也没有被忽略掉，真的是考虑得极为周到。除了在楼梯上用功夫以外，在公共洗手间、停车场的公共场所也都设有轮椅专用的标识，而且，大多数人是宁可多绕几个地方也不会去占用这些位置的（图1-37）。

另外，日本的公共设施有很多体现了对妇女特别是带孩子的母亲的呵护。据资料报道，在山口市儿童活动室的角落里设有一间只能容纳一人的小屋，大家可以猜一下这间屋的用途是什么。有人也许会认为是更衣室，其实这间小屋是为年轻母亲们特设的哺育室。尽管屋子不大，但其中那份为了避免母亲们在大庭广众下敞怀哺乳的不雅和尴尬的体贴之心却可见一斑。母亲是最辛劳的，特别是独自带小孩子出门的母亲，不用说手抱肩背的劳累和哄孩子的疲惫，就连去洗手间也是件麻烦事。抱着孩子吧，难度系数太大，实在不方便；不抱孩子吧，又不能放在别处，且也不放心，真的是左右为难。在日本，公共洗手间的女性洗手间中有些是设有卡通造型的婴幼儿座椅的，东西价值不高，但的的确确是解决了母亲们的大问题，这种细心的呵护以及其中所表现出的人性中的相互照顾关怀让我们感动（图1-38）。

还有一条新闻非常值得我们注意：1995年至2005年间，日本用于公共设施建设的费用估计达到6.2万亿美元，这个数字几乎是美国同期的4倍。这笔费用影响了日本经济的发展速度，但却为日本打造了一个很好的建设环境。从这个惊人的数字中，难道不能看出日本对公共设施设计的重视吗？

其实，公共事业就是为每个人提供便利的事业，只要想得细心一点，考虑得周到一点，即使那些看起来似乎只为了少数人设置的设施实质上同时也是为大众服务的。就像山口市市立图书馆，在图书室门口专门设有幼儿看护区，表面上看来只是为了那些带孩子来的居民提供方便，但是，同时也是为了更好地保持图书室的安静和保护图书，这岂不也是为了每一个进图书室的居民考虑的吗？

图1-36　日本盲道与垃圾箱

图1-37　日本加油站特别为残障人士设置的停车点，与旁边的厕所、休闲的地方连在一起，没有上下台阶的烦恼

图1-38　日本卫生间

1.5.2 我国公共环境设施设计现状

近年来，我国的城市发展建设日新月异，居民小区开发建设越来越美，但城市街道设施设计开发严重滞后，没有跟上发展需求，缺少人性化设计，使城市文化、小区景观建设大打折扣，这是目前国内设施设计的一大缺憾。例如，火车站过多的上下阶梯、过街天桥，给旅客造成极大的不便；路标指示不明确，如高速公路、市内街道的方向指示牌功能不明确；在街道等公共场所没有供人休息的座椅、免费的儿童游乐场所；马路上没有或很少有专门为行人设置的红绿灯；人行道上也很少设置阻车柱，时有汽车驶上人行道撞伤、撞死人的悲剧发生。

回顾近十几年，我国经济稳步增长，城市建设发展突飞猛进，以上海、北京等为代表的城市街道公共设施形成各自特色。但还是应该清醒地认识到我国整体水平与发达国家的差距，具体体现在以下几点：

（1）功能设施不健全、缺乏整体性规划

我国许多城市的道路现状，由于诸多原因往往只能达到道路交通的基本要求——疏导流通作用，而忽视街道各种设施的建设，其他功能建设脱节、滞后，如交通标识、街头照明、人性化使用设施，还不能满足人们的需求。城市公共环境设施的形态是为其功能服务的，在设计时，就应该把功能放在首位。不仅要考虑到一般人对城市公共环境设施的功能需求，还要考虑到一些特殊人群使用到这些设施时对功能需求的可能性。

城市街道公共环境设施功能不健全的例子，还有垃圾桶的设计。城市街道作为人流量较大的区域，不可避免地会有很大一部分抽烟者，烟蒂虽然属于垃圾，但是由于其具有引燃其他物品的危险，不能直接丢入垃圾桶，因此烟灰器皿的设计必不可少。但事实上，仍有一些城市街道的垃圾桶没有烟蒂放置处。

这一问题的存在已有相当一段时间，在设计中应当予以重视。目前，最常见的解决方法是将烟灰器皿与垃圾桶组合在一起作为垃圾盛放设施，既符合人们的思维定势和生活习惯，给人们的生活提供了方便，也维护了环境的安全与整洁。即使从形态美观的角度来看，只要材料、色彩、形状选择设计得当，依旧能够在满足功能的基础上，更加美观。

（2）街道辅助设施滞后

行人服务辅助设施严重短缺（如公共厕所、街头路标牌、交通指引牌、公共电话亭及行人的休息空间等），人性化的关怀不够，与城市面貌的改善失调。现有城市街道公共环境设施中形态识别性最差的就是"公共厕所"标识牌的形态。公共厕所在城市街道公共环境设施中的地位可以说是最重要的，对活动在城市街道中的人来说也是第一位的，不可或缺。主要是因为，公共厕所是为解决人的生理问题而设置的，而其他公共环境设施显然没有这种特殊性。因此，其标识的设计要非常明显，让人们无论身置何处，都能够在较短的时间内找到它。理论上虽是如此，然而在实际生活中，"公共厕所"标识牌的设计在很多地方并不明显，给人们的活动带来极大的不便。

(3) 街道设施缺乏个性

由于千街一面、千楼一面的设计比比皆是，街道设施在造型、色彩上单调、无特性，也不方便识别。因此，当人们漫步于城市的大街小巷，欣赏城市的美景时，越来越觉得没有了地域归属感。究其原因，主要是由于现代城市的建筑和环境越来越趋于统一，到处高楼林立，不管走到哪儿，都像是栖身于笼中。而在此环境中的城市街道公共环境设施的形态则更缺乏特色，相似的设施形态在不同城市中频繁出现。"城市的特色危机"是全球性问题。我国现存的大部分公共环境设施缺乏与气候、环境、建筑的协调性。公共环境设施没有采用统一规划、设计、生产和保养的经营模式，风格不统一，不协调，给人一种杂乱无章的感觉，不仅没有成为靓丽的风景线，反而会使城市缺乏整体感，成为都市篇章中的杂音。

城市街道设施总体设计应力求自然和谐，强调可以自由活动的连续空间和动态视觉美感，避免盲目抄袭、照搬；街道设施的尺度需要与空间相协调，地面铺装应尽量统一；协调人与环境之间的关系，以保护为前提、以发展为目的、以改善人居环境和提高人民生活质量为根本，使设施、生态、文化和美学功能整体和谐。只有从宏观的高度综合考虑，才可能规划布局出功能合理、富有特色的城市街道设施设计。

(4) 缺乏人文关怀

城市中的公共环境设施以服务于人们的工作、生活和供人们欣赏的双重功能，给人们的生活带来方便并美化了城市。人是城市环境的主体，因而设计应以人为本。生活在现代城市的人们，其工作、生活、娱乐、休息等活动直接对城市的公共环境设施提出了要求。人的活动范围日益扩大，新的生活方式引发了人们对户外活动的迫切需求，但是一些缺乏人性化设计的公共环境设施则不能很好地满足人们的这些需求。

现有的城市户外家具未能很好地引入人文关怀理念，未能表现对人性的理解和关怀，缺乏对人在户外的生存状况的关注，缺乏对人的尊严、价值的维护、追求，缺乏对符合人性的户外生活条件的高度重视，未能创造一种人与人、人与技术、人与自然环境以及人的内在身心之间的和谐关系，总之，未能营造自由、轻松、安全、舒适、平等、和谐的户外生活的环境（图1-39，图1-40）。

图1-39 我国城市街道中危险的盲道

图1-40 盲道被停车位占用，形同虚设

（5）缺乏历史文脉的延续

公共设施的设计，往往不顾城市的历史与文脉，到处照搬照抄。不是盲目地追求复古，就是赶时髦。我国某些城市曾经的"欧陆风格"，致使城市街道景观与城市环境极不协调，破坏了城市的整体景观效果。一些国外知名设计师的设计作品被盲目地引进，出现在中国城市的大街小巷。其中的一些漠视中国文化，无视历史文脉的继承和发展，放弃对中国历史文化的探索，是对城市公共设施设计的误解。以 Philippe starck 设计的一款路灯为例：其设计理念采用欧洲中世纪骑士手中的长矛造型，材料采用钢质，被业内人士认为是新颖独创的创意。但是，假如将其置于北京这样一座古香古色的城市中，难免有不协调之嫌。

环境设施与城市建筑、景观、艺术、音乐一样，伴随着人类文明的产生而产生，并且因城市的发展而不断地变化着。它是我们城市生活中不可缺少的一部分，方便了人们的生活，为提高城市功能起到了重要作用。环境设施作为一套技术和艺术的综合系统工程，在反映新科技、文化及人类思维的同时，又与越来越多的学科相互交融。为适应城市生活的日益多样化以及信息情报职能的迅速扩大，环境设施的形式和功能也应进行相应的变革。我国正处于城市化进程的重要阶段，在正确认识环境设施的同时，有必要认真地把环境设施与城市建设一起列入城市规划中，以其较高的物质和精神价值促进人们的公共意识，为确立城市整体形象发挥重要作用。

2 城市公共环境设施的自然生态性

自然的地域特征是一个城市形态的基本特点,是形成城市环境特色美的基础,也是在城市环境设施设计中需要尊重的前提。自然特征是塑造一个城市环境景观的依据,同时也是一个城市区别于其他城市的基本要素。在描述一个城市是"丘陵城市"、"海滨城市"或"平原城市"时,人们往往把城市的自然特点作为一个基本特征来表述。在进行城市环境设施设计的过程中,适当地强调一个城市的地域特征是塑造具有魅力的城市的基本方法(图2-1)。

随着城市环境的恶化,"生态城市"作为一个时尚的名词成为中国各个大中小城市的城市环境设计策略,并纷纷纳入城市形象战略中。许多城市都打出了建造"生态花园城市"的口号,越来越多的城市开始关注城市的生态环境,提倡建设生态街区。城市环境设施不仅仅是城市不可缺少的家具,更应该是一种生态型的城市景观。如今,各地在发展环境保护技术、开发可提高城市环境质量的新型材料与施工方法等方面都取得了显著进展。人们在进行城市公共设施设计时也越来越要求环保、自然、节能、生态。例如,由于有垃圾分类收集与可回收资源再利用的要求,于是各种分类垃圾桶应运而生(图2-2)。

2.1 自然环境与生态环境

2.1.1 自然环境(Natural Environment)的概念

环境有自然环境与社会环境之分。自然环境是社会环境的基础,而社会环境又是自然环境的发展。自然环境是环绕人们周围的各种自然因素的总和,如大气、水、植物、动物、土壤、岩石矿物、太阳辐射等,这些是人类赖以生存的物质基础。通常把这些因素划分为大气圈、水圈、

图2-1 丽江玉龙雪山入口的公共设施

图2-2 上海世博场馆中的分类垃圾桶

生物圈、土壤圈、岩石圈五个自然圈。人类是自然的产物，而人类的活动又影响着自然环境。

在地表上各个区域的自然环境要素及其结构形式是不同的，因此各处的自然环境也就不同。低纬度地区每年接受的太阳能比高纬度地区多，形成热带环境；高纬度地区形成寒带环境。雨量丰沛的地区形成湿润的森林环境；雨量稀少的地区形成干旱的草原或荒漠环境。高温多雨地区，土壤终年在淋溶作用下形成酸性；半干旱草原地带，土壤常呈中性或碱性。不同的土壤特征又会影响植被和作物。在广阔的大平原上，表现出明显的纬度地带性；在起伏较大的山地，则形成垂直的景观带。

在自然环境中，各个环境要素是相互影响和相互制约的。例如，西、北欧地区温湿多雨，工业区和城市向大气中排放大量的二氧化硫，使云、雾增加，雨水酸度增大。酸雨降到地表，不仅有侵蚀作用，而且加强了溶蚀、腐蚀作用，造成土壤和湖泊酸化，影响植物和鱼类生长。

2.1.2 生态环境（Ecological Environment）的概念

生态环境是影响人类生存与发展的水资源、土地资源、生物资源以及气候资源数量与质量的总称，是关系到社会和经济持续发展的复合生态系统。生态环境问题是指人类为其自身生存和发展，在利用和改造自然的过程中，对自然环境破坏和污染所产生的危害人类生存的各种负反馈效应。

生态是指生物（原核生物、原生生物、动物、真菌、植物五大类）之间和生物与周围环境之间的相互联系、相互作用。当代环境概念泛指地理环境，是围绕人类的自然现象总体，可分为自然环境、经济环境和社会文化环境。当代环境科学是研究环境及其与人类的相互关系的综合性科学。生态与环境虽然是两个相对独立的概念，但两者又紧密联系、"水乳交融"、相互交织，因而出现了"生态环境"这个新概念。它是指生物及其生存繁衍的各种自然因素、条件的总和，是一个大系统，是由生态系统和环境系统中的各个"元素"共同组成的。生态环境与自然环境在含义上十分相近，有时人们将其混用，但严格说来，生态环境并不等同于自然环境。自然环境的外延比较广，各种天然因素的总体都可以说是自然环境，但只有具有一定生态关系构成的系统整体才能称为生态环境。仅由非生物因素组成的整体，虽然可以称为自然环境，但并不能叫作生态环境。

生态地理环境是由生物群落及其相关的无机环境共同组成的功能系统（或称为生态系统）。在特定的生态系统生态环境演变过程中，当其发展到一个稳定阶段时，各种对立因素通过食物链的相互制约作用，使其物质循环和能量交换达到一个相对稳定的平衡状态，从而保持了生态环境的稳定和平衡。如果环境负载超过了生态系统所能承受的极限，就可能导致生态系统的弱化或衰竭。人是生态系统中最积极、最活跃的因素，在人类社会的各个发展阶段，人类活动都会对生态环境产生影响。特别是近半个世纪以来，由于人口的迅猛增长和科学技术的飞速发展，人类既有空前强大的建设和创造能力，也有巨大的破坏和毁灭力量。一方面，人类活动增大了向自然索取资源的速度和规模，加剧了自然生态的失衡，带来了一系列灾害。另一方面，人类本身也因自然规律的反馈作用而遭到"报复"。因此，环境问题已成为举世关注的热点。有民意测验表明，环境污染的威胁相当于"第三次世界大战"，无论是在发达国家，还是发展中国家，生态环境问题都已成为制约经济和社会发展的重大问题。

2.2 城市的自然形态之美

城市的自然环境是构成环境景观的重要因素,任何一个城市都是一定的地理环境的产物,都要凭借一定的自然资源条件才得以存在和发展。不同的地理位置影响着城市的布局、功能结构和面貌,特别是一些有特色的山水,常常成为城市开发和发展的重要依据。如杭州的西湖、厦门的鼓浪屿、大连的老虎滩、镇江的北固山等。这些城市之所以成为富有特色的名胜,美丽的自然风光是一个不可缺少的重要因素。不仅如此,自然资源的不同、气候的差异也在很大程度上影响着各个城市建筑物的布局和外观。建筑群与周围自然环境的结合,反映了人与自然的和谐关系,也形成了丰富多彩的地方特色。城市的自然景观是城市的一个重要组成部分,随着城市的发展,一定要不断保护、开拓和突出城市的自然风景区。自然美与人工的裁剪和再创造,使城市的景观更加引人入胜。作为城市环境的设计师,首先要懂得一个城市的自然环境,熟悉各个方面,包括任何地块、景色场地和景观区域,才能够在设计中本能地反映出其自然特征、限制因素和所有可能性,只有在城市自然资源利用的基础上,才能发展一系列人工环境与自然风貌之间的和谐关系,强化一个城市的场所感,增加城市的可感受特点,让城市的整体形态给人留下深刻印象。对于城市因地制宜的环境改造和设计,是形成城市环境美的有效方式(图2-3、图2-4)。

在中国传统哲学中,儒道佛都对自然充满了情感和热爱,把能够悠游地生活于山水之中,作为人生的一大幸事。中国传统的哲学思想强烈要求人们改变与自然对立的生活方式和世界观,回归人与自然本原性的和谐状态。在这种本原状态中,所有自然物都具有同等的审美价值。在道家的代表人物庄子看来,如果能够"以道观之",宇宙间的万事万物就会呈现它们自己的本来面目,就都具有自己独特的审美价值。孔子认为"仁者乐山,智者乐水",赋予山水以人的特性。

可见,中国古人对自然环境的崇拜是由来已久的,"天人合一"思想境界的追求、"顺其自然"的人生哲学,以及对"秩秩斯干,幽幽南山"生活方式的向往,都表明自然环境对于人的重要性。"尊重自然、研究自然、模仿自然、寓于自然"成为现代设计的理念,"雨淋墙头月移壁"的境界成为都市人的生活向往。随着城市化的不断深化,越来越多的人将生活和居住在城市里,

图2-3 荷兰广场的公共设施

图2-4 西安古城的公共设施

城市居民与自然越来越遥远，如果能够充分认识到自然美对人们的重要性，在城市及其周围保留自然风光，城市环境必然会得到居民更多的认同和热爱，会为城市居民提供更多的审美享受。

自然环境是地球内应力和外应力相互作用的结果，由地形、地势、气候、水土等自然因素组成。以我国的自然环境为例，我国地势西高东低，呈阶梯状下降的地势特征，致使河流落差大，水流急，水力资源丰富。东部地区地势低平，气候条件较好，水资源充足；中部地区为高原向平原过渡地区，地势起伏大，地形复杂，自然要素呈过渡型，气候类型也复杂多变；西部地区为荒漠和高寒环境，气候条件恶劣。

不同的地形地貌和地理环境特点使不同的地区具有不同的自然资源，公共设施的设计需要考虑这方面的因素。在公共设施设计时，如果能巧妙运用具有地域特色的自然资源，能为公共设施设计增添不少光彩。例如，我国西南地区竹资源丰富，设计师可以利用这些竹子制作成种类丰富的家具、手工艺品等。竹子筒形的邮筒、垃圾箱，竹叶标识的指示牌，竹木地板、休闲椅等形成当地颇有特色的竹文化，这些都是巧妙运用自然资源进行公共设施设计的成功实例。

"地形地貌直接影响到土地的物理化学状况，而且大尺度地貌单元影响大气环流特征，形成独特的热量和水分条件，进而形成独特的气候。气候是生物生长的必要条件，决定着生物量的产出。"自然环境因素和公共设施之间存在必然的联系，由于各地气候差异、地理环境的不同，人们在使用这些设施时就会面临不同的问题。因此，在设计公共设施时，必须全面考虑自然环境因素。例如，我国南方地区，炎热多雨，环境设施在造型上就必须考虑既要通风透气又要遮挡强烈的阳光；我国北方地区，寒冷干燥，公共设施设计时应多考虑实用性，即防寒防冻，如设置一些四周封闭、可以避寒的候车室，公共座椅多采用具有温暖质感的木材（图2-5、图2-6），色彩要鲜艳醒目，以使人们在漫漫寒冬感受到心理上的温暖和视觉上的春天，使抑郁的心情变得轻松愉快；我国西北地区，干燥少雨，但阳光充足，为此可以充分利用太阳能源设计公共设施，这样的绿色设计一方面有效利用自然资源，特别符合西部地区经济发展的需求；另一方面太阳能源比较环保，可以减少环境污染，符合可持续发展要求。由此可见，不同地区有着不同的地理特点，地域特点不同造成各地公共设施的设计也有所不同。所以，公共设施的设计应考虑到周围的自然环境，注意设施与自然环境的和谐统一，既顺应自然环境，又要有节制地利用和改造自然环境，达到"天人合一"，即自然环境与人生活的和谐统一（图2-7～图2-9）。

图2-5　木质园林公共座椅

图2-6　木质园林休闲椅

图2-7 北京国家体育场（鸟巢）太阳能路灯

图2-8 国家体育场公园内的公共座椅

图2-9 国家体育场外的鸟巢形地灯与环境十分和谐

2.3 生态城市——人与自然的和谐环境

2.3.1 生态城市的概念

生态城市（Ecological City）从广义上讲，是建立在人类对人与自然关系更深刻认识基础上的新的文化观，是按照生态学原则建立起来的社会、经济、自然协调发展的新型社会关系，是有效利用环境资源实现可持续发展的新的生产和生活方式。狭义地讲，就是按照生态学原理进行城市设计，建立高效、和谐、健康、可持续发展的人类聚居环境。

生态城市，这一概念是在20世纪70年代联合国教科文组织发起的"人与生物圈（MAB）"计划研究过程中提出的，一经出现，立刻就受到全球的广泛关注。关于生态城市的概念众说纷纭，至今还没有公认的确切的定义。前苏联生态学家杨尼斯基认为，生态城市是一种理想城模式，其中技术与自然充分融合，人的创造力和生产力得到最大限度的发挥，而居民的身心健康和环境质量得到最大限度的保护。中国学者黄光宇教授认为，生态城市是根据生态学原理综合研究城市生态系统中人与"住所"的关系，并应用科学与技术手段协调现代城市经济系统与生物的关系，保护与合理利用一切自然资源与能源，提高人类对城市生态系统的自我调节、修复、维持和发展的能力，使人、自然、环境融为一体，互惠共生。

生态城市的发展目标是要实现人与自然的和谐，包括人与人的和谐、人与自然的和谐、自然系统的和谐三方面的内容。其中，追求自然系统和谐、人与自然和谐是基础和条件，实现人与人和谐是生态城市的目的和根本所在。即生态城市不仅能"供养"自然，而且能满足人类自身进化、发展的需求，达到"人和"（图2-10、图2-11）。

2.3.2 生态城市的特点

生态城市具有和谐性、高效性、持续性、整体性、区域性和结构合理、关系协调七个特点。

（1）和谐性。生态城市的和谐性，不仅反映在人与自然的关系上，人与自然共生共荣，人回归自然，贴近自然，自然融于城市，更重要的反映在人与人的关系上。人类活动促进了经济增长，却没能实现人类自身的同步发展。生态城市是要营造满足人类自身进化需求的环境，使其充满人情味，文化气息浓郁，拥有强有力的互帮互助的群体，富有生机与活力。生态城市不是一个

图2-10 石林峡生态宣传标识　　　　图2-11 石林峡生态雕塑

用自然绿色点缀的、僵死的人居环境,而是关心人、陶冶人的"爱的器官"。文化是生态城市重要的功能,文化个性和文化魅力是生态城市的灵魂。这种和谐乃是生态城市的核心内容。

(2) 高效性。生态城市一改现代工业城市"高能耗"、"非循环"的运行机制,提高一切资源的利用率,物尽其用,地尽其利,人尽其才,各施其能,各得其所,优化配置,物质、能量得到多层次分级利用,物流畅通有序,住处舒适便捷,废弃物循环再生,各行业各部门之间通过共生关系进行协调。

(3) 持续性。生态城市是以可持续发展思想为指导,兼顾不同时期、空间,合理配置资源,公平地满足现代人及后代人在发展和环境方面的需要,不因眼前的利益而采取"掠夺"的方式促进城市暂时"繁荣",保证城市社会经济健康、持续、协调发展。

(4) 整体性。生态城市不是单单追求环境优美或自身繁荣,而是兼顾社会、经济和环境三者的效益,不仅重视经济发展与生态环境协调,更重视对人类生活质量的提高,在整体协调的新秩序下寻求发展。

(5) 区域性。生态城市作为城乡的统一体,其本身即为一个区域概念,是建立在区域平衡上的,而且城市之间是互相联系、相互制约的,只有平衡协调的区域,才能有平衡协调的生态城市。生态城市是以人—自然和谐为价值取向的。就广义而言,要实现这个目标,全球必须加强合作,共享技术与资源,形成互惠的网络系统,建立全球生态平衡。广义的要领就是全球概念。

(6) 结构合理。一个符合生态规律的生态城市应该是结构合理的——合理的土地利用,好的生态环境,充足的绿地系统,完整的基础设施,有效的自然保护。

(7) 关系协调。关系协调是指人和自然协调,城乡协调,资源利用和资源更新协调,环境胁迫和环境承载能力协调。

2.3.3 生态城市与环境设施设计

19世纪末，霍华德提出了"田园城市"的概念，强调人与自然的和谐。中国杰出科学家钱学森提出"山水城市"的构想，可以说是中国"生态城市"的模式，生态设计被引入城市设计。山岳、溪流、江河、湖海、沼泽、林地等地理因素都是难得的生态资源和景观资源，是一个城市发展的依托、居民与自然沟通的绝好之地，也是城市公共空间体系的重要部分，天造的公共空间艺术品。因此，对公共空间自然环境的利用越来越受到重视。对于放置在自然环境中的公共设施艺术作品的创作，在充分介入大众生活空间的同时，应考虑自然生态的地形、地貌、地物与作品的关联，以及作品与自然环境关系处理上的生态环境意识，从而使作品能融于自然之中。图2-12、图2-13为荷兰的valkenberg公园与上海张江高科技园区公园的公共座椅设计，金属的构架，上面覆盖着人工制造的草皮，与周围的自然环境、生态环境十分和谐。

通过以上介绍，可以看出，环境设施的设计定位应在作品与环境相互依存、融合前提下，通过实地的观测和考察，以自然元素的联想、材质的默契、造型的呼应、比例尺寸与节奏的把握等为基础，进行创作。自然景观是大自然的缩写，又是人理想中的自然。因此，此类作品创作应注重与自然、与人的关系，从而使自然景观能引导人们去认识、体验大自然的美。例如，湖南长沙岳麓书院的公共设施设计，就巧妙地利用了自然生态环境。岳麓书院是中国最古老的书院之一。岳麓书院园林建筑，具有深刻的湖湘文化内涵。它既不同于官府园林隆重华丽的表现，也不同于私家园林喧闹花俏的追求，而是反映出一种仕文化的精神，具有典雅朴实的风格。小桥流水，绿荫掩映，幽静宜人。古人造园，讲究天人合一，人造的园林要与自然融为一体，书院的园林则更讲究寓教于游憩之中。这种源于自然却又能高于自然的气氛营造法，可以说是中国园林艺术的卓越成就。从20世纪80年代初开始，岳麓书院作为国家级重点文物保护单位对游人开放。书院内的休憩亭、座椅、公共厕所等公共设施古色古香，体现着书院深厚的文化底蕴。垃圾桶的造型设计成天然的树桩形，标识醒目；景观雕塑雄伟壮观，色彩与环境和谐统一。这些设计既巧妙地利用了自然环境，又方便了游客。在利用自然环境的同时能保持自然环境的原始性和整体性，使游人能寓身心于自然之中，可以说是对自然环境利用的典范（图2-14）。

图2-12　荷兰valkenberg公园的公共座椅设计　　图2-13　上海张江高科技园区公园的座椅设计

图2-14　岳麓书院吹香亭

2.4　城市环境设施设计与自然生态的和谐之美

在当今的城市建设中要着眼于以大环境设计观念为基础，树立和谐生态环境的设计观，做到"天、地、人"的和谐统一。大环境设计观旨在打破传统专业边界，着眼于环境设计的整体性、系统性、综合性、开放性和动态性。就内容而言，又可包括自然系统、人类系统、社会系统、居住系统、支撑系统五大系统。五个系统都综合地存在，设计师、建筑师、规划师和一切参与环境建设的工作者要自觉地选择若干系统进行交叉设计，这种整体设计是对未来大趋势的掌握与超前的想象。

自然环境、社会和人的三位一体关系，是大环境观的具体体现。大环境设计观强调为自然而设计，为人而设计。只有人与自然环境共生和谐，形成稳定的环境空间生态结构，才有可能合理科学地建立符合人类的生存质量和行为的场所。人们需要一个充满生机与活力，在人、社会与自然三者之间构建起和谐共存的城市公共设施设计。

以和谐生态为设计理念的城市街道设施设计应顺应时代发展，运用其丰富的艺术语言和与多种边缘学科的交叉融合，创造人类和社会环境的生态和谐，这才是城市街道设施设计的社会功能和审美的价值取向。城市街道设施设计在参与社会环境改造时大有用武之地，在表现环境的内涵时，不论是客观环境的审美趋向还是恢复和创造环境的人文特征，都极易找到恰当的切入点。它既代表了区域公众的生活方式和审美时尚的个人特征，也是地方政府和公众社会与艺术文化对话的重要平台。人类需要和谐美观的环境，正如城市街道设施设计创作的理想是通达环境生态与人性和谐的阶梯。

在中国，和谐美这一主题构成儒家和道家思想的主要内容。儒家偏重于人的哲学，着眼于人对社会的义务，强调善与美的统一；而道家则偏重于自然哲学，着眼于人对自然的认识，强调真与美的统一。艺术中的和谐来源于自然界的和谐。"和"的基本含义是和谐，古人重视宇宙自然的和谐、人与自然的和谐，更注重人与人之间的和谐。"从人格和谐、到人际和谐、再到社会和谐，这是一个顺序建构的过程。""和谐之美"不但是营造和谐社会状态的一种理想目标和指导原则，同时也是人类在进行造物活动中的一个目标和原则。和谐社会的建设就是社会的和谐建设，建设的过程和结果都需要尽力减小资源的熵化，满足人类生活的需要。这是跨学科研究的过程，是每个地球人的职责。和谐这一命题与设计艺术的研究目的是完全一致的。其实，设计师的工作一直就是从本学科的角度，为人类的合理生存提供切实可行的可选解决方案。

现代中国致力于建设"和谐社会"，建立"爱心社会"，就是中国传统和谐观的体现。现代设计不是一种"精英设计"，而是一种"关爱设计"，即为残障人士、老人和幼儿等弱势群体的设计。如果说"精英设计"体现的是设计的等级性，"关爱设计"则体现了设计的和谐性，和谐美满来自于人的内心，体现了人的社会性主体愿望。只有当老、幼、病、残等弱势群体都享受到关爱时，和谐社会才具有社会性的普遍含义。

城市形象理念的最高境界是在可持续城市发展战略下的"以人为中心"的理念，它是指在保护城市生态环境的前提下，促进城市发展，提高城市居民的生活质量。同时，也要充分满足人文方面的要求、历史文化的要求，体现地域文化特色，只有这样，才不会导致城市形象"千城一面"的现象。在全社会基于可持续发展原则的追求中，城市街道设施设计反映了人类生存的自身要求，目的在于最终实现人、社会与自然的和谐共处，实现人类不断追求的理想化生活方式。因此，城市街道设施设计应从战略的角度来思考和分析，塑造一个全新的现代城市街道设施设计，实现城市社会、经济、生态、文化和谐统一的可持续发展。都市空间环境既是人造环境，又是整个生态系统自然环境的一部分。因此，在都市环境的改善中，应遵循自然美的规律，放置其中的公共设施艺术品的创作也应该如此。

2.5 天津市环境设施设计案例的自然生态之美分析

天津市是一个具有独特而优厚的自然环境的城市，整个地区地质形态多样。天津位于华北平原的东北部，东临渤海，北依燕山，西倚北京，处在海河流域的下游，海河上吞九水，中连七十二沽，下游入海，大运河流经此地南下，居航运枢纽，为京畿门户，总面积约11305km^2，有152km长的海岸线，是中国第三大城市。

天津虽然地处渤海之滨，但气候仍带有暖温带大陆性季风气候的明显特点，四季分明，春日短且多风，夏日多雨、炎热，秋季短促，冬季寒冷。清人张焘在其所著的《津门杂记》一书中，对天津的气候及其对城市生态的影响，有一段极为生动的描述："天津气候，非冬即夏，所求春秋佳日绝少。二三月间犹寒气不减，一如隆冬。每至首夏清和，今日体著重绵，明日手则挥扇，其立见炎凉如此。且有干风吹扬尘土，其势甚狂，几乎无日无之，人目尽眯，禾苗枯萎，所以常苦旱荒。夏秋之交，雨势稍大，又防冲决，湿蒸炎热异常。中秋节后，人犹袒背以行，无几日，又行冬令，朔风骤起，木叶尽脱，便觉寒威彻骨，溪水结冰矣。居人非卧暖炕，拥煤炉，不足以过冬。"在已有城市的总体规划策略中，已经规划了以"东海、南湖、西林、北山、中原"为主体，形成具有山、林、河、湖、海自然景观特色的五条生态走廊，构筑起市域空间生态构架。

此外，位于中心城市南北两侧的国家级湿地自然保护区也应得到重视。概括而言，天津的城市自然地貌表现为以山—林—河—湖—海—湿地为主要特色的自然生态空间结构。

具体设计案例说明：

1. 设计方案一（关于天津市马场道、云南路、贵州路的新型公交车站方案设计分析）

整个公交候车亭采用前后通透的空间设计，使候车亭小环境与周围的大环境连成一体，两边放置的电子查询机（包含零钱换取设备）包含了诸多内容（如时刻表、沿线停靠站点、沿线景点介绍、票价表、城市地图、监控摄像头等），候车人可以通过它便捷地找到自己所在的位置和想要去的地方。后侧是可供4人坐、靠的短时间休息护栏。两侧采用有机玻璃贯穿电子查询机与顶棚，可根据季节变化进行拆卸。系统的设计使候车亭显得简洁明快，并通过色彩给候车亭增添活力（图2-15）。

2. 设计方案二（以仿生学设计原理设计的公共座椅——"蚂蚁凳"设计分析）

以仿生学设计原理设计的公共座椅——"蚂蚁凳"，是在市中心或者闹市区给行人准备的公共座椅，突出体现在休闲场合的闲趣情调。外形简单，使用不锈钢材料，保证了在露天环境下公共座椅的耐用性，给城市街道注入了现代气息，提高了人们交往的热情（图2-16）。

从以上两个设计案例的尝试设计可以看出，设计中可以根据地段条件灵活掌握。如果在设计中从街区道路、局部地域整体环境的角度来进行街道设施的系统设计探索，将有助于构建一个融都市特征、文化、便利性和装饰性等综合元素为一体的优美环境。

随着时间的推进，城市街道设施设计和谐生态的设计理念会更加深入人心，中国的城市街道设施正日益得到改善。但也应该警惕，城市街道设施建设的速度越快，那种不假思索、缺乏科学态度的决定，越会给人们带来诸多不和谐。毫无疑问，城市街道设施有全球的共性。但它又是在某地某时产生的，因而必然具有其地域性和设计师独立创意的个性。应当清醒地看到，很多的设计师还未能充分利用优势和现有的多种优越条件。

城市街道设施设计是城市硬件设施和软件设施建设不可缺少的重要组成部分，是城市形象及管理质量、生活质量的体现，是人们精神生活提高的重要标志之一。我国目前正处于城市街道环境改造的建设阶段，随着大规模的城市建设，街道设施设计将越来越受到社会的普遍重视，街道设施也将更多地发挥其重要作用。人们不仅注意街道设施的设置，而且重视其精度和质量，因此，街道设施在人文价值、使用价值、空间价值、信息价值、时间价值等方面均增添了新的含义。

图2-15 新型公交车站方案

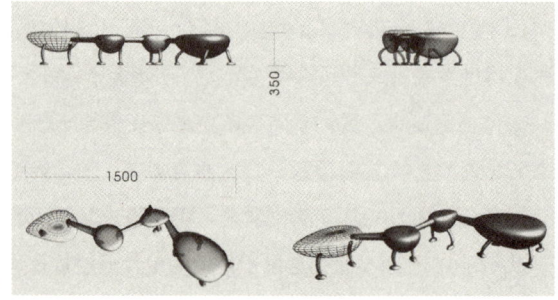

图2-16 公共座椅设计——"蚂蚁凳"

3 城市公共环境设施与城市的人文性

3.1 城市的人文特征

在城市的发展历程中,文化是最本土、最生态的,也是最富有特点的。这正像小奥利费·W·霍姆斯所言:"除了无条件地接受宇宙之秩序外,近来我最赞赏的文明之功绩是它造就了艺术家、诗人、哲学家和科学家。"但是,我现在认为文明之最伟大处并不在于此,而在于这芸芸众生都能直接感受到的事物。正是因为这样,欧洲的建筑才很有文化底蕴,它记录了在那种特定的历史条件下人与自然的特殊关系,所以城市千姿百态,由此呈现出生态、人文的城市化特征。

一座城市的环境在漫长的历史发展过程中所形成的个性特点,是这座城市最具有美学价值的因素。城市是独特的历史现象,是历史积累的过程,有自己的发展史,有自己的传奇故事,这些是城市的文脉和灵魂。城市环境的历史特点由构成城镇的许多要素组成,如街道的形式、建筑群的组织形式,以及如何适应当地的小气候条件、如何吸取民族和地方的特点、如何适应当地人们的生活习惯、如何保留和突出重要建筑物、如何美化环境等。中国几千年的城市发展史,留下了许多历史名城。这些城市或因为文化背景,或因为著名的历史事件,在发展过程中逐渐形成了独特的个性。这些独特个性是城市的记忆痕迹,成为城市居民们引以为自豪的物质和精神生活背景。如北京的故宫、南京的中山陵、西安的古城墙、西藏的布达拉宫等(图3-1~图3-4),这些城市"记忆"成为了一种历史的象征,既是城市的财富,也是人类的财富,并构成了城市的文化符号。就中国城市而言,几千年华夏文明积淀下来的以北京为代表的"京派文化",独一无二的天津"津派文化",融合了中西文化的上海"海派文化",这些城市的文化特征产生着无限的、与日俱增的价值和人文意义,也成为一个城市不可分割的一部分。

城市的文脉所形成的城市文化形象,是城市自身的文化遗存,是流芳百世的人物和精神价

图3-1　北京故宫

图3-2　南京中山陵

图3-3　西安古城墙　　　　　　　　　图3-4　西藏布达拉宫

值以及城市自身创造的一系列文化象征与文化符号等。城市都存在着传统，既包括一般意义上的文化和习俗，也包括一些可歌可泣的城市精神文化，这是城市赖以生存的精神支柱，在很大程度上成为城市市民的心理文化结构符号。一座城市所具有的文化特征，是这座城市被市民在情感上认同并引以为自豪的重要原因。李泽厚先生在谈到历史遗迹的美时写道："为什么废墟能成为美？为什么人们愿意去观赏它？因为它记录了实践的艰辛历史，凝冻了过去生活的印痕，使人能得到一种深沉的历史感，是人们热爱这个城市的重要理由。"一个城市的历史遗迹具有许多文字难以表述的感染力和震撼力，生活于其中的市民往往会把这种深沉的历史感受升华为对这个城市的热爱，在情感上对城市产生认同感和自豪感。同时，一些优秀的历史遗迹还可以起到对市民的教育作用和感召作用，提高文化品位，陶冶高尚的情操。一个城市优秀的文化遗存对城市市民的教育作用甚至会超过刻意提供的凝聚力教育。城市所具有的陶冶人和教育人的特殊功能完全来源于城市良好的人文环境，城市环境的美育功能在很大程度上也是通过城市的人文景观来实现的。城市的实体环境是城市精神的物质基础，在进行城市环境设计的过程中，对于逐渐发展起来的城市的理解是最困难的学术挑战，而城市形成过程中的价值标准是最应该受到关心的。城市不会是自然生成，也不会脱离历史而发展，更不可能是一个不可理解的实体。城市的环境设计应该去审视不同文化下的城市，了解城市的不同价值标准是如何影响城市的面貌的。一个城市因不同文化所形成的独特肌理也许让初次见到的人迷惑不解或感觉神秘，但一旦理解了城市的内在价值标准后，这些城市肌理就会变得具有意义。而对于城市本身来说，保留这些具有意义的肌理是体现一个城市价值的重要方式。

凯文·林奇说："城市设计可以说是一种时间的艺术。"那么，在设计城市环境与环境设施时，如何使城市在时间上承前启后、具有连续性应该是设计师需要考虑的问题。成批住宅在一起形成居住区，大量花园在一起形成风景区，公共设施是许许多多人工物以特定的联系聚集在一起的成果，文化景观是无数个人所决定的成果。引人注目的是，文化景观能够形成、而且确实呈现明显的特性。这说明在特定的社会群体中显然存在共同图式，并且说明一旦这些图式或译码都成为已知，这些景观即会按照群体认同的各种形式产生意义。一个整体生动的物质环境能够形成清晰的意象，同时还可以充当一类社会角色，组成群体交往活动记忆的符号和基本材料。

3.2　城市形象定位

城市形象是指城市以其自然的地理环境，经济贸易水平，社会安全状况，建筑物的景观，商业、交通、教育等公共设施的完善程度，法律制度，政府治理模式，历史文化传统以及市民的价值观念、生活质量和行为方式等要素作用于社会公众，并使社会公众形成对某城市认知的印象总和。

城市形象包括许多方面，如它的建筑、街道、风景名胜、文化教育、建筑艺术以及市民的行为举止、衣着打扮等。城市形象应该包括三个部分：城市信仰与城市基本理念系统、城市行为系统、城市视觉识别系统。

从理论上讲，学者蒲实对城市形象的定义比较专业和全面：城市形象是城市整体化的精神与风貌，是城市全方位、全局性的形象，包括城市的整体风格与面貌，城市居民的整体价值观、精神面貌、文化水平等。进行城市形象设计，可以将城市整体的精神与风貌等特质予以提炼、升华，塑造独特的城市文化形象，充分发挥城市功能，从根本上改变目前城市建设雷同化、一般化的倾向，推动城市全面发展，创建名牌城市。城市形象就是城市文化的充分展现，城市形象推广的过程就是城市文化的推广过程。广义的城市文化是一个城市物质文明和精神文明的总和。城市形象由三个重要部分组成：城市经济、城市人居环境和城市文化。

3.2.1　城市形象的特点

城市形象是指能够激发人们思想感情活动的城市形态和特征，是城市内部与外部公众对城市内在实力、外显活力和发展前景的具体感知、总体看法和综合评价。它涵盖物质文明、精神文明、政治文明三个领域，包括政治、经济、文化、生态以及市容市貌、市民素质、社会秩序、历史文化等诸多方面。城市形象建设是城市现代化过程中继生产建设、公共设施建设之后迎来的城市发展的更高阶段。城市形象以客观城市为对象，以人们的主观印象为途径，呈现以下几个方面的特点：

1. 综合性

城市形象包含城市发展的各个领域，并构成相互作用、相互依赖的有机整体，是城市外形和内涵在公众头脑中结合成的感觉和记忆。"一滴水能透视太阳的光辉"，城市的每一个组成部分都反映城市面貌，都能代表城市形象。

2. 差异性

每个城市都有自身的特征，自然条件、传统文化千差万别，经济实力、发展战略也各不相同，这些差异构成城市形象的基础。差异产生特色，特色强化吸引力。城市形象的最大魅力来自于与众不同。

3. 主观性

城市具体生动的客观形态，要通过激发人们的思想活动，产生记忆，留下印象，进而便于人们沟通交流，发展为城市文化的组成部分。城市形象既是自然特征和客观条件的演化，更要通过人们的主观努力刻画塑造，又要通过人们的主观印象去反映和传播。

4. 标志性

城市形象的重要功能是为复杂的城市系统提供一种经过升华凝练的印象标志，使人们透过现象把握本质特征，把一个城市与其他城市区别开来。这种标志既鲜明、简单，易于识别，又内涵丰富，容易使人产生联想。

5. 公益性

城市形象是城市的公共财富，犹如城市上空的灯塔，可使整个城市分享光辉、共同受益。城市形象可刻画城市个性、弘扬城市精神、传播城市文化、陶冶市民情操，使人们对该城市产生深刻的认同感，增强情感联系，从而有利于城市实现经济社会与文化的协调、可持续、健康的发展。

3.2.2 城市形象的识别

按照城市理念、城市行为、城市视觉三个子系统的基本思维来理解和识别城市形象，对于科学把握城市形象演变规律，认识城市形象与城市经济社会发展的互动关系，不断提高城市发展的活力和魅力具有较强的指导性和可操作性。

1. 城市理念

城市理念指城市独特的价值观、发展目标、城市规划、文化内涵等，是城市的"大脑"和城市形象的核心。城市理念融合文化形象、城市定位、社会经济发展等内容，沟通、凝聚城市居民的思想认识，影响城市行为的价值取向，激发公众的积极进取精神。城市理念的主要表现形式包括：城市性质、发展战略和规划、城市文化、城市精神等。城市性质反映城市的历史方位和时代要求，构成城市理念的基本内容和出发点；城市发展战略具体表现为不同时期的发展方针和指导思想；城市文化指城市发展历史的延续、文脉的承接以及市民的精神状态等。城市理念高度概括和升华而成城市精神。

2. 城市行为

城市行为是在城市理念识别基础上的行为表现和重要特征，是城市的"所作所为"，是对城市做了什么、正在做什么和将要做什么的基本印象，主要表现为城市内部的组织管理及活动。如围绕经济增长、社会发展、科技进步、政府政策、文化宣传、体育健身、环境保护等进行的活动，尤其是有利于突出城市形象的广告、宣传、博览、体育赛事等让市民甚至更大范围的人群产生识别的活动。城市内部对群体、个体的组织管理、教育，改善投资软硬环境、生活环境，对环境所提供的优质服务活动等，为对内行为识别；对外宣传，广告活动，招商活动，公益性活动，公关活动等面对城市外部的活动，为对外行为识别。

3. 城市视觉

城市的外在表现，是城市形象最直接、最有形的反映，是城市的"体形、面孔和气质"，是一座城市看起来的不同之处。能够使人产生城市视觉效应的事物很多，包括市徽、市花、市旗、吉祥物、城市别称、公共指示系统、交通标识、富有特色的旅游点、建筑、绿地等。需要把城市理念、城市精神等通过标语、口号、图案、色彩等形式表现出来，使人们对城市产生系统化的良好印象。城市视觉识别的形成往往以城市的历史文化为背景，以城市的理念识别为基础，以城市的行为识别为依托，向公众直接、迅速地传达城市特征信息，形成城市形象识别的底色。城市建筑是经济社会活动的结晶，是影响城市视觉识别的最基本要素（图3-5～图3-8）。

3.2.3 城市形象系统分析

在日益推进的城市化进程中，一场前所未有的城市建设高潮正在全国蓬勃兴起，从强调改善基础设施、追求粗放型的城市化，到关注城市形象和创建一流的人居环境，中国城市建设的外延与内涵都在发生着明显而又深刻的变化。今天的城市竞争，再也不仅仅是规模的竞争、经济的竞争，而更是表现为城市文化、城市品位和城市生活环境与生活质量的竞争，实质就是城市形象的竞争。

城市形象，一般而言，是城市（或特定的区域）给人的印象和感受。这似乎比较容易理解。但再作进一步的分析，就不是那么简单了。因为可构成人们对一个城市印象和感受的东西实在是太多了。建筑物、道路、交通、店面、旅游景点、公共设施等，都是构成这种印象和感受的基本要素。而市民行为、公职作风、文化氛围、风土人情等，又都是形成富于特色的城市形象的最关键内容。甚至一种方言、一份小吃、一套服饰，都可能构成对相关城市形象的长久印记。

图3-5　海滨城市路灯

图3-6　海滨城市防护栏

图3-7　西安古城的灯具与护栏

图3-8　西安古城的灯具与座椅

从这个意义上说，城市形象确实是一个全新的概念，它所涉及的是与我们目前的城市规划、城市管理及市容建设既相互联系又相对独立的一个全新的领域。另外，"形象"本身又是一个美学概念，"感受性"应该是一个很重要的标准。同时，由于城市形象是以城市或特定的区域为主体的，其感受性事实上并不像企业形象那样有明显的主客之分。城市形象的塑造者往往也是城市形象的感受者。基于这种理解，现就城市形象作出以下几个感受系统的分析，以求为城市形象作一个较为全面、较为准确的理论定位和系统构架。

1. 精神感受系统

这是指城市的精神理念所产生的系统形象效应，它是一个特定城市的精神支柱，也是其立市和不断发展的信念所在。其内容可以是城市精神生活所提炼的理念信条，可以是城市发展哲学的高度概括，也可以是城市历史风云和发展传统所凝聚的民风和市民精神的写照。它如源泉，可以渗透到城市的各行各业；它是氛围，可以弥漫到城市的方方面面。比如，延安的"延安精神"、深圳的"时间就是金钱"、大连的"不求最大，但求最佳"，都可以看作是这类感受的典型。

2. 行为感受系统

城市两个文明建设的主体是市民，或者说是市民的行为，市民的行为是最重要也是最典型的市容市貌，也就是城市形象。"文明"一词就是从拉丁语中的"市民"引申而来的。行为的形象效应，既有个体的，也有群体的；既有生活的，也有职业的；既有百姓的，也有官员的。举手投足之际，言谈话语之间，都是城市形象的一种反映。现在许多城市所制定的市民手册、文明公约、见义勇为倡议、邻里公约等，其实都是城市形象的感受系统的相关内容，只是都因太具共性，所以往往也就很难体现出特定城市或区域的形象色彩。"大一统"的观念意识，不但可以扼杀人的个性，同样也可以扼杀城市的个性。"一方水土养一方人"。其实每一城市、每一区域，特定的行为效应总是会有所不同、有所区别的。否则，上海人所谓的"精"，北京人所谓的"侃"，广东人所谓的"灵"，又如何能大体为社会所普遍接受呢。

3. 视觉感受系统

视觉感受是城市形象最直观的部分，一切视觉景观都可以是城市形象的直接体现，建筑物景观、道路交通景观、自然山水景观、历史人文景观，甚至人看人景观等，都是城市形象的特色基础。就一个城市来说，要求每一种视觉景观都具有个性色彩，显然是不现实的。通常的情况是，只要有一个或几个极富个性的视觉景观的存在，即能使人们强烈地感受到这一城市视觉形象的特有魅力。上海外滩的建筑物群落，一直是上海最为重要的景观标志；北京的天安门广场，已成为北京乃至整个中国形象的视觉象征；延安的宝塔山，众所周知地代表着一个时代；而天安门广场的升旗仪式、济南交警的岗上风范、苏州的小桥流水、西藏的布达拉宫、惠安女的服装头饰、大连的城市绿化等，同样也都是相关城市视觉景观的典型特色（图3-9～图3-12）。

4. 风情感受系统

这里的风情，指的就是风土人情。一个城市的风土人情往往就是这个城市特定形象的风韵所在，也往往是其个性色彩最为浓烈的部分。它不仅包括这个城市的风俗习惯、文化传统、人

图3-9 大连星海广场地雕

图3-10 大连星海广场雕塑

图3-11 西安开元广场景观

图3-12 西安开元广场雕塑

文风采,而且也包括名胜特产、人情往来、男女情怀、俚语方言等。许多"少小离家老大回"的游子,几十年念念不忘的往往是不登大雅之堂的家乡小调和地方小吃。"故土难离,乡音不改",说到底,就是地方风情对人的熏陶和浸淫。"风情感受"的形象效应对主体而言是一种眷恋,对客体则是一种新奇、一种神秘。从这个角度说,"风情"可能是激发人们对特定城市的形象意识的最为敏感的部分。

5.消费感受系统

一个城市的消费感受,同样是城市形象的专门印记。在城市生活中,消费感受的实质也就是对城市所提供的生活和服务的感受,所以对城市形象的影响极大。与其他感受相比,消费感受往往是最直接涉及感受者利益的,所以必然反应最强、感受最深。许多初出国门的人士,归来津津乐道的往往就是发达国家的服务规范和服务特色。需要说明的是,城市形象的消费感受系统实际上还是相当庞杂的,既有物质消费的部分,也有精神消费的部分。除了人们通常所意识到的商业服务以外,还涉及社会服务、政府服务、公益服务等方面,也包括城市生活和工作环境的设施和条件;包括博物馆、体育场馆、音乐厅、大剧院等文化消费设施;包括房地产、人居环境、休闲场所,甚至气候地理、空气质量等。一个以煤为燃料的城市和一个以天然气为燃料的城市其消费所引发的形象感受当然是不可同日而语的(图3-13~图3-16)。

6.经济感受系统

现代社会是经济社会,城市必然是经济的中心,不涉及经济的城市肯定是不存在的。尤其是在市场经济的作用机制下，城市的经济状况、经济类型、经济特征等无一不是城市形象的最重要的象征和支柱。因此，城市形象的经济感受系统的构架，关键是要确立城市的经济发展战略，确立城市最为适应的经济运行的机制和模式。同时，还应该特别注重城市形象产业、城市形象企业和城市形象产品的开发和市场拓展。特别是城市形象产品的开发，更应尽早、尽快地列入政府决策的内容。现在，许多城市虽然没有直接打出"城市形象产品"的牌子，但其实际的作用和功效已基本到位。如"青岛啤酒"、"天津夏利"等，显然都为各自的城市形象增添了异彩。

图3-13　澳门的街道

上述系统，对城市形象的基本特征和要素作了一个概括性的描述。城市建设是一个复杂的系统工程，总体立足于为人们提供一个高效、舒适的工作和生活环境。而"高效"和"舒适"并不是孪生子，往往有着很大的矛盾。提出"城市形象"的概念并加以系统的分析和认识，不仅有助于对城市化建设的总体把握，也直接有利于城市形象构架过程的方案策划和具体项目的操作与实施。

图3-14　北京的街道

3.2.4　城市形象的优化

1. 重视形象设计

城市形象设计是对城市进行三维空间的合理谋划和安排，既包含了物质空间的设计，也覆盖社会生活以及物质文明方面的内容。它是以安排二维空间为主要目标的城市规划的延伸和提升。英国城市形象设计专家弗·吉伯特指出：城市由街道、交通和公共工程等设施，以及劳动、居住、休憩和集会等活动系统所组成，把这些内容按功能和美学原则组织在一起，就是城市形象设计的本质。把城市形象设计引入规划、建设、管理系统，城市形态、自然环境条件、建筑物、城市节点空间、街道、城市绿化等内容精雕细刻，能够直接改善城市的视觉印象。同时，把城市形象设计延伸至城市产业、企业、产品、企业家发展以及城市文明建设等各个领域，丰富城市形象内涵，产生社会带动效应。

图3-15　威尼斯的街道

2. 优化发展战略

城市发展战略需要进行动态的调整优化，确保城市发展方向科学、明确，城市理念识别特征突出。发展战略是城市性质和职能的主要体现，显示城市在全国或地区政治、经济、文化生活中的地位和作用，指明城市的个性、特点和发展方向，对城市未来

图3-16　巴黎的街道

发展作出全局谋划。自然条件、经济状况、政治文化、人口规模等环境条件的差异，决定了不同城市、不同时期需要科学慎重地选择不同的发展战略。只有清醒地认识城市自身地位，实事求是地提出具有本市特色的使命，形成城市理念，使之无时无处不在，指导、规范城市社会生活，上下同心，城市的凝聚力才能得到根本的增强。

3. 放大自然优势

不同的城市自然禀赋会有很大的差异。对待自然资源与环境，如果给予重视并加以利用，会锦上添花；如果视而不见或开发不当，就会形成遗憾。首先，应当更新观念，充分发掘与众不同的形象突破口，强化视觉识别的冲击力；同时，加大宣传和开放力度，变被动为主动，促进旅游、娱乐、餐饮、服务等行业率先发展，发挥出形象效应。人是城市存在和发展的核心，不能忽视人的身材、相貌尤其是精神面貌对城市视觉形象的影响和塑造。要善于创新，但必须处理好创新与传统的辩证关系，特别是对历史遗留下来的古迹和遗产，应当反复强化，形成一系列视觉形象。不能一味追求现代时尚，盲目跟风和模仿，从而舍本逐末，失去个性，分散了城市视觉冲击力。

4. 充实文化内涵

城市文化既大而无形，又可触可感，既独立存在，又与其他因素高度融合，既需要继承本色，又需要推陈出新。城市文化发展的目标是有内涵、有魅力、有吸引力，使城市物质组成要素得到升华。城市形象建设从根本上说是城市文化的建设，比如物质文化、制度文化、精神文化、行为文化等。在城市理念识别中，精神文化占了相当的比重。文化是经过千百年积淀形成的，记载了当地人民的奋斗历史、精神风貌和习俗民情，具有鲜明的个性。城市文化塑造可以凝聚公众注意力，提升市民文明层次，同时使外地公众增加对城市的兴趣和向往。目前，越来越多的城市举办各种形式的文化活动，如昆明世界园艺博览会、哈尔滨冰雕节、青岛啤酒节、大连服装节、潍坊风筝节、泰山登山节、曲阜孔子文化节等，展示了城市文化风格，丰富发展了文化传统，有效地增强了城市形象的影响和辐射作用。

5. 追求协调美观

城市的道路、广场、水景、雕塑、路灯、栏杆、壁画、标识、路牌、门牌、公共汽车站牌、各类户外广告等都应系统地进行规划、设计，协调彼此间的关系，不能机械重复，杂乱无章。道路在城市中起着举足轻重的作用，不仅要考虑其通达能力，还要从外观、色彩、环境、区位、网络、空间组合等角度考虑其美学功能，追求道路的横向美、路网美、线形美、交叉口美、绿化美和服务设施美等。街头巷尾是最能显示城市面貌的地方，应作为改善城市视觉识别的重要内容。比如，随着生活节奏的加快，普通市民对轻松、休闲的公共场所的需求也在提高，建设几条步行街、露天吧、专业街等以缓解生活的紧张，既可体现城市的特色，又能创造城市以人为本的文化氛围和生活情调。

6. 改进政府行为

政府形象建立在政府管理、政策实施、办事效率、公共服务等各个方面，由公务员日常业务工作所体现。良好的政府形象既是一种投资环境,又是一种经济资源,影响、推动城市政治、经济、文化事业的发展。改进政府行为的重点是改革行政机构,形成高效适应市场经济体制运转的行政服务系统;加强公务员队伍建设,提高政治素质和业务素质;坚持科学民主决策,鼓励民众参政议政,实现决策的科学化和民主化;加快依法行政,创造公开、公平、竞争、有序的市场环境;权为民所用,利为民所谋,情为民所系,提高为人民服务的能力和效果。

3.3 公共环境设施与城市形象定位的关系

城市形象是指城市内部诸要素长期综合后在社会大众中的一种反映和评价,包括建筑物、街道、广场、绿地、旅游景观、城市标志等硬件系统和政府行为、市民素质等软件系统。城市形象是一个城市经济实力和文明程度的重要标志。

城市形象的塑造有两个层次,即共性的塑造和个性的塑造。共性指一个城市在形象方面与其他城市共享共有的本质。个性是一个城市在形象方面有别于其他城市的本质化特征,是城市自身多种特征在某一方面的聚焦和凸显。共性寓于个性之中,任何城市都是个性和共性的统一。在城市形象塑造方面,既要追求共性,也要追求个性。

城市建设为了具备现代化城市的形象,在进行共性塑造方面近些年来做了许多工作。比如,大城市都十分强调在城市中建设现代化的大型体育馆、城市广场、星级宾馆、中心转盘、街道绿化带……当然,共性塑造是一个长期的系统工程。要具备一个现代化城市的特征,必须有一个全面的、可持续发展的观念,需要全盘考虑、耐心培育、小心呵护,任何急功近利、急于求成的做法不仅于事无补,反而有害于良好形象的塑造。

城市形象在共性塑造的同时,还要注重个性的塑造。水城威尼斯、花都巴黎、音乐殿堂维也纳之所以在人们心中留下永不磨灭的印象,正是因为它们鲜明的个性特征。一个城市的个性特征既要依托于城市的优势和长项,又要兼顾社会的总体需要和未来发展方向。

城市塑造与城市公共环境设施有着直接的关系。城市公共环境是城市形象设计的重要载体,是多种人工建筑形态与自然环境形态的空间组合布局,是"城市的外衣"。一个城市的公共环境设施作为交流与沟通的空间媒介,使任何进入城市的人都能通过分析它们的内容、信息含量来了解城市,一个城市的形象或丰富、或贫乏,或真实、或虚假,或开放、或封闭,都会通过城市公共环境设施这个媒介展现出来,公共环境设施通过控制或加强人们与城市在这个媒介空间发生的对话与交流,以新的方式塑造着城市形象。因此,城市公共环境设施对于城市形象的塑造有着特别的意义,它影响着整个城市的文化形象、经济活动。对于一个城市来说,它不仅体现了城市"肌体"生长的健康程度,也是城市"灵魂"的集中体现。比如,在实现美化、净化、亮化环境的前提下,对主要街道和重要建筑的外形、色彩、灯饰、橱窗、花卉、广告标牌、城市雕塑小品、广场、喷泉、路灯、邮筒、座椅、公厕、店招、垃圾桶等都要精心地进行造型设计,使城市形象随着这些"美好印记"的建设而升华(图3-17～图3-20)。

图3-17　大连星海广场雕塑

图3-18　广州海心沙广场景观

图3-19　广州花城广场指示牌

图3-20　奥林匹克森林公园地铁站

现代城市形象设计中人文主义设计思潮的兴起，使人们在对城市空间的塑造中有了更多细致化、理性化、人性化的探索，更多地考虑对人、对市民、对文化的一种无微不至的认同。这种日渐为国人所重视的人文主义城市设计精神使人们看到了中国城市的希望。成都府南河人居工程、上海南京路步行街、重庆市国际金融贸易区都是近年来我国城市人文主义设计风格的成功尝试和生态人文主义的代表作。从这些作品中，可以看到这种城市形象设计风格充分激活了城市公共空间环境设施在体现城市活力与魅力中的重要作用，城市公共环境设施是这些城市设计作品中的点睛之作。成都府南河环境再现了锦江两岸繁花似锦的古城风貌。重庆的国际商贸区以绿色山林为设计基底，采取镶嵌式建筑形式，以广场开拓绿色视野通道，并控制靠近中心区的山地住宅和靠近住宅区的建筑群高度，保证能在中心区遥望优美起伏的山峦，自然形成了山地景色对中心区的蔓延浸透。这一精心策划的公共环境空间，鲜明地烘托出新重庆的城市形象——一个以山、水、人相协调的共栖共居模式为核心，建构诗意自然，创造尊重人性，催化自然、人文共生共荣的山水城市；成功地塑造了重庆的具有时代感、地方特色的城市灵魂——节奏明快、朝气蓬勃、清新明朗、淳厚浓郁的重庆精神。

城市公共环境设施是城市形体环境设计中的一种构思、一种方法、一种手段，它贯穿于城市规划中的各个编制阶段，在不同编制阶段中都有自己不同的任务和重点。同时，它还要把城市规划进一步具体化、细致化，不仅要考虑静态的建筑等物质，还要考虑动态的在环境中活动的人，要在设计中体现出对自然环境和历史文化环境的保护、利用和创新。所以，公共环境艺术的创造，有赖于规划、建筑、园林、美术、历史文化等各方面的共同努力。

随着中国城市建设逐渐步入理性阶段，不再以追求单纯的物质层面的完善为唯一目标，而更多地把注意力转移到城市文化环境上，公共环境艺术将成为城市形象建设的决定性因素之一，成为点化城市形象的"魔杖"。

3.4 城市形象定位影响下的城市公共环境设施设计

3.4.1 文化因素在城市公共环境设施设计中的价值

城市文化必须通过城市公共环境设施等物质载体呈现，城市公共环境设施应能反映城市的特色与风采，传递城市的文化艺术信息。现代城市公共环境设施不仅需要功能，更讲究感性文化，缺少感性文化是没有生气的。公共环境设施设计作为城市元素，也受这种规律的左右，公共环境设施设计与文化具有不可避免的联系。所以，城市公共环境设施的设计应以城市文化为导向，综合考虑造型、色彩、材料等要素，使城市公共环境设施与城市文化和谐统一，从而形成有鲜明特色的城市形象。城市文化是城市的名片和标志。

在人类的生产中，实际上很大一部分市政设施建设都不仅仅是简单地为满足使用功能，而是把这种活动自觉地当作文化行为。纵观历史，在很多公共环境设施的历史遗留物中，公共环境设施的功能虽然仍是个重要问题，但已经不是探讨的主要方面，被关注更多的是其文化价值。在欧洲著名城市中，如巴黎的雄狮凯旋门、协和广场的方尖碑，在当初是纪念型雕塑，它们记录了城市历史文化，是凝聚城市精神的重要公共性设施。如今人们看到这些雕塑时，它所衍生的文化更让人激动不已，它已经成为这些城市的标志性景观，是城市文化的支柱。如果这些城市缺少了这些设施，必然会少了迷人的文化魅力。因此，在今天看来，它所纪念人和事迹的功能远不如它产生的城市文化的价值。而另一些具有实用功能的设施，如西班牙伟大的建筑师高迪的古埃尔公园中的一段围墙被漂亮的马赛克装饰后，也能折射出西班牙人的文化追求，实际上，文化感也超过了围墙的围护功能。在西亚地区，阿拉伯人对水情有独钟，在他们的五彩斑斓的花园里修建了很多水利设施，这些设施成为花园里最有活力的部分，水被看成是庭园的生命，到最后水也成了阿拉伯园林文化的灵魂。阿拉伯人通过这些设施，找到了文化所在。这也充分说明了设计转化为文化这一规律的存在。由此可见，公共环境设施不仅是建设活动，而且是文化生产的一片土壤。今天的人们通过这些设施，会自然而然地进入那个特定时期的文化世界，分享文化给人带来的无限精神价值，感叹人类所创造的伟大奇迹。

3.4.2 城市文化定位下的公共环境设施设计原则

1. 结构性原则

结构性原则是现代系统论最重要的基本原则之一。复杂系统的功能是否最优化，直接取决于系统的内部结构。也就是说，第一，系统是由相互联系的要素构成的，稳定的系统必须是多样要素的有机统一体。第二，组成复杂系统的各要素之间是有结构的，而不是随意排列、一盘散沙式的。第三，从任何一个维度审视功能优化的复杂系统，其结构都是有主次、有层级甚至是适度套叠的。

该原则具有普遍性，对一切复杂系统都成立。对于城市公共环境设施设计，要做好城区公共

图3-21　法国广场的设施　　　　　　　　　图3-22　上海南京路步行街的设施

环境设施规划设计研究，就必须将其纳入结构性原则。要对城区的公共环境设施进行结构性分析，使其从任何一个维度看，都必须具有主次、层级分明的结构，必须远离均匀一致的无序状态。

城市公共环境设施根据设施所在区域的功能结构可以分为点、线、面三个方面的设施。点即广场设施，线即街道设施，面即公园设施及大型城市综合体设施等（图3-21、图3-22）。

2. 统一协调原则

城市公共环境设施是一个系统，不仅需要与周围环境协调一致，其自身亦应具有整体性。城市公共环境设施无论大小，彼此之间应相互作用，相互依赖，将个性纳入共性的框架之中，体现出统一的特质。然后将这些具有共性的城市公共环境设施纳入特定的环境中，通过其形体、色彩和内涵反映出协调的氛围。

在对城市公共环境设施进行规划设计研究时，应特别注意遵守统一协调的原则。一座文化底蕴非常深厚的城市，它的城市公共环境设施能否与周边环境保持统一协调，直接影响到城市形象的展示。城市公共环境设施设计时，应从时间和空间两个方面考虑，以保证公共环境设施设计的统一和协调。从空间上，首先要考虑历史文化街区，街区的设施从设计风格等方面应与所处的空间环境带给人们的历史空间感受相统一协调。从时间上，各种城市公共环境设施的设计最好是同时进行、形成一个统一的城市公共环境设施系列。

城市公共环境设施是构成城市环境的一部分，它不是孤立于环境而存在的，也不同于单纯的产品设计，它呈现给人的是它和特定环境相互渗透的印象。规划设计时要考虑其相融性，即充分考虑其所处的各方面环境因素并与之相协调，营造和谐统一的城市环境，体现城市特有的人文精神与艺术内涵（图3-23、图3-24）。

3. 文化传承原则

公共环境设施同建筑一样，从一个侧面反映了当时物质生活和精神生活的特征，铭刻着时

代的印记。设计是一个创新的过程,设计者通常会自主地
运用当代的先进技术和手段进行创作,使作品具有时代感。
同时,人类社会的发展不论是物质技术还是精神文化都具
有历史的延续性。追踪时代和追溯历史,本身具有共性。
在设计时,设计者应该因地制宜地运用设计手法,在二者
之间做出合理的选择或将二者和谐统一,创造出既有时代
气息、又有历史感的作品。例如,前门步行街的花坛、座
椅和垃圾桶采用了鼓的传统造型元素,很好地体现了前门
步行街的历史气息(图3-25)。

图3-23 奥林匹克森林公园的设施

4. 动态持续原则

城市街道存在着大量的不同时期、不同材质、不同色
彩的公共环境设施。这些设施在规划设计时,有先后的时
间顺序,有的设计考虑了与以前同类设施的统一协调,有
的却反差很大。因此,在对城市公共环境设施进行设计时,
应该考虑同类设施的外观、色彩、材质等的持续性,也就
是应按照动态持续的原则进行设计研究。

图3-24 奥林匹克森林公园标牌

5. 经济环保原则

经济环保原则是城市公共环境设施设计研究中一个重
要的原则。其中,经济原则主要体现在三个方面。一是公
共环境设施制作材料的经济性。就是说,对于不同种类、
不同风格的设施,在满足其功能的基础上,采用哪种材料
可以达到经济的最优化。例如,垃圾桶的制作材料有很多
种类,包括铁制品、塑料、木材甚至陶瓷等,应该运用经
济学的原理,对这些材料进行比对分析,看哪一种性价比
最高。二是公共环境设施设置密度的经济性。就是说,某
种设施有可能因为设置密度过大而导致浪费,也可能因为

图3-25 前门步行街的花坛、座椅和垃圾桶

密度过小而导致使用功能的不满足。需要运用经济学原理,通过现场调查,对于该种设施的设置密度进行深
入研究。三是公共环境设施系统整合经济性。就是说,对于那些有可能功能合并的设施序列进行整合研究,
以求在满足功能的同时达到经济的最优化。

环保原则是建立在可持续发展的思想之上的,它着眼于人与自然的生态平衡关系,目的是保护人类的生
存环境。之所以将经济原则和环保原则放在一起,是因为它们是相辅相成的,经济原则是达到环保、可持续
发展的手段,而环保原则是经济原则的升华。

一般情况下,城市公共环境设施的材料、设置密度等都应选择性价比最高的。但是这里的"性",并不单
指设施的使用功能,还包括设施其他方面的特性,如艺术性、文化性、环保性等。要在设施性价比的经济学

研究中,把握好这个"性"的内涵。对于城市公共环境设施而言,这个"性"的内涵主要包括功能、文化传承,其中功能是第一位的,而文化传承则是必不可少的。

3.4.3 传统文化与城市公共环境设施设计

城市公共环境设施的设计应该是传统与现代的巧妙结合。每个城市都有自己独特的传统和文化,它是历史的积淀和人们创造的结晶。"城市公共环境设施"完全可以作为城市文化的一种载体,把富有特色的文化符号应用在设计中。当人们欣赏或使用富有民族和传统文化特色的公共环境设施时,一定会更加了解这个城市,从而更加尊重它们,更加热爱它们。文化发展是人类世世代代在生活中总结、积累而产生的,在文化发展过程中的每一个历史阶段都有其自身的风貌、特征、层面、范围及局限。文化在各地区、各民族中发展的速度不尽相同。中国文化的发展具有悠久的历史。每个历史时期的政治、经济水平不同,文化现象、审美情趣也会产生差异。如商周的强悍、狰狞,唐代的华贵、富丽,工业化时代的僵硬、冷漠。今天的人们步入了信息时代,文化取向应当更加贴近生活,更加尊重人性,更加富有情趣,更加多元丰富,更加富有个性特征。城市承载着人们社会文化和工作生活的功能,它为人们的各种社会活动提供了所需要的场所、空间设施、信息传载、物资流通等物质条件与生活便利。例如,作为生活环境,城市的车站设施以其特有的文化、社会和经济背景,满足了各种人群的生活需求和多元化发展的需求。城市车站设施环境的建设不但要能提供人类生存发展的物质条件,还要使人在心理和精神上达到平衡与满足,其文化背景应是人类理想和精神在物质环境与自然环境中的具体体现,是精神的物质化。研究城市设施除了要考虑相关的社会经济因素,还要侧重于功能和美学,这其中包含了历史与空间、文化和物质等多方面、多层次的内容(图3-26、图3-27)。

任何一个国家都有自己的文化和习俗,对于城市公共环境设施而言,除了应了解设施功能外,更重要的是对其中传统文化意蕴和民族风情的解读。在我国幅员辽阔的土地上,不同地域、不同民族所带来的审美情趣、审美追求的差异使得每个城市都有其丰富的文化特征,多重文化的交融以及长久的积累和沉淀之下所形成的中国传统文化元素是东方文化的一处独特风景和宝贵财富。它题材广泛、内涵丰富、形式多样、流传久远,是其他艺术形式难以替代的,在世界

图3-26 竹简形式的公共座椅

图3-27 台湾故宫的古董垃圾箱

艺术之林中，具有独特的文化魅力。中国几千年的传统文化为城市公共设施的设计留下了许多可利用的元素，如飞檐斗栱、水榭亭台的古代建筑风格，传统的镂空窗格设计，中国象形文字的美学价值以及由此引发的对设计的种种遐想。如何将这些传统文化的精髓与现代设计方法相结合，是专业设计人员在设计城市公共环境设施时应该考虑的问题之一。

3.5 天津城市公共环境设施人文之美分析

3.5.1 关于天津城市文化形象的探讨

天津简称津，意为天子渡过的地方，别名津沽、津门等。天津既是历史文化名城，又是现代化都市。天津作为华北重要的海陆交通枢纽和码头城市，具有本土文化和舶来文化共存的特点。自19世纪中叶起，英、法、意、德、西班牙等国的文化艺术形式进入天津，使得近代天津形成了南北交融、中外荟萃的多元文化格局。在这些外来文化与本土文化的不断交织、发展、演化过程中，逐步形成了今天天津的城市面貌。

3.5.2 天津城市文化形象的成因分析

文化是城市的灵魂。城市文化形象或城市的文化性格，是指从构成一座城市整体形象的物质实体和城市主体的人中所表现和折射出来的文化环境、文化品位、文化倾向、文化水准和审美情趣等方面在该城市内外公众心目中所产生的宏观综合印象，这种宏观印象具体体现在城市居民的思想意识、价值观念、生活态度、生活方式以及语言、习俗等文明状况方面。

天津东临渤海湾，北靠大运河，是首都北京的出海口、东大门。这里土地辽阔，地势低而平坦，华北地区许多河流都汇合到这里入海，所以河流纵横交错，密如蛛网，洼淀星罗棋布，素有"九河下梢天津卫"之说，并且有北方最大的水系——海河水系，因而水陆交通极为便利。该地区属于暖温带半湿润大陆性季风气候，四季分明，气候温暖，物产丰富，适宜居住、生活和生产。海河不仅记载着天津城市的发展历史，而且记载着天津文化的发展历史。因此，以海河为轴线，构建起天津的城市文脉。

天津的文化不是在固定不动的陆地上，而是在网状的流动着的海河流域中的，同时又濒临大海。河与海是古代物流与文化传播最重要的渠道。因此，天津的文化是流动性的、开放的、兼收并蓄的。它使天津人眼界开阔、不排他、比较灵活、对新鲜事物富有兴趣。近百年的历史对天津的城市文化影响巨大。在1860年以后，天津作为中西冲突的前沿，不断受到外强侵入。在面对强行撞入的舶来文化的时候，天津不是全盘吸收，它在保持本土原有文化的同时，形成华洋杂处的局面，彼此相异的文化同处在一个城市中。

天津作为历史文化名城，过去的文化积淀和现阶段的文化趋向都是它的价值所在，应以数千年孕育形成的文化为基础，发挥其城市知名度、凝聚力和辐射力，并在新的发展阶段对城市历史文化进行合理的继承、整合和利用。

3.5.3 天津市公共环境设施人文之美的体现

一座城市在社会生活中长期形成的特点能够准确地反映它的人文特色，城市性格与城市内涵有着紧密的联系，城市公共环境设施体现城市性格。解决调研时发现的种种问题，不仅需要更新设计理念更要与城市自身人文特色相结合，假设每座城市的公共环境设施如出一辙，就像一条生产线生产出来的，那么在这些雷同的环境设施面前将无法分辨它们的归属。

任何一个地域都有自己的文化和习俗，如果不了解区域传统文化特征，就不能设计出符合人文环境的人性化城市公共环境设施。除了理解设施功能外，更重要的是对其文化底蕴和民族性的解读。天津市在近现代多元文化的发展中形成了自己独特的建筑风格，20世纪二三十年代的欧美建筑与现代建筑并存，在这些融合了不同风格的区域安置城市公共环境设施时，为了不破坏整体建筑的风格，设计城市公共环境设施时就必须考虑整体建筑风格，从中抽取出诸如形态、色彩、文化等隐含的因素，运用到现代的城市公共环境设施设计中去，才能使两者既相互融合又相互衬托（图3-28～图3-31）。

文化是历史的传承，蕴涵在历史的发展中，融会在人们的思想里。文化的发展推动了历史的发展，文化具有时代性和地域性。城市公共环境设施作为一种文化的载体，记录了历史，传承了文化。东方与西方、国家与国家存在着文化差异，城市与城市、城市与农村的生活方式也存在着差异。不同的生活方式体现着不同地域的文化，并表现为人们不同的生活习惯。作为为人们社会生活服务的城市公共环境设施，自然会受到这些不同生活方式的影响。像天津这样的传统文化底蕴较浓的城市，应属于文化型城市，城市公共环境设施的设计应与周围的环境相协调，在满足功能的同时，要处处体现其文化的内涵，让人们时常受到文化的熏陶。改进的城市公共环境设施在造型和色彩设计过程中要充分考虑这些地域文化差异因素，才能设计出符合各地自身的传统特色的人性化的设施，这样才能使城市公共环境设施和环境融为一体，才能体现出人性化特点并受到人们的喜爱。

具体设计案例说明：

1.设计方案一（天津市鼓楼商业街公交站设计方案分析）

该款公交站是为鼓楼周边地区专门设计的，它迎合了鼓楼地区的特色与文化（图3-32）。

图3-28 天津五大道店铺

图3-29 天津五大道路障、路灯、垃圾桶

图3-30　天津世纪钟　　　　　　　　　　图3-31　天津五大道标牌

公交站的设计打破了以往公交站的布局、色彩、结构，设计灵感来源于有机的几何形体，相互穿插，相互连接。结构与鼓楼周边的建筑风格相融合。其基本功能概括为：①可遮风挡雨。建筑用的防腐木材，天然的木质纹理及自然的色彩，给人耳目一新的感觉。②滚动式电子站牌系统，可根据人们的需要随时更新电子信息，方便乘客查询。先进的触摸屏技术使查阅更加方便快捷。③可折叠式的座椅，节省空间。④电子服务终端，方便乘客自主充值、兑换零钱。

2. 设计方案二（天津市古文化街垃圾桶设计方案分析）

该垃圾桶是为天津市古文化街而特别设计的，设计中充分考虑了古文化街的历史背景和特点（图3-33）。古文化街1986年建成，坚持"中国味、天津味、文化味、古味"的经营特色。设计时，依据其古今共赏的特点，站在现代人的角度，品味其古香古色的韵味，突出其古典的风格，又不脱离现代功能性特点。在色彩上运用与古文化街统一的视觉识别系统，在功能上将可回收废品与不可回收废品分区。造型简洁大方，不但起到了美化和装饰环境的作用，还给人们的使用带来了方便。

图3-32　鼓楼商业街公交站设计方案　　　　图3-33　古文化街垃圾桶设计方案

4 城市公共环境设施与城市的地域性

4.1 城市地域特征

"地域性"一词来源于"地域主义"(Regionalism)。"地域主义"最早在建筑界提出,指在特定地区条件下具有地域特征的建筑风格。1951年,刘易斯·芒福德用"湾区学派"概括旧金山海湾地区的建筑创作风格,将追求表达地域性特色的建筑风格与其他现代主义建筑风格区分开来,是"地域主义"的肇始。随后,学术界从地区性、地域性乃至地缘性,对建筑的地域性特征进行了深入的研究。地域性指某一地区由于其气候、自然环境以及长期以来形成的历史、文化、风俗等原因而形成的特有的、不同于其他地域的特征。事实上,地域、民族、地方这些概念密不可分、相互渗透,只是某种属性更加明显罢了。这里所说的地域性特色就是平常所说的地方性特色。

特征,是指事物所表现出的独特之处,而这些独特之处必须在人对事物的认知过程中才得以体现。因此谈到城市景观的特征,就必然离不开人对城市的认识。凯文·林奇在其著名论述《城市意象》中指出:"人对城市意象的认知是通过五种元素,即路径,边界,区域,结点和标志物。这五种元素构成了人对城市认知的基本框架,同时也是城市特色的载体。"

所谓地域文化,是指在一定地域内的文化现象及其空间组合特征。公共环境设施设计应体现地方特色,或称地域性。地域性是指一个地区所具有的独特的其他地区所不可替代的物质或精神文化形式,它是一个地区区别于与其他地区的标志性符号。这种特性也被称为文化的"地理特征"或"乡土特性"。

从文化角度看,城市中最重要的传统是它的地域性。不同历史时期、不同风格的街道、广场,是公共空间之间纵向的区别,不同地域、不同特征的街道、广场,是它们之间横向的区别。由于后一种区别,使得一个城市具有鲜明的、可视的地方个性。

在古代,建筑师们并不刻意地去表现这种特征。他们只是遵从了那一方水土中的人们的一种习惯——使用的习惯和审美的习惯。久而久之,特征就形成了。这也正符合文化生成的规律。但地域特征一旦形成,它就成为一种个性的生命,互相不能替代。在日趋全球化的当代世界,这种各异和独自的文化个性就具有至高无上的价值。上述这种地域性,并不表现在文物建筑上,而主要表现在民居建筑上、生活的街道上、交流的广场上。保护城市中的地域性是建筑师的事,因为这些古老的民居既要保留,又要使用,使生活在其中的人们,能够享受到现代科技带来的方便与舒适。

怎样的街道、怎样的广场……才能被称为是有特色的?在某种意义上可以说,公共空间特色是人们对城市空间内容和形式特点褒义的、形象性的、艺术性的概括,是作为审美对象的审美特征,是一种能为人们的感官所感受并能够上升到理性认识,获得对这些空间所具有的个性风貌特点认识的一种感性特征。

对于不同的城市、不同的空间，其城市公共环境设施又应该是什么样的呢？城市是人们的家，城市中的街道、广场……是人们交流的空间，城市中的公共环境设施就是人们家里放置的家具，什么样的主人就会有什么样的家和家具。城市公共环境设施的设计应该与它们所在城市的性格和精神相符，如果有心创造城市的特色，就不会出现城市公共环境设施"千人一面"的局面，城市性格的多样性从逻辑上决定了城市公共环境设施是各具特色的。

从"人—机—环境"的整体系统观入手，按照从大到小、由远及近的原则，可以把影响城市公共环境设施设计的因素分为几个方面：环境因素、人的因素以及设施本身的因素。具体来说，就是自然环境、人文环境、地域文化、使用人群、使用功能、技术和材料等因素。其中，能够使设施突显地域特征的主要因素包括地域环境因素和地域文化因素。

4.1.1 地域环境因素体现地域性

自然环境的不同，使不同地区的人们形成不同的生活习惯、价值观、审美观、文化风俗等。毫无疑问，一个地区的自然环境是体现该地区地域性的最直观因素。气候、地形、纬度、城市环境等因素，都对该地区的地域特征有很大程度的影响。以中国为例，我国幅员辽阔，各地风景资源丰富，各种地形地貌都有体现。西北的黄土高坡，东北的黑土地，江南的烟雨小镇。不同的地理特征，造成不同的地域文化，使得该地的文化气质、生活习俗都带有自己的特色。比如，东北的豪爽，江南的秀美。当地居民的生活因为要适应自己所处的地域而改变着，逐渐又形成自己独特的地域性。这些原本是自然选择和社会不断发展的结果，但是一种观念、一种习惯一旦形成，便会反过来影响社会和生活，并成为整个地区、整个社会的时尚。

1. 地形地貌及气候

地形地貌直接影响到土地的物理化学状况，而且大尺度地貌单元影响大气环流特征，形成独特的热量和水分条件，进而形成独特的气候。气候是生物生长的必要条件，决定着生物量的产出。对于环境设施设计而言，这些自然环境因素和人为设施之间存在着千丝万缕的联系。我国的地理环境空间差异明显。东部地区气候条件较好，水热充足，地势低平；中部为高原向平原过渡地区，地形复杂，自然要素呈过渡性，气候类型也复杂多变；西部地区为荒漠和高寒环境，气候条件相对恶劣。

不同地域之间气候的差异性，同样会影响到环境设施的设计。我国南方地区，气候炎热多雨，环境设施在造型上就必须考虑既要通风又要遮光。我国北方地区，气候寒冷干燥，环境设施在材料的选择上，不宜采用不锈钢等金属材料，可以多用木材以增进亲切感。另外，北方冬季较长，考虑到一年中有很长时间的灰白背景，设施不宜采用浅色，应该采用较鲜艳的色彩。我国西北地区，气候干燥少雨，但阳光充足，这为环境设施充分利用太阳能创造了条件，这样的绿色设计也特别符合西部地区经济发展的需求。

2. 自然资源

不同的地形地貌和气候条件使不同的地区具有不同的自然资源。自然资源是指作为生产原料和布局场所的天然存在的自然物,是自然界中一切能为人类利用的自然要素,包括矿物资源、土地资源、森林资源、水资源、海洋资源等。具有地域特色的自然资源的巧妙运用,能为产品设计和环境设施设计带来意想不到的效果。

例如,我国西南方地区竹资源丰富,种类丰富的竹制生产工具、厨房用具、家具、手工艺品等汇聚成朴实的竹文化。它的设计思想是值得现代人学习和借鉴的。因此,将各地不同自然资源的特点运用到公共设施设计中去,不失为一种个性的地域特征设计方法。

4.1.2 地域文化因素体现地域性

社会环境的差异也是造成地区地域特性的原因。这里所说的社会环境包括文化环境、语言环境、宗教环境等很多方面。广义的文化,是指人们在生产和生活中创造出来的物质财富和精神财富的总和,是人类区别于动物的根本标志。文化有很强的民族性和发展性,任何民族都有自己的文化,它们的地域性决定了文化的差异性。文化是人类文明的沉淀,是劳动人民集体智慧的结晶,是一种共性的东西。当文化联系到不同环境、不同地域的时候,由于经过各自的历史沉淀,因而形成了各具特色的文化环境即地域文化。文化中的历史因素也会很好地体现一个地区的地域性。在一个地区历史的延续和发展过程中,每个历史时期都会在这个地区留下印记,这些印记又共同构成了现实中的城市物质环境和文化环境。这些历史物质环境包括这个地区中的历史建筑物、传统生活区和古老道路等。正是这些地区历史载体的存在,使得地区特征得以表现。以北京为例,虽然大部分前朝的建筑和遗迹都已经不存在了,但仍然能看到很多明清时期的皇家建筑和宗教建筑的遗迹以及四合院住宅,它们对于今天北京的城市构架和地区性特征而言,是不可缺少和非常有代表性的元素。而一个城市历史文化环境则包括历史事件、神话传说、著名人物等,这些因素同样是一个城市地域性特征的显著表现。所以,一个地区自身历史的存在,是该地区地域性凸显的重要方面。

1. 建筑风格

建筑是城市发展中最主要的手段,也是城市中最具文化内涵的场所,反映的是城市历史、社会变迁、风格形式与空间使用。建筑总是最直接地告诉人们,其所在城市的文化特征及后续发展。作为城市建筑的一部分,社区建筑虽然不需要像公共建筑那样突显城市的政治特征,但它却是城市中普通市民的大众文化的载体。因此可以说,社区建筑的形式是自然的、生活化的,也是更能体现地域文化的。例如,北京城里的四合院,黄土高原的窑洞,江南水乡的粉墙黛瓦,西南地区的吊脚楼。甚至连近年来在各大城市盛行的欧陆建筑风格也成为一个显著的特征。很多独特的建筑形式都可能被运用到现代城市的建筑上。建设中总是先建房后安排设施,为了不破坏这些建筑的个性特征,街区中的设施在造型上就不应该随心所欲,而必须考虑到地区的整体建筑风格,从街道两旁的建筑风格、轮廓线、优美的道路线形、节点性建筑物上的地域风格特征中找出那些诸如形态、色彩、文化等隐含着的因素,运用到设施的设计中去,从而使设施能更好地融入到环境中。由此看来,建筑形式对设施的影响是很大的。黔东南苗族侗族自治州首府凯里的民族建筑颇具特征,有金字塔式苗族吊脚楼、布依族石头屋、侗族鼓楼和风雨桥等。其中,黎平县肇兴纪堂鼓楼、从江县增冲鼓楼等清代中叶侗族建筑物，现今仍保存着原貌。图4-1是凯里的公交候车亭，候车亭的造型就是借鉴了当地的民族建筑形式而设计的，很好地与当地的建筑融合在一起，颇具特色。

2. 人文景观

现代公共环境设施是城市景观环境中十分重要的"元素"，参与城市景观构成，使之成为室外空间环境具有公共性和交流性的产物。正如人们所看到的，在一些比较重视景观环境的地区，城市设施和社区设施通常是与景观相结合的。它们是景观规划中的一部分，明确了室外空间环境的功能特征，确定了室外空间的秩序，丰富了城市景观环境的内涵。因此，从某种意义上说，环境设施就是一种硬质的景观。尽管室外空间形式的组合和创造是城市景观环境设计中的首要因素，但环境设施的体量、形式、轮廓和材料的色彩、质感以及内涵等直接反映景观的形象。总之，与环境结合的公共设施在社区室外空间环境中发挥着重要的作用，环境设施与社区景观的关系是互动的、相辅相成和相得益彰的。

3. 生活方式

根据社会学的理论，生活方式是指与一定的社会生活条件相适应的人们生活活动的典型途径及其特征的总和。

东方与西方、城市与农村的生活方式存在着很大的差距。即使同是城市，不同地域的城市在生活方式上也会有一些差异。不同的生活方式体现了不同地域的文化，表现为人们不同的生活习惯。作为为人们社会生活服务的城市设施自然就会受这些不同生活方式的影响。例如，在快节奏的经济型城市，人们工作和生活的节奏都很快，即使是回到了社区，回到了家中，也需要设施或产品为他们提供快捷、方便、舒适的服务。对于他们而言，设施的使用功能是第一位的。在成都、西安这样的文化型城市，人们工作和生活的节奏相对缓和些，在使用设施时，他们相应地会更关注设施的精神功能。

4. 形态和色彩

同一般的产品一样，环境设施也是以一定的形态呈现在消费者面前的。在这里，"形"主要是指物体的形象、形体、形状、样式及造型等，"形态"主要是指形状和神态等。生活中经常有这样的现象，人们往往能从物品的造型、装饰、色彩等判断出它的出产国家或地区。例如，一看到紫砂壶就会联想到宜兴，一看见瓷器就会联想到景德镇，一看见唐三彩就会联想到河南洛阳。这就是产品中蕴含的地域文化因素起到的作用。

作为产品形态很重要的一部分色彩在人们生活中是不可缺少的视觉

图4-1 凯里的公交候车亭

感受。色彩具有一定的功能与特征。

不同国家和地区对色彩的取向是不同的。各个国家、民族、地区由于社会政治状况、风俗习惯、宗教信仰、文化教育等因素的不同，以及自然环境的影响，人们对各种色彩的取舍会有所不同。例如，大多数的伊斯兰教徒都喜欢绿色。又如，非洲土著民族一般都非常喜欢强烈的纯色，非常讨厌各种红色的产品和包装，其理由是红色象征着战争与反抗，而由于蓝色意味着和平，所以它受到普遍的喜爱。再如，拉美各国一般喜欢纯色，黑色或黄色是他们最喜爱的。就我国不同地域而言，人们对色彩的偏好也是有所不同的。东北地区，人们偏好色相反差大、明度对比大的色彩，有一种雍容华贵的气质；西北黄土高原地区，人们偏好的色彩浓艳、热烈、纯粹，体现着西北人豪迈而纯朴的民风；西南少数民族地区，人们偏好丰富、细腻的色彩，不同民族则有自己偏好和崇尚的色彩；东南沿海地区，总体来说，人们偏好的色彩淡雅、别致，但由于经济的发达，人们在色彩方面的个性化的爱好也是很明显的。因此，环境设施的色彩设计，不能脱离客观现实，不能脱离地域和环境的要求，要研究色彩的适应性，要充分尊重不同地区人们对色彩的喜好特征，要投其所好，避其所忌，这样才能使设施和环境融为一体。由此看来，相对自然环境而言，地域文化对城市人居环境、对环境公共设施产生的影响要深远得多，重要得多。这正是设计师在进行公共设施设计时应着重思考的地方，也是设计成败的关键所在。

综上所述，地域性是城市文化的基本属性之一。城市文化生长于不同的地域环境中，它是人们根据地域特征，将影响城市文化发展的最具活力的要素进行最佳组合的结果，是人们深思熟虑的愿望和意图的体现。着眼于地域特色，创造城市文化，是对城市文化高层次的追求，也是在不断增长的全球化的背景下，面对压倒一切的趋同性的压力，城市个性的觉醒。很多地区、很多城市、很多特产之所以给人们留下深刻印象，主要是因为地域性。地域性聚集了自然的、社会的、历史的独特因素，会产生让其他地区无法模拟的优势。那些看似平常的、隐藏在人们生活背后的深沉的文化背景和文化底蕴，不仅有着比艺术作品本身更深刻的内涵、更深厚的感情，而且能更全面地反映城市文化的精神内核，也能更好地解释这个地区人们生活的诸多意义。

实践表明，一定的地域文化背景下所进行的规划、特定地域中的设计物，常能激起人们有更多的兴趣去了解过去，思考个人与群体的关系，进而产生特有的地域情结，产生人际脉络和社会结构的再重构。只有设计出最优化的自然与人、与环境的系统，才能凝聚并扩大对地域情感共存共荣的再认同。就像一句广告词所说的那样：北京的雍容、沈阳的直爽、深圳的活力、上海的浪漫、青岛的欢畅。这正是地域文化与城市环境设施结合的见证。

4.2　城市公共环境设施地域性设计的原则

4.2.1　符合城市、地区文化发展原则

城市公共环境设施地域性设计，在本质上属于一种文化行为。它是人类对社会生活的观念、改造自然和社会的构想，以及运用现代科学技术成果的一种创造活动，是人类科学和文化水平

的集中反映。人类在不断建设适应自身生活环境的同时，社会文化价值观也随之更新和变化，多元文化的整合也在以新陈代谢、吐故纳新的方式发展演变，可以说这是历史发展的必然。历史文化需要沉淀、需要共鸣，新兴文化需要发展、需要创造。正如网页一跃成为与报纸、电视、广播齐头并进的四大媒体之一一样，信息传播的迅速蔓延，扩张和加速了城市文化的蜕变，构成了与传统文化迥然不同的文化形态，演义不同的文化特征与形象表现。公共环境设施设计，在历史发展的长河中既要尊重传统、延续历史、传承文脉，也要注重展现当下的时代特征。只有这样，才能实现真正意义上的继承与创新。

4.2.2 材质因地制宜原则

城市由于受地理、自然环境的限制，其植物和气候都具有本区域的特征。不同地域，在材料选择上存在着很大差异。例如，我国南方地区，气候炎热、多雨，选材时要注意防潮防锈，材料的选择多用塑料或不锈钢，或用木材以增加亲切感，其色彩以亮色调为主。而北方冬季多雪，气候干燥寒冷，其设施色彩一般多采用鲜艳醒目的基调，以使人们在漫漫寒冬中感受到心理上的温暖和视觉上的春天。一般而言，在材质的选择上宜以城市特有的代表性材料为主，加强地域性因素的凝结与重构。

公共设施是城市的家具，是城市景观中不可缺少的重要元素。它具有公共空间的属性，不仅为人们的社会生活提供便利，而且以其特有的方式促进社会行为的发生。城市家具为城市空间带来了无限魅力。城市家具虽属于家具范畴，但由于其公共属性，因而呈现出不同于室内家具的特点。设计师进行设计时，不仅要反映城市文化、历史、艺术与生活品位，关注人在公共空间社会交往、交流信息、沟通情感、自我实现的社会属性，还要考虑家具材料如何与环境协调统一，以及室外材料的使用维护因素。在材料的选择上，要多利用当地的地理环境和地方性材料，突出本地的地域特征。地方性材料通常是指竹、木、土、石等自然材料。要通过恰到好处地运用这些材料，使环境设施有机地融入到当地的自然环境中，充分和本地环境结合相融。例如，我国南方某些城市的大型公共设施，在其入口的地坪、勒脚、门楣等处多选用米黄、青灰色的石材，尽管只是作局部的点缀，但是与该地原有的朴素色彩就有了较自然的延续关系。又如，我国青岛新市区广场的景观和地面材料，大都是从该地的海底采集加工的材料，从而使当地的地域性特点更加浓郁。

4.2.3 整体原则

哲学上的部分与整体的关系同样适用于设计。在整体中把握局部，在局部变化中体现整体，是现代设计发展中不变的规律。因此，可以说部分的设计价值是整体设计价值的局部，它依附于整体而存在，构成了系统设计。

城市公共环境设施设计中，其地域性的整体原则包含三层含义。首先，在单个环境设施的整体中，有不同的设计手法和注意事项，每个组成部分应该有各自的特点和个性。而环境设施外形整体感是衡量环境设施地域特征的最直接的参考方式，任何一种影响因素的添加，都必须满足整体需求。其次，把多种环境设施作为一个单元来对待的时候，整体性原则发挥着协调效应。由于每件设施的表现手法、用料取材、加工工等方面都不同，而每件设施都具备了一定的特征和使用功能，因此，处理局部与整体、整体与局部之间的关系就更加重要。最后，当环境设施处于城市这个大使用环境中时，与特定环境的协调就是整体性原则的重要内容。即使一件或者多件不同类别的设施共同作用于一个区域时，它的放置与特定的区域环境无法很好融合时，我们说这仍然不是一件完美的设计。换句话说，游离于特定区域之外的设计，就失去了城市公共环境设施的意义。

4.3 城市公共环境设施地域性设计的方法

所谓设计方法，概括地说，是解决问题的工具。它包括系统论设计方法、功能论设计方法、人性化设计方法、绿色设计方法、改进性设计方法和创新性设计方法等。这些方法在设计中常交叉出现，只是在问题的切入点和侧重点上有所不同。特定城市环境设施的地域性设计，不仅是该地区特定的地域文化意识在环境设施物态上的表现，而且也有助于该城市自然环境与人工环境的和谐共处。

4.3.1 城市文化的形象引入法

形象是事物给人造成的最直观的视觉效果。凯文·林奇（Kevin Lynch）曾指出："城市景观是一些可被看、被记忆、被喜欢的东西。"所谓城市文化形象引入法，是指在设计中把城市特色因素加入到城市环境设施设计中。由于城市形象与文化的差别，使城市环境设施设计富有城市的文化特色。把环境设施设计与城市整体形象结合起来，更有利于展现城市风貌。城市具有民族特色的建筑形式、空间尺度、色彩、材料、装饰符号以及人们的生活方式等，是与隐藏在全体市民心中的、驾驭其行为并产生地域文化认同感的社会价值观相符的。因此，把上述这些能代表城市地域文化的形象符号用现代设计的方式进行提炼和重构，之后引入到城市环境设施设计中，既能增强环境设施与环境的整体性，增加环境特色，又能使人们以现代人的视野回望过去，加深对本地文化的认同感（图4-2～图4-6）。

图4-2 前门正阳门牌楼

图4-3 前门大街的拨浪鼓形路灯

图4-4　前门大街上的垃圾箱　　图4-5　前门大街的鸟笼灯　　图4-6　前门的雨水箅子

4.3.2　主题形象融合法

形象是事物给人造成的最直观的视觉效果，在设施、环境、景观的处理中重视统一与呼应，形象融合包括形体符号、色彩、质感等多方面，形成与整体环境的有机和谐关系。

形体符号，在创作中运用与环境相关联的符号语言或具有象征意义的造型，可以使环境设施形体在更深层次上取得与环境的融合，有利于使用者产生与环境密切相关的联想或想象。形体符号的选取，应同时考虑环境中的自然因素与人文因素的影响。对于自然因素相对突出的环境，形体符号应力求与自然取得呼应。人文环境相对突出的公共环境，在传统建筑特色显著的情况下，则应将传统建筑中具有代表性或具有明晰、稳定意义的符号进行提炼或重构，运用到创作中，增强设施与环境的整体连续性。

色彩，具有一定的功能与表征。所谓色彩的功能，是人们赋予色彩的一种表征能力，也就是色彩的感情象征，是指色彩对人的眼睛及心理产生的作用，它包括色彩的色相、纯度和它们之间的对比等视觉的刺激作用以及在人们心理中的各种印象和触发起来的情感。色彩与环境融合主要有两种方式：①采用灰色调与环境相协调；②采用饱和度较高的明亮、鲜艳颜色，通过色调对比求得与环境的和谐统一。

质感，可以用地方的天然木材或人工仿天然材料与当地的地质、地貌求得质感上的统一。另一方面材料质感的选择也可以与周围环境相呼应。

4.3.3　实地调查分析法

即依据城市公共环境设施的实地调查情况进行针对性设计。在调查研究的基础上，具体分析设施的使用环境和使用人群，参照城市的规划设计和形象定位，在设计中把环境设施的外观形态、色彩、材料、设置等与使用环境相协调。

例如，对滨江道小白楼商业街公共设施进行的实地调查分析。滨江道商业街是天津市最繁华的商业街之一。它自海河边的张自忠路起，向西南方向延伸到南京路上，全长2094m。20世纪20年代末，随着劝业场一带商业的兴起，中外商贾纷纷云集于这条街，许多服装绸缎、金银首饰、钟表眼镜、照相洗染以及旅馆、饭店、影院、剧场、舞厅等商业、服务和娱乐店堂、场馆相继落成开业，这条街逐渐呈现繁华景象。这条街不仅有劝业场、中原公司、稻香村食品

图4-7 滨江道的简易食物亭

图4-8 滨江道的简易食物亭

图4-9 滨江道的招牌

图4-10 滨江道的商场招牌

店、亨得利钟表店、光明影院、登瀛楼饭庄等老字号，还有新建的一些商场（滨江商厦、吉利大厦、米莱欧、国际商场等）和商店。因此，环境设施功能的现代化和多样化是其存在的必备条件，要使公共环境设施实现其功能的现代化和外观形象的地域性，就要进行实地调查和协调处理（图4-7～图4-10）。

4.3.4 科技融入集成法

随着电子信息时代的来临，人们对环境设施的功能提出更高的要求，生产技术的飞速发展也使产品功能的叠加成为可能，原本功能单一的多种设施被集中到一个多功能产品上已是非常普遍的现象。不同的使用功能使设施具有不同的特点，在这个意义上，这些特点是稳定的、不可变的，但技术的革新与新材料开发却能使设施的特点呈现出不断的、新的变化。科技集成法主要包括两个方面。

首先，技术使多功能产品形式得以实现。技术的不断更新与发展是产品发展的源动力，技术的进步使得功能的叠加成为可能。随着电子化时代的来临，原本功能单一的多种设施已经被集合到一个多功能产品上。集合了电话、留言、平面示意图、信息查询、上网等功能的多媒体电话就是一个很好的例子。这样的设施不仅增加了使用功能，更方便了居民生活，而且也使原本普普通通的情报性设施呈现出电子化的、个性化的时代特征。

另外，技术为环境设施在选材上提供了可变的空间。现代科学技术的进步，为设计师提供了广阔的空间。例如，传统设计中用水泥和涂料模拟树木的质感，随着现代技术与加工工艺的提高，可以把更多耐水防腐材料运用于设计中。因此，以技术手段来实现环境设施的现代化是设计的一个可行的发展方向。

例如，天津市的公交候车亭设计，不仅使其具有座椅、公用电话、电子路线示意图、信息查询、电源等功能，而且还利用充足的太阳光，使其具备太阳能发电、制冷等低耗能的功效。这样的设施不仅增加了使用功能，更方便了居民的生活，而且使原本普通的信息设施呈现出现代化、个性化、地域化的时代特征。

4.3.5 元素组合法

元素组合法，顾名思义就是把具有代表性的设计元素经提炼后运用于设计之中，填充设计的内涵，使环境设施从外观上具有地域性色彩。如图4-11、图4-12中的垃圾筒设计，就运用了中国古代花瓶的外形和纹饰，使其从外观上呈现出一种中国传统文化的气息，符合中国古典园林的文化氛围。

设计元素组合法，可以根据地域性设计因素研究进一步挖掘。理论上具有决定性的设计因素引入得越多，环境设施的外观越具有地域特征。而相关因素的引入，可以在整体上完善设施的形象，提高社会文明程度。

设计可以简化为元素的组合，但绝不等同于元素的组合。在简化设计的过程中，同样需要对整体的把握。在使用功能大于其他功能的环境设施设计中，就要偏重于使用性设计因素的考虑。根据不同的情况具体分析，才能把元素进行合理的组合使用，使设计更具有实用意义。

图4-11　古典园林中的垃圾箱

图4-12　古典园林中的垃圾箱

4.4 地域性文化符号的设计应用

符号既是人的内在文化能力的表示，又是可感世界的一部分。不同的地域性文化不仅是人们生活在特定的地理环境和历史条件下，世代耕耘、创造、演变的结果，也是人们为了展示自己的本性，为了使人类经验能够被认识和理解而建造的符号世界。

以天津为例，第二次"鸦片战争"后，天津被辟为通商口岸。从1860年到1902年，先后有英、法、美、德、日、俄、意、奥、比九个国家在天津设立租界。租界内，各国纷纷建起了具有本国特色的住宅。由于租界地的建立，使近代天津的地域文化特征中被引入了诸多西方先进的文化理念和城市建设理念。在这种独特的历史背景之下，天津形成了中西建筑并存、西洋式与东洋式并存、单体建筑中西合璧等一系列的所谓"津派"风格的独特建筑群。大量南北风情与中西文化兼收并蓄、糅合古今中外之所长的优秀建筑范例使设计者不但有了参照物，更有了朝这个方向努力的信心。因此，更多的创新性现代主义风格的建筑不断地登上历史舞台，也不断丰富着天津多元化的建筑风格，形成了自己独特的艺术风格，在生活中又以各自不同的符号形式诠释着本地区的精神内涵，形成了一种地域文化特有的淳美和意蕴。

4.4.1 形态的提取

"形态"主要是指物体的形状和神态等，它是艺术设计的主要特征。环境设施同产品一样也是以一定的形态服务于消费者。由于受到环境的一定制约和影响，各国的环境设施在形态的设计上具有不同的风格和特点。

如天津市著名的古文化街，位于老城东北角，是天津的发祥地。天津古文化街于 1986 年元旦建成开业，全街长 580m，整体建筑为仿清民间式建筑风格，天后宫（妈祖庙）位于全街的中心。古文化街的建筑总面积有 2.2 万 m^2，古建筑高低错落、蜿蜒曲折，一阁一檐皆有讲究。所有名堂，一律青墙红柱、磨砖对缝，配上不同形式的隔扇门窗、栏杆、屋顶翼角，显得隽秀、古朴、典雅，加之匾额、楹联、宫灯、旗幡、精美的木雕及 1500 多幅艳丽的油漆绘画，更增添了这条街的古典文化气息。除建筑外，天津的杨柳青年画、彩塑泥人张等种类繁多且极具特色的民间艺术，也可作为环境设施形态设计的素材。如在其传统样式、地方风格、材料特征、色彩等物质"原形"中抽取出诸如形态、色彩、文化等隐含的艺术符号，同时用新材料、新技术、新方式诠释出新的艺术风格，不仅能使古文化街的环境设施成为传递地域特征意象的载体，而且也可以使地域、民族文化得以发扬光大。如图 4-13、图 4-14，古文化街路灯的设计造型上结合了古典元素与现代元素，能够较好地融合到古色古香的文化氛围里，同时路灯上的广告条幅的色彩和文案也很好地衬托了路灯，使它更好地融入了环境当中。

图4-13　古文化街的路灯

图4-14　古文化街的路灯

4.4.2　色彩的沿用

由于人们对色彩的喜爱与心理感受相关联，所以人们赋予色彩一定功能的表征能力，即色彩对人的眼睛及心理产生的作用。例如，天津古文化街的宫殿庙宇采用金黄色琉璃瓦顶，朱红色屋身，檐下阴影里用蓝绿色略加点金，再衬以白色石台基，轮廓鲜明、富丽堂皇。街道整体采用清代民间建筑的风格，用青灰色的砖墙瓦顶，或用粉墙瓦檐，木柱、梁枋、门窗等多用黑色、褐色或本色木面。彩绘作为建筑装饰中的重要部分，做在檐下及室内的梁、枋、斗拱、天花及柱头上。构图密切结合构件本身的形式，色彩丰富。因此，针对天津古文化街环境设施的色彩设计，在吸收和借鉴天津民间艺术色彩造型的同时，既要服从于古文化街整体环境色调的统一，又要积极发挥设施自身色彩的对比效应，做到统一而不单调，对比而不杂乱，这样才能使环境设施和古文化街的环境融为一体。例如，简易食物亭在造型设计上符合简易的形式，在色彩和文案的运用上都吸收了中国古典和传统的元素，在食物亭的周围设立了不少供就餐和休息的桌凳，方便游人休息和就餐（图 4-15）。垃圾箱的造型采用了传统的编制工艺，藤条的原始色彩与古文化街的古朴色系十分吻合（图 4-16）。

4.4.3　神韵的把握

神韵是艺术中所蕴涵的气韵和精神的传达，它包括了感觉、知觉、表象、记忆、想象、理解等许多回合的心理过程，是对艺术设计发展境界的最高要求。如天津古文化街的建筑的古朴典雅，青墙红柱的淳朴自然，门窗栏杆的隽秀雅致，仿古彩绘的熠熠生辉、华丽高雅，加之匾额、

图4-15 古文化街简易食物亭

图4-16 古文化街的垃圾箱

图4-17 古文化街的招牌

图4-18 古文化街的街灯

楹联、宫灯、旗幡、精美的木雕,更增添了这条街的古典文化气息,为天津古文化街环境设施神韵的把握提供了丰富的资源。

利用符号语言来建构环境设施的形态系统是艺术设计的显著特征。因此,根据天津地域文化符号的显著特征,天津古文化街的环境设施的地域性设计在内涵表现上,应当体现出城市居民对本地历史文化的集体记忆,象征着城市的形态和意象,延续着城市的历史和文化,代表着城市人民的光荣和梦想,蕴涵着城市的精神和归属的物质实体。在技术的表现上,要善于将本地传统技术和现代高科技技术相结合。在艺术形式的表现上,要引入现代艺术设计理念,营造艺术氛围,增强人与人之间的艺术交流,从而达到充实天津城市环境的文化内涵、提升市民环境品质和生活品位的目的(图4-17、图4-18)。

4.5 地域性与时代性的整合

城市公共环境设施作为城市景观的一部分,理应立足于辅助和创建区域文化环境特色,唤起市民对地域、公共精神的认可,发挥其独特的艺术感染力。但是,对于环境设施地域性的表现,决不能片面地抄袭某种传统民族建筑或物件。传统的形式无论多么完美,毕竟反映的是过去的时代或文化。

随着时代发展和人对自然认识的深入，公共环境设施设计正在向网络化、多功能化、立体化等方面发展。而现代技术与加工工艺的不断提高，也为实现环境设施的功能、技术、造型、材料等创造了有利的条件。因此，要结合时代的发展，按照城市整体规划设计方案，研究地域文化的实质。通过以下几个方面的整合，突出环境设施与城市环境协调美观、与时俱进的特点。

4.5.1　个体形象与整体环境规划的整合

环境设施的个体形象是衡量其地域性特征的最直接的参考方式，但是由于每件环境设施的使用功能、表现手法、用料取材、加工工艺等方面的不同，因此在其个体形象中添加任何一种因素，都必须满足整体环境规划的需要。为了强化环境设施个体形象与城市整体环境的规划整合意识，在设计中对环境设施个体形象的共性化强调是十分必要的。

环境设施个体形象与整体环境规划的整合主要表现在三个方面：①环境设施个体形象的多样性和城市环境统一性的整合。例如，在城市总体规划中确定出街道格局，了解街道的使用人群，明确各条街道在城市景观中的地位和作用，确定该区域环境设施的尺度、形式、体量、组合、材料、色调等，在设计中表现出对以上城市历史文化的理解和表达。②环境设施个体形象的主题化和城市环境形象个性化的整合。在城市道路和节点空间中，环境设施要围绕一定的主题来进行设计，可借助当地的人文、自然景观等方面的特色来展开。同时，在细节的表现上要各具特点，除实现其功能的综合化和模块化外，还要保证它有维护和突出城市环境形象的个性、提高人群使用效率、利于观瞻的作用。例如，天津市鼓楼商业街区中的雕塑。在这个古香古色的街道上，每相隔几百米处就会有一座雕塑，但是它们所表现的却是一个场景，都是在古老的鼓楼街道上曾经出现的场面。如伏案看字的先生、沿街叫卖的商贩、孩子围挤中吹糖人的老人以及听戏的老爷，这些雕塑都体现了古老街道的韵味。因此，在街道设施的建设中起到了至关重要的作用。而除了这些主要的雕塑外，还有两边店铺门口代表其老字号特征的人物雕像，如尽人皆知的泥人张门口的杨柳青年画中的娃娃，不但是店铺本身吸引人们目光的标志，而且更是为整个鼓楼街道增添了趣味。游览者也可以通过这些特征标志获得关于鼓楼历史的信息。这些系列雕塑的配置，都符合鼓楼商业区地域风情的个性化特征。③环境设施色彩与建筑环境色彩的整合。城市色彩体现着城市个性，展示着城市形象，体现着城市文明发展程度。根据天津的自然条件和鼓楼商业区建筑群的主体色调，来确定商业区内街道建筑的外立面、地面铺装等各种环境设施元素的辅助色调，尽量减少建筑和环境设施色调之间的外向影响及相互干扰，这样既突出了环境设施的个体形象和商业区整体环境的特性，又保证了环境设施与整体环境的丰富多彩和协调统一。

4.5.2　感性功能效应与审美体验特殊性的整合

环境设施的感性功能效应一般是指在设计时要注重大众的美感体验，充分满足现代城市人群聚居的生活方式，并创造这种发展需求的可能性。感性功能在很大程度上把心理学、社会学及美学观点一起包括在内。"某方面特征的反复加强，代表性图式屡屡摄入，某种意识不断暗示，某种形式成为典型的符号，逐渐由一部分表象上升为一种'完形'，于是自然而然形成了一定地域的人们所特有的审美习性。"

由于民族、地位、文化程度、职业、兴趣爱好的不同，人们对需求的选择也有所不同。因此，对环境设施感性功能和多民族文化审美体验特殊性的整合也是现代城市环境设施设计中对人文因素关怀的体现。例如，对天津市鼓楼商业区环境设施的地域性设计，既要根据天津特有的气候特点，结合商业区中具体街道的风向和人流量，考虑环境设施的造型、图案、色彩、材料、肌理等是否满足游人的审美体验特殊性的需求，还要注重环境设施使用功能的完备性，然后才能对环境设施的地域性进行有针对性的设计。如对候车亭的地域性设计，可以应用古代天津文化中的一些元素，结合现代的材质加以表现。既表现出这个地区的文化底蕴，又体现了这个地区与时俱进的时代特色。例如，从泥人张的泥人、杨柳青的年画、妈祖文化、软风筝等中提取元素。通过对人们日常生活中喜闻乐见的构成元素在环境设施中的引入，可以唤起大众对城市历史的回忆和产生地域文化认同感，使人们在充满着美感的商业区中既能体会到观光、购物的愉快，又能在尊重自然和历史文化的氛围中学会生存和互相尊重，这也是现代商业区发展的终极目标（图 4-19～图 4-22）。

图4-19　古文化街的泥人张

图4-20　古文化街的杨柳青年画店

图4-21　古文化街街景

图4-22　古文化街的果仁张

4.5.3　历史文脉的继承和可持续发展观念的整合

人类在不断建设并适应自身生活环境的同时，构成了与传统文化迥然不同的社会文化形态。其中，每个城市在历史发展过程中，其历史、文化、宗教、民俗等都是通过独特的城市景观而变成人们头脑中的记忆，成为可看、可摸、可回味的符号。这种符号是与隐藏在全体市民中的、驾驭具体行为并产生地域文化认同的社会价值观相吻合的，这是市民在城市历史发展中创造的物质财富和精神财富的综合，也是城市物质文明与精神文明的物化。但是，随着现代科技的发展，一部分具有较高历史文化价值、延续和融合了人类文化情感和创造智慧的景观在城市的更新交替中却面临着巨大的威胁。

"可持续发展就其城市设计而言,其主旨为局部和短期的经济利益而付出整体的和长期的环境代价,坚持自然资源和生态环境、经济和社会的发展三方面的统一。"善待自然与环境,减少对生态环境的破坏和干扰,实现景观资源的可持续利用,在城市环境设施设计中创造适合城市特点的可持续发展的绿色生态观,这不仅是对自身文化价值的肯定与认识,也是对城市地域文化的继承和发展。而且,自然景观资源和传统景观资源均是不可再生资源,在对城市公共环境设施的地域性设计中,对其要加以合理的保护与利用,不应在建造新的城市环境时以破坏自然景观资源为代价,而应以本地自然景观资源、传统景观资源为设计基础,创造出既有本地自然景观特征,又有历史延续性和时代特色的环境设施。

在知识信息时代,城市公共环境设施的地域性设计既要尊重优秀传统、延续历史文脉,又要放眼于新时代背景下产品设计未来发展的新特点,分阶段进行,使公众产生地域文化的认同感和社会的责任感,实现环境设施历史文脉的继承与可持续发展观念的整合。

4.6 天津的地域性特征对城市公共环境设施设计的影响

4.6.1 天津的地域性特征

1. 移民性与平民性的地域特征

天津的地域性特征与天津的历史发展密不可分。天津从建城伊始就是一座移民城市。居民的主体是军人、官员、码头工人、盐民、商人,这些人来自全国的各个地方。天津的移民城市的性质,决定了建筑文化的移民特征和平民特征。

天津的民居在空间布局上带有明显的北方特点。例如,胡同较直,道路的交通功能与商业功能分工明确。但同时,天津的建筑中又糅杂着很多南方的特色。因为早期天津的富商大贾多来自江南,很自然的,南方的一些住宅建筑特色就被潜移默化地融入天津的建筑之中了。

例如,过去天津人常说的"四合套",在建筑风格上受到北方气候的影响,以封闭形态的木结构、庭院式、独户住宅为主。另一方面,庭院式住宅很多为南式,建筑中大多用砖雕、木雕,这也和北方大量采用油漆彩画的建筑有所不同。因此天津的四合院在平面设计上接近于北京四合院,但在建筑方法上更类似于江南的穿斗结构与"四水归堂"。移民文化特点明显。

就天津的"平民化"特征而言,天津的早期建筑没有像北京那样受仪轨、章法制约的标准,而是随地形、随需要、随财力自然形成院落。

天津早期的建筑布局五花八门,不拘一格。在檐头、门楼、门窗这些细部,又兼而有江、浙、皖民居的明显痕迹。这些无不体现着天津城市的移民性与平民性的地域特征。

2. 独一无二的"津派文化"造就庞杂的建筑风格

第二次"鸦片战争"后,天津被辟为通商口岸。从1860年到1902年,先后有英、法、美、德、日、俄、意、奥、比九个国家在天津设立租界。租界内,各国纷纷建起了具有本国特色的住宅。由于租界地的建立,使近代天津的地域文化特征中被引入了诸多西方先进的文化理念和城市建设理念。

在这种独特的历史背景之下,天津形成了中西建筑并存、西洋式与东洋式并存、单体建筑中西合璧等一系列的所谓"津派"风格的独特建筑群。

大量南北风情与中西文化兼收并蓄、糅合古今中外之所长的优秀建筑范例使设计者不但有了参照物更有了朝这个方向努力的信心。因此,更多的创新型现代主义风格的建筑不断地登上历史舞台,也不断丰富着天津多元化的建筑风格。

4.6.2 天津的地域性特征对城市公共环境设施建设的影响

对于一个城市而言,它的公共环境设施建设就如同人身体上的经脉,虽然大多时候不会像某个标志性建筑那么抢眼,惹人议论,也不会被形容为改变了城市命运的大动脉——这一般是工程浩大的主干道的代名词,然而,它却的确为连接城市的骨、肉、器官发挥着无法替代的作用。公共座椅、路灯、垃圾桶、指路牌,在设计这些元素时,必然要考虑到它的物理功能,也就是如何使人们更方便、更容易地使用。也必然要考虑人们更高一层的精神需求,它要赏心悦目,富有寓意。然而,公共设施的设计不同于一般的某样工业产品设计,它具有一种整体性的关系。

城市公共环境设施共同构成了一种空间、一个整体,而空间中的每个元素必须服务于这个整体,与这个整体具有统一性。例如,苏州园林中的垃圾箱设计。园林是整体,园林中的各个元素必须与它的风格相统一。那么,如果此时此地出现一个来自"水立方"的现代感极强的"环保使者",自然是不协调的。无论这个单体多么出色,不能为它的环境服务,也是不合理的存在。

单独一个不合理的存在其影响是有限的,游园的人可当它是"技术失误"而忽略它的存在,然而,如果整个园林区都布满这些"不合时宜"的点,那么游园者的心情就会不断地被干扰,无法全身心地投入园林建筑的文化氛围之中。

因此可以说,城市中的公共环境设施,首先服务于所在的地区,然后服务于城市这个更大的主体。这些公共设施,无疑也要体现出所在城市的地域文化特色。城市中不同的地区,间或因为历史及其他的原因而风格迥异。围绕着它们的公共设施建设,也要衔接好整体与局部之间的关系。这些公共环境设施的建设无疑成为连接不同地区之间的纽带,在城市中星点密布,后又穿针引线,将各个地区连接为一个整体。

天津地域性特征对城市公共环境设施建设的影响体现在以下几个方面。

1.移民性与平民性的地域特征对城市公共环境设施建设的影响

天津的移民性与平民性地域特征造成了一种特有的文化特征——包容性与融合性以及随意性与实用性。

例如,天津著名的五大道、古文化街,虽然同属于天津的标志性建筑群,但是在风格布局上却迥然不同。一个是以具有中国特色的西式建筑群落为主体;另一个则是地地道道的天津传统文化的体现,从头到尾任何一点西洋式甚至是非古典的元素都难以与其融合在一起。然而,天津的移民性与平民性的地域特色决定了这个城市具有包容性和融合性,又使得这两个部分很好地融入整体，成为天津独特而又不可缺少的组成。

　　服务于五大道与古文化街的公共设施的设计必然是不同的，而在某些设施设计的细节上却又体现着些许从属于整个城市的共性。例如，放置在五大道上的垃圾箱运用了与周围环境相协调的深颜色而整体造型风格与周围的欧洲式古朴、静谧的感觉相一致。它和来自古文化街的垃圾箱从形式、色彩、材质上都有很大的不同。两件产品都分别与自己所在的大环境相融合。然而，在整体风格的把握上，它们又都被注入了某些现代元素，而不是单纯地对古代旧有元素的生搬硬套。

　　道路指示牌的设计也是一样。不难看出，五大道的道路指示牌设计运用了大量的欧式设计元素。欧式的柱体结构的变形以及欧式的古典线条花纹图案的提炼等，恰到好处地体现出五大道上各个不同街区的异域风格。另一方面，无论是柱体还是线条的运用，亦如前文所讲，也同样做到了"舍其型，取其意"，既体现了欧式建筑风格，又表达了现代都市的气息，使这些公共设施与城市的整体风貌相呼应。而古文化街的道路指示牌则是大量地运用中国元素。中国古代纹样、中国的柱式框架结构以及中国屏风的变形与中国建筑中大量出现的红色，都被很好地运用其中。同样的，这些民族元素也被赋予了时代气息，并不是一种完全的复古。

　　就古文化街与五大道而言，在这些地域性特征十足的公共设施建设中，的确存在着一种共性，使它们既能与特色地区中的环境相融合，又能与城市的整体风格相一致。

　　这种风格的确立充分体现了天津文化的包容性与融合性，使处在两个不同街区、不同环境的公共设施既满足人们的审美需要，达到与环境的完美结合，又实现了对天津作为一个现代化大都市形象的呼应。

2.庞杂的建筑风格对城市公共环境设施建设的影响

　　具有天津特色的局部地区的城市公共环境设施建设进行相关分析。

　　（1）古文化街公共环境设施分析

　　图 4-23～图 4-25 为古文化街部分公共环境设施。这些公共设施的设计围绕着古文化街的"古"字展开，充分地考虑到天津各种的地域性文化符号的运用，使天津古文化街的历史韵味得以充分地发挥。

图4-23　路口标志与路牌　　图4-24　照明系统（灯饰）

图4-25　公共座椅

然而，不得不提的是，古文化街的某些街道设施似乎过分拘泥于对"古"味儿的追求，而走向了形式主义的误区。例如，古文化街路口的道路指示牌，拥有较好的形式表达，而其基本的指示功能在人们使用后却普遍反映不好。某些商业灯，形式上一味地追求复古，而设计者忘却了今天的人们并不是生活在油灯下的民族，仅仅是简单的形式上的拷贝，早已不能满足今人的审美需求了。因此，古文化街的公共设施，在追求"古"味儿的同时，更应该把握时代的脉搏，使其传达给大众的不再仅仅是形式上的复古，而是唤起人们对天津历史文化的感悟。

(2) 五大道街道设施分析

五大道因为其特殊的历史原因而融合了折中主义建筑、现代简约风格建筑、西洋式及东洋式建筑、单体建筑中的中西风格大串联等多种建筑式样。因此，五大道的街道设施建设首先就体现出了系统性的特点。另一方面，为了能更好地与周围的环境相融合，各个设施建设也将风格定位为现代欧式设计，并在各个细节设计上表现出来，充分体现出这一地区的地域性特征。

马场道与睦南道的街道公共设施建设风格统一，形式一致。而每一类公共设施之间也有相互联系的元素。例如，路灯与公交站牌的柱脚都运用了现代欧式风格，而路灯与垃圾桶又在颜色与材质上彼此呼应，形成一个整体。这个整体充分地体现出五大道公共设施设计的系统性。

然而，在对这一特色地段的把握上，也同样存在着某些不协调的因素。例如在一些路口出现的道路指示牌，其识别性很强，能够很好地实现它的基本使用功能，但在形式上却和周围的环境脱节比较大，不能与环境融为一体，更不能表现出当地的地域性特征。

(3) "金街"街道设施分析

和平路与滨江道两条商业街连成"金十字"，共同构成天津的购物中心，也就是"金街"。作为商业中心，"金街"对城市形象的确立至关重要。另一方面，它也是必须接纳最多人流的公共空间。基于此，"金街"必须具有符合都市感觉的繁华、现代、时尚的特点，同时又要能反映出购物街本身的历史发展和自身文化的传承。

图 4-26～图 4-29 为"金街"中部分公共环境设施。

图4-26 公共座椅　　　　　　　　　　　　　　　图4-27 垃圾桶

图4-28 路灯　　　　　　　　　　　　　　　　　图4-29 装饰性设施

公共座椅。大体上分为两种，一种是供2～3人使用的普通座椅，一种是与花坛设计成一体的可以四个方向分别使用的座椅。两种类型都采用条形木板材质，都能够与花坛、道路有机地结合在一起。木材质与浅色的运用以及与花坛的结合，这些方式都更好地满足了使用者的精神需求，使人们能够在熙攘的人群中寻找到一些宁静、轻快和舒适的元素，使座椅的功能被更好地发挥。

垃圾桶。材质采用铝合金等元素，整体的造型风格比较简约，现代感较强，能够体现出都市的快节奏和繁华。另外，从功能实现上，两面开口的设计也能满足较大的人流量。

路灯。大体上可分为两种类别，简约派与现代欧式风格。这两种风格的路灯在步行街上交相呼应，既体现出步行街的繁华与时尚，也让人们在偶尔放慢脚步驻足观赏时，透过路灯古朴、稳重的设计体味到天津购物街昔日别样的光彩。

装饰性设施。"金街"上的铜车马与和平路上的"大铜钱"，这些装饰性设施，不但很好地满足了人们审美的需求，更使人们、尤其是初到天津的人，有机会以更直接的形式去领会天津的历史与文化，体味天津购物街昔日的繁荣。

4.6.3 天津城市公共环境设施所体现出的"和谐性、统一性、独特性"

对于设计而言，和谐意味着各个元素之间关系的协调统一，整体与局部、局部与局部之间都能够达到一种动态的平衡，构成整体的各部分元素能够很好地服务于整体，每个元素在不打破整体统一性的前提下也能表现出自身的特色。

例如，睦南道上的路灯、公交指示牌、垃圾桶、花坛、门牌等，这些元素构成了睦南道上的街道公共设施这个整体（图4-30）。

统一性与独特性则是实现和谐性的必要条件。一个整体具有和谐的美感，那么它就一定具有统一性。例如，一位模特穿着炫目的衣服，色彩与比例的搭配都恰到好处，和谐之感油然而生。他周身的每个配件，必然也都是为他服务的。他本人作为中心，与各种配件组合为一个整体，而这个整体又体现出了统一性。模特的眼神深邃，举止怪异却又和服装的感觉相投，这时的模特则体现了独特性。可见，和谐性、统一性与独特性三者互相依存，互相影响。

五大道中睦南道的建筑风格是属于英国式的，稳重中夹杂着安宁与平静。坐落于此的公共设施作为一个整体，都运用了相对较深的颜色和略显古旧的材质，使其整体的风格能够与周围的环境很好地结合。这种与整体的协调感正是天津街道设施设计中和谐性的体现。同时，整个"五大道"街区的公共设施都采用了上文提到的色调与材质风格，也从侧面反映了天津街道设施建设中对元素"统一性"的要求。

统一性是各个元素体现其整体感的关键。对整个天津而言，它具有统一的邮筒形象设计、统一的公交指示牌形象设计、统一的报刊亭形象设计等。这种统一感也正是各个不同地区得以连接为一个整体的关键。它们使一位初到天津的人在走出"五大道"进入小白楼商业街的时候只会感慨天津独特的建筑风格而没有进入另一个空间的陌生感（图4-31）。

图4-30　睦南道指示牌

在把握了整体的统一性后，局部的元素也体现出个体的独特性。例如，银河广场的电话亭设计，在整体风格上，它也从属于现代感之下，与周围的公交站、交通指示牌能很好地融为一体。而它的现代感较之五大道上的公用电话亭，则更突出体现了现代的高科技与时尚之感。五大道上的古朴稳重的独特风格经过了几个街区的不断过渡、演化，最终平稳地过渡到银河广场上清新、靓丽的风格。这种风格既与周围的大环境相融合，又能够标新立异，使人眼前一亮。

天津的"津派文化"以及移民文化、平民文化使天津的建筑风格多种多样，这种特殊的地域性特征对天津的城市公共环境设施的建设提出了更高的要求。在满足审美需要的基础上，达到和谐统一，杂而不乱，天津的城市公共环境设施建设应该是能够把各个不同风格的地区甚至一个地区上的多种不同风格糅合为一体的重要力量。因此，它的统一性、独特性和基于此而产生的和谐性将是它能否发挥功效的关键。

图4-31　邮筒

5 城市公共环境设施的人性化设计

5.1 人性化设计概述

人性化设计就是，在提供设计、服务之前，应考虑到所提供的设施环境与服务的使用者是人，应充分考虑到人性的需求、人性的弱点、人性的差异以及人所具备的自我防护意识，使设计尽可能满足并适应使用者的需求和行为活动，让使用者在使用过程中感到满足、舒适，并能够保持尊严，从而最终感到愉悦。同时，在环境的潜移默化当中，修正行为，净化心灵，提高素质。

城市公共环境设施设计就应以人为中心和尺度，满足人的生理和心理需求、物质和精神需求，让人们能通过各种行为活动，获得亲切、舒适、愉悦、轻松、安全、尊严、自由的心理感受，使人心理更加健康、情感更加丰富、人性化更加完善，达到人和物的和谐。

"以人为本"作为人性化设计思想的精髓，应该是城市公共环境设施设计的指导思想。它的主旨在于，考虑设计问题时，以人为中心展开设计思考。以人为中心，不是片面地考虑个体的人，而是综合地考虑群体的人、社会的人，考虑群体的局部与社会的整体结合，考虑社会的发展与更长远的人类的生存环境的和谐统一。因此，人性化设计应该是站在人性的高度上把握设计方向，以综合协调产品开发所涉及的深层次问题。在设计之前，应充分了解人性化设计的内涵，要明确人性化设计不仅仅只是满足使用者的生理需求，给予他们心灵上的慰藉以及情感上的交流也是人性化设计需要重点考虑的问题。这种情感的交流可以体现在视觉上的享受、设计者与使用者情感上的共鸣。另外，地域文脉的体现及历史文化的展示也是联系城市人群的情感纽带，让人们有更加强烈的归属感和亲切感。因此，人性化设计是一种与人的情感紧密相连的设计思想。

人性的本来意义是指"人的本性"，化是"教化"的意思。所谓人性，是人类在活动中不断发展的区别于动物的特征，是自然属性、社会属性和精神属性的统一，也是人的实践活动的内在机制，是人的对象化和对象的人化的统一。那么，在城市这样的社会环境中人们所推崇的人性化设计到底指的是什么？"人性化设计是在产品充分满足功能的基础上，设计者通过设计语言和设计方法最大限度地满足使用者的情感需求和美好愿望"。人性化设计是以人为中心和尺度的，以人的具体需求为设计目标，满足人的生理和心理需要、物质和精神需要。

随着人们物质生活和精神生活水平的不断提高，"人性化设计"不仅成为当今设计师、同时也是社会大众孜孜追求的目标。人性化设计的出现，并不完全是设计师追求个性风格的产物，它事实上是设计本质的体现。因为设计如果离开了对人的要求的反映和满足，便失去了本质意义。因此，设计的人性化已成为评判设计优劣的基本准则。美国的设计理论家维克多·巴巴纳克早在20世纪60年代末出版的著作《为真实的世界设计》中，便明确地提出了人性化设计的三个主要问题：①设计应该为广大人民服务，而不是为少数富裕国家服务。在这里，他强调设计应该为第三世界的人民服务。②设计不仅应该为健康人服务，同时还必须考虑为残障人士服务。③设计应该认真考虑地球的有限资源使用问题，设计应该为保护地球的有限资源服务。他的这几个理论观点也正是人性化设计所追求的目标，即为所有的人，包括健康人、残障人士、老年人、儿童设计，让他们的使用既方便又安全，并且在这一过程中实现人与环境的结合，这便是人性化设计的本质。

5.2 城市公共环境设施使用人群特征分析

公共设施设计以人的需求为中心，不仅要美观，而且应充分考虑使用人群的需要。老年人、残障人士、儿童是社会的弱势群体，他们有着不同的行为方式与心理状况，如何结合他们的生理与心理特点进行设计，如何使他们在使用设施时感到方便、安全、舒适、快捷，是设计师进行人性化设计时应该认真思考的问题。

5.2.1 城市居民的人群细分

城市居民的年龄结构对于城市公共环境设施的使用情况有着很大的影响，因此，城市居民的人群细分就主要从年龄结构上来考虑不同年龄的人群对于城市公共设施的不同需要。

世界卫生组织提出的新的年龄划分标准中规定：44岁以下人群为青年人；45～59岁的人群为中年人；60～74岁的人群称为准老年人（老年前期或准老年期）；75岁以上的人群称为老年人；90岁以上的人群称为长寿老人。这个标准既考虑到发达国家，又考虑到发展中国家；既考虑了人类平均预期寿命不断延长的发展趋势，又考虑到人类健康水平日益提高的必然结果。其中，根据儿童心理发展的各个时期的综合特征（活动形式、智力水平、个性、生理发展的语言水平等），一般又把儿童发育的年龄阶段划分为六个主要阶段：①乳儿期（从出生到1周岁）；②婴儿期（或称先学前期，1～3岁）；③幼儿期（或称学前期，3～6、7岁）；④童年期（或称学龄初期，6、7～11、12岁）；⑤少年期（或称学龄中期，11、12～14、15岁）；⑥青年初期（或称青春期，14、15～17、18岁）。

说到"人性化设计"，也就是为全体社会成员服务的设计。因此，除了考虑健康人群的需要之外，也要充分考虑到残障人士的特殊要求，以体现真正的"人性化"。从个体的生理状况考虑，可以将城市居民分为生理上的健康人和残障人士两大类，这两类人都是在设计中应当平等对待的服务对象。因此，可以根据城市居民的年龄和生理状况将其大体分为两大群体：弱势人群（老、幼、病、残、孕）和相对的健康人群（除弱势群体以外的人群）。

除了在年龄上和生理上将城市居民进行人群细分之外，还可以从性别的差异、不同的文化程度、不同的工作性质、不同的民族、不同的文化背景等诸多方面对社会成员进行人群的细分，这些因素都会对城市公共环境设施的"人性化"设计产生或多或少的影响。

5.2.2 特殊人群特征分析

1. 老年人

目前，我国的一些城市已步入了老龄化社会，人口老龄化问题日趋严重。老年人与年轻人比起来，在生理和心理上都有很大的差异。一方面，随着年龄的增长，老年人的大脑开始变得迟钝，视力、听力等生理器官功能开始下降，许多老年人开始不适应为成年人提供的环境。另一方面，从心理特征来看，由于老年人脱离社会，信息闭塞，同时由于观念的不同，老年人与子女通常容易产生隔阂与代沟，这样他们的内心很容易产生孤独感。由于老年人这种种心理和生理的变化，就对城市环境提出了更高的要求，因此，在进行公共设施设计时，需要更多地考虑老年人的一些特殊需求。例如，根据老年人喜欢热闹、害怕孤独的心理特点，可以设置一些不同功能分区的娱乐活动场所，供老年人开展聊天、下象棋或打太极拳等活动，以驱散老年人的寂寞感；根据老年人记忆力、视力减退的特点，场地和设施的标志宜采用反差大的色彩，字体应加粗，通过变化以便于老年人找寻方向。设计中要考虑的细节还有很多，这些都要求设计师在城市公共设施设计时要从老年人的心理需求出发，设计出让他们操作舒适、使用方便的公共设施（图5-1、图5-2）。

2. 残障人士

"残障人士是指那些由于先天的或其他方面的原因，导致身体某部位功能或精神方面的能力不健全，对于日常的个人生活或社会活动，完全不能或是一部分不能料理的人。"联合国世界卫生组织对一些国家进行了抽样调查，结果显示，残障人士约占世界人口总数的10%。当今全世界有5亿多残障人士，其中1亿在中国。残障人士有平等参与社会活动的强烈愿望，无障碍设计是帮助这些残障人士实现接触社会、融入社会的愿望的有效手段。作为一个需要人们更多关怀的特殊使用群体，专为残障人士设计的无障碍设施在很多方面都有其特殊的要

图5-1 为老年人设置的健身器材与活动空间　　图5-2 小区里为老年人设置的休息凉亭

求。例如，对于行动不便利的残障人士，公共建筑物入口处应开辟轮椅通道，取代台阶的坡道坡度应小于1∶12；在盲人经常出入处设置盲道，十字路口设置便于盲人分辨方向的语音设备等。这些都是考虑到残障人士需求的人性化设计（图5-3~图5-6）。

3. 儿童

儿童是祖国的未来和希望。"随着社会的进步和生活水平的提高，在物质上给孩子一个属于自己的儿童房不再是可望而不可及的事情。但是，在精神上怎样也为孩子提供一个适于他们成长的健康空间，使得孩子们的情操、个性得到良好的培养，更是一个值得家长、设计师们不断思考的问题。"为了能给儿童的正常发育及健康成长提供有益的环境，能为儿童提供多样的、有趣味的活动机会，各种娱乐设施的设计在儿童的成长教育中显得尤为重要。针对儿童的生理和心理特点，各种娱乐设施在设计时要考虑一些相关因素。例如，儿童娱乐设施应布置在大人看护的视线范围内，注意设施的安全性以避免各种器械对孩子造成伤害。针对儿童的娱乐设施，色彩应尽量艳丽，造型应丰富多彩，多运用一些儿童喜欢的造型特征进行设计以吸引他们的注意力。还应该布置开发儿童思维能力的设施，以达到寓教于乐的目的。另外，儿童游乐设施应注意设施的耐久性，设施的使用以儿童的生理特点为标准，应尽量集中在一个公共场地中，这样既能满足儿童喜爱集体生活的心理需求，又可以有意识地培养儿童互帮互助的团队合作精神。这些都是设计儿童使用设施时应重点考虑的要素（图5-7、图5-8）。

图5-3　无障碍卫生间

5.2.3　人体生理感知特点

公共设施的人性化设计要考虑人体生理特点，人的眼、耳、鼻、舌、身在感知外界信息方面各有特点。人的认识活动是从感觉开始的，通过感觉能够了解客观事物的各种属性，如物体的形状、颜色、气味、质感等，因此可以说感知是意识和心理活动的重要依据，也是人脑与外部世界的直接桥梁。

图5-4　北京地铁的无障碍设施

1. 视觉感知

"在人们认知世界的过程中，大约有80%以上的信息是通过视觉系统获得的，因此，视觉系统是人与世界相联系的最主要的途径。"人们通过眼睛感知远近、明暗、设施的形状与色彩以及设施的大小等，这些信息直接影响人们

图5-5　残奥会无障碍休息区　图5-6　无障碍公交车

图5-7 水上儿童娱乐设施

图5-8 儿童娱乐设施

对所处环境的认识感受,以便头脑中产生相应的反馈信息。例如,人人都觉得垃圾桶肮脏不堪,难以入目,但是如果将造型独特、颜色艳丽的垃圾桶融入周围环境中进行整体设计,便显得非常美观典雅(图5-9)。

2.听觉感知

与视觉比起来,听觉接收的信息要少得多,除了盲人用声音作为定位手段外,大多数人依靠听觉进行相互交往、相互联系等。"耳朵的听力还有一定的听觉范围,叫做听觉阈。太远的声音、

5 城市公共环境设施的人性化设计 | 075

图5-9　色彩艳丽的垃圾桶　　图5-10　莫斯科风景桥的隔声墙　　图5-11　街道上的盲道与设施

太弱的声音超出了听觉阈，耳朵都听不到。老年人耳聋的较多，听力更差一些。"凡是与声音有关的公共设施，都应该考虑上述问题，在公共设施人性化设计上尽量多设置一些抗噪声干扰设备，以解决由噪声引起的社会问题。例如，莫斯科风景桥横跨莫斯科河，在桥头安装了红色隔声墙，虚实对比，错落有致。该隔声墙不仅外观漂亮，而且具有良好的隔声效果，极大地降低了车辆噪声给周边环境带来的干扰（图5-10）。

3. 触觉感知

触觉是皮肤受到机械刺激而引起的感觉，人们体验环境的重要手段之一就是通过接触从而达到感知物体的肌理和质感的目的。"触觉的特性对于盲人来说更为重要，除了盲文等研究外，公共设施的无障碍设计就是利用触觉的空间知觉特性。人们在道路边缘、建筑物的入口处、楼梯第一步和最后一步以及平台的起止处、道路转弯处等地方，均设置了为盲人服务的起始停止提示块和导向提示块。"人们对于物体舒适度的认知很大部分是由触觉来完成的，因此，在公共设施的人性化设计中，应尽量考虑不同材料给人的不同感觉，设施拐角处和细部处理都要尽量满足触觉舒适的要求（图5-11）。

4. 其他感知

嗅觉也能加深人对环境的体验，人们通过嗅觉体验能识别环境，这会影响人们对城市的印象。

在公共空间中，为了营造一个舒适宜人的环境，可以通过栽植能散发香味的植物，利用湖泊、小溪、喷泉、瀑布、水景广场等来构筑风景，都能很好地提高环境品质。在公共设施设计中，应注意采取保持水质清洁干净的措施，还有，社区中垃圾桶应每天及时清理，否则散发出的气味给人们的身体健康会带来很大的危害，而且还将会大大降低周围环境的品质。这些都是人的嗅觉感知给公共设施带来的影响。另外，还有味觉等感知体验，都能从侧面影响公共设施的人性化设计，在这里不一一展开叙述。

5.2.4　人的心理与行为特点

人在城市公共空间环境中起着主导作用，从人的行为产生与发展的角度看，人的一切行为都来自于自身的需要和心理的变化。理想公共空间的设计与创造为的是满足人多样化的行为和心理需求。同时，环境质量的好坏在一定程度上又影响着人的行为活动。人在公共环境中的心理与行为尽管有个体之间的差异，但从总体上分析仍然具有一定的共性，仍然具有相同或类似的行为方式，这也正是设计的基础。

"人在公共空间中的活动主要表现有两类：心理活动和行为活动。心理活动是指人们对环境的认知和理解，行为活动是指人们在环境中的动作行为。"人对环境的要求有两方面：一是物质方面的，即环境设施比较齐全，方便高效，发挥其使用功能；二是精神方面的，公共设施通过造型、色彩、材料等蕴含着人对环境的知觉与情感的信息，使人产生心理满足和精神上的享受。"人在不同的环境空间都须满足人们寻求各种体验的内心需求，它们包括：

（1）生理体验：体能锻炼、呼吸新鲜空气等。

（2）心理体验：缓解工作压力，追求宁静、松弛、赏心悦目的愉快感。

（3）社交体验：交流、发展友谊、自我表现等。

（4）知识体验：学习历史、文化、认识自然现象等。

（5）自我实现的体验：发现自我价值，产生成就感及归属感等。

人们对环境的感受，可以不经逻辑推理只凭直觉，或按个性、心理需求而对空间做出回应。"例如，交通要道设置过长的护栏路障，给行人造成极大不便，于是出现了翻越护栏的违章现象，极易造成交通事故和人员伤亡。所以，应通过研究公共空间中人的心理活动和行为活动，设计出最佳公共设施方案，达到人与环境的协调统一。另外，公共设施设计的错位会导致不文明行为的产生，从而对公共设施造成不同程度的破坏。因此，城市公共设施的设计应加强以人为本的意识，提高对人的关注度，包括对人们行为方式的尊重，以寻找合理的设计方案。如果设计师把这些元素融入到设计理念中去，无疑会给环境的保护与有序治理带来意想不到的收获。

5.3 城市公共环境设施人性化设计应考虑的主要因素

5.3.1 心理学因素

1.需求与动机

设计的对象是产品，但设计的出发点和最终目的并不是产品，而是满足人的需要，需要是设计赖以生存和发展的最深层的心理基础。人类要生存就必然会遇到各种各样的问题，就有许多需求，产品设计就是为满足人的各种需求而产生的。前苏联心理学家西蒙诺夫指出："需要是那样一种基础，在它之上建立着人的全部行为和全部心理活动，包括他的思维、情绪和意志。正是在需要动力学中，在需要的复杂化、丰富化和变化中，最直接地表现了自我发展的趋势，正是需要的存在使得行为积极起来……承认需要在人的行为结构中的中心地位，就要求在同样需要的特征及它们满足的可能性的关系中来考察行为的任何其他因素，无论是行动、思维还是情感。"需要是人类行为的基础和动力，同时也是设计的基础和动力。当代心理学研究表明，人的行为是由动机支配的，而动机的产生主要根源于人的需要。人的行为一般都带有目的性，常常是在某种动机的策动下为了达到某个目的而付诸行动。因此，需要、动机、行为、目的构成

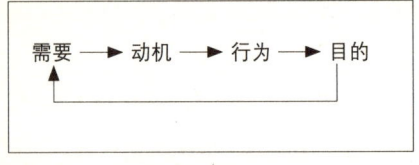

图5-12 人的需求动机循环图

一个人类行为的活动结构，呈循环和发展状态，如图5-12所示。

需要一般可分为物质需要和精神需要两大类。物质需要的核心是维持生命存在的生理性需要，间接的也包括那些最终服务于生理性需要的其他需要，如对劳动工具的需要。精神需要的实质是维持和确立个体社会性存在的心理需要，如社会尊重等。人性化设计就是"以人为本"，从人的具体需求出发进行设计，以最大限度满足人的物质和精神需求作为最终目的。

人的需求是有层次的，一般来说，在满足了较低层次的需求之后就会有更高层次的需求。人本主义哲学家马斯洛将人的需求分为了五个层次：

（1）生理需求。人的需要中最基本、最强烈、最明显的是对生存的需求。人们需要不同的感官快乐，如品尝、嗅闻、抚摸等，这些都是影响人类行为的生理需求。

（2）安全需求。在人的生理需求相对充分地获得满足后，就会出现一种新的需求，即安全需求。安全需求的直接含义是避免危险和生活有保障。当人的安全需求得不到相应满足时，人的行为目标将通通指向安全。

（3）归属与爱的需求。这一需求产生于生理需求和安全需求得到很好的满足之后。处于这个需求阶层的人，渴望得到环境的认同、接受，渴望与周围的人建立良好和谐的人际关系。这一需求得不到满足的人们就会产生强烈的孤独感、疏离感。

（4）尊重需求。包括自尊、自重和来自他人的敬重。

（5）自我实现的需求。这是人最高层次的需求，是人对于自我发挥和完成的欲望，也是人使自己的潜力得以实现的倾向。

这五类需求由低到高依次排列成一个阶梯，低层次的需求获得满足后，才有可能发展下一个高层次的需求。我国对这种需求理论其实在很早便有学者发表过相关理论。例如，著名思想家墨子曾经说过的"食必常饱，然后求美；衣必常暖，然后求丽；居必常安，然后求乐"便是阐述了人类需求满足的这种先后层次关系。

2. 情绪与情感

情绪和情感是客观对象与主体需要之间关系的一种反应。情绪是同有机体生理需要相联系的体验，例如，进食的满足会引起愉快的体验，而危险情境则导致恐惧的体验。情感是一种相对稳定的内心体验，主要同有机体的精神需要有关，并且受到社会存在的制约，如道德感、理智感和美感等。一般而言，情绪是情感的外在表现，而情感则是情绪的本质内容。在日常生活中，情绪和情感这两个概念往往互通使用。人的情绪或情感具有一个重要的性质，即两极性。一般而言，凡能符合主体需要或愿望的对象，会引起具有肯定性质或积极性质的体验；相反，凡不能满足主体需要或愿望的对象，则会引起具有否定性质或消极性质的体验。前者表现为喜悦、喜爱、愉快、满意等，后者表现为悲哀、愤怒、恐惧、不满等。所以，在设计中要充分研究设计对人们可能引起的各种情绪和情感体验。例如，公共座椅的色彩设计，除了要考虑功能方面的要求和环境条件的限制之外，还要考虑色彩对人们的情感刺激。

5.3.2 人机工程学因素

人性化设计观念首先考虑的是人们需求的动机因素，其次便是人与产品之间的关系因素。这方面的因素就是人机工程学因素。人机工程学的原则和方法应用可以使得产品设计更趋合理化，使富于人性化的设计成为可能。

国际人机工程学会对人机工程学的定义是，人机工程学是研究人在某种工作环境中的解剖学、生理学和心理学等方面的各种因素，研究人和机器及环境的相互作用，研究在工作中、家庭生活中和休闲时怎样统一考虑工作效率以及人的健康、安全和舒适等问题的科学。随着人机工程学及工业生产智能化的发展，现在的人机工程学的目标是建立最安全舒适的外部条件，使人在工作过程中达到高效的同时，获得舒适和精神上的愉悦。简言之就是做到舒适有效。

产品的设计重点一般是放在使用者方面。一般来说，有反复性或持久性的使用动作，都会受到人体尺寸的影响，这包括静态和动态两种人体测量尺寸数据的影响。设计时要考虑产品能满足大多数使用者的使用适宜性要求，这是人机工程学对设计的第一方面的影响因素。此外还有心理、环境、精神方面的影响因素等。在具体设计中，要考虑的人机工程学因素主要包括以下五个方面：

(1) 运动学因素。即研究动作的几何形式，探讨产品操作上的动作形式、人的操作动作轨迹以及与此有关的动作协调性和韵律性等。

(2) 动量学因素。即研究动作与所产生动量的问题。

(3) 动力学因素。主要讨论产品动态操作上所需花费的力量、动作的大小等。

(4) 心理学因素。主要探讨操作空间和动作等对人的安全感、舒适感、情绪等的影响。

(5) 美学因素。主要指在心理感受的基础上，在形态的设计方面如何满足人的精神审美要求。

5.3.3 美学因素

必须将通俗的美学观念透过产品形象予以满足和提高，开拓艺术的范围和影响，改变审美的价值观念。产品设计的审美探讨就是要突破固定的美的表现形式，将美学的规律和理想通过产品形式加以表达，塑造技术与艺术相统一的审美形态。

美学是一种研究、理解"美"的学问。对产品设计问题而言，它是以人为主要对象、评判产品美的水准及其塑造美的方法，其中涉及人的视觉、听觉、触觉及其所感受的对象。因此，产品设计中的美学问题表现在很多方面，如在听觉方面、在视觉方面。从人性化设计思想上来考虑，产品设计中最主要的是研究符合人的审美情趣的因素，主要包含以下几个方面：

(1) 视觉感受及视觉美的创造；

(2) 审美观及美感表现；

(3) 听觉感受及听觉美的创造；

(4) 触觉感受及触觉美的创造；

(5) 美的媒介及美学特征的发挥；

(6) 美的形式；

(7) 美感冲击力及人的适应性；

(8) 美学法则和方法等。

5.3.4 环境因素

环境有自然环境和社会环境之分。环境因素在宏观和微观上影响着产品的设计。产品要与环境相协调并促进人与环境的融合，达到人—产品—环境的和谐统一。

自然环境是环绕于人们周围的各种自然因素的总和，如大气、水、植物、动物、土壤、岩石矿物、太阳辐射等。这些是人类赖以生存的物质基础。如今环境污染和生态破坏问题越来越严重，为了保护自然的生态环境，治理和控制污染，形成了相应的生态技术。生态技术又称环境保护技术、绿色技术、清洁技术等。图 5-13 是奥运场馆周边的太阳能充配电站，利用清洁能源，从而保护环境，充分体现了北京奥运会绿色奥运的主题。

人类是自然的产物，而人类的活动又影响着自然环境。在自然环境的基础上，人类通过长期有意识的社会劳动，加工和改造了的自然物质、创造的物质生产体系、积累的物质文化等所形成的社会环境体系，是与自然环境相对的概念。社会环境包括人的城市、建筑、行为、风俗习惯、法律和语言等。社会环境对产品设计产生着重大的影响。每一个国家、每一个民族、或某一地域都有其特别的传统、习俗及价值观念等，这种特定的文化特征影响着产品设计的风格、观念及定位等方面。另一方面，设计也必须符合社会环境的特点，反映时代特征、民族特色，与其协调。此外，还应该看到，人性化的设计思想的根本目的并不仅仅是适应，而在于提高人们的生活质量，包括提高民族的文化素养，使人们的价值观念更为合理、进步。图 5-14 为日本的分类垃圾箱，垃圾箱的投放口，不同造型的设计显示出对垃圾分类的指导和规范，让人们在投放时养成习惯，提高环保意识。设计不仅是为了造型，更是为人们提供一

图5-13　奥运场馆周边的太阳能充配电站

图5-14　日本分类垃圾桶

种新的生活方式。

以上分析表明,人性化设计要以人为本,考虑人和环境因素,从物理层面、精神层面、自然环境及社会环境方面着手,综合运用人机工程学、心理学、美学、生态学、社会学等学科的知识进行设计,满足人们的自然需求和社会需求,实现人的价值。

5.4 城市公共环境设施设计人性化的思想内容

城市公共环境设施作为人们在城市公共空间中进行户外活动而需要的设施,不论它的使用者是老年人、残障人士还是儿童,都应该具有能满足大体户外环境和大部分人需求的一些特征,这些特征是营造自由平等、充满人文关怀等。城市户外家具人性化思想内容,即安全性、舒适性、识别性、和谐性和关爱性。这些可以说是城市户外家具设计的主体,是放之四海而皆准的道理,是必须首先考虑和遵守的。

5.4.1 安全性

安全是人类生存的首要条件,没有安全性也就谈不到其他各方面的特征。一方面,任何设施在功能上,不仅要考虑一般人,而且要考虑包括儿童、老年人、残障人士在内的所有人在安全方面的需求,尽量做到适合不同人的需要,达到无障碍设计的要求,提高安全性等级。另一方面,在造型上、色彩上和材料使用上,设施都不应该给使用者造成任何身体上或心理上的伤害。如北京和广州的地铁设施,充分考虑到乘坐过程中的安全性(图5-15、图5-16)。

5.4.2 舒适性

城市公共环境设施的舒适性是指使用上的感受,让居民体验轻松、安逸的居住生活,避免受到外界杂乱环境的侵害。这种使用上的舒适包括各种设施是否以人体工程学的原理创造使用的功能,是否从环境心理学的角度创造满足人们活动的空间。这些都直接关系到户外空间中的城市公共设施的效能的发挥,从而影响到城市居民户外生活的质量。例如,公共座椅的造型曲

图5-15 北京地铁

图5-16 广州地铁

 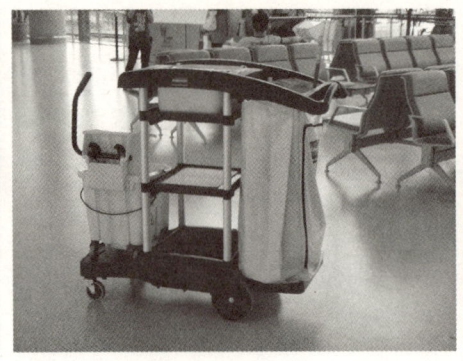 

图5-17　公共座椅　　　　图5-18　上海虹桥机场的清洁车　　　　图5-19　上海虹桥机场的信息查询机

线符合人体的背部曲线，采用木质的材质，也不至于在冬天的时候，椅子表面太凉，而使人们不敢接近（图5-17）。

5.4.3　识别性

城市公共设施的识别性同样决定着它的使用效能的发挥。识别性强的公共设施能够引导居民正确地操作和使用环境设施，一方面，提高了设施的利用率，做到物尽其用；另一方面，也能有效地防止由于操作或使用不当而造成的人为破坏，以延长使用寿命。例如，上海虹桥机场的清洁车，盛放洁具和废弃物的容器采用了明亮的黄色，而信息查询机则采用了醒目的湖蓝色，从色彩上就具有很强的识别性（图5-18、图5-19）。

5.4.4　和谐性

这里所说的和谐性包括三层含义：首先，是公共设施本身各造型要素之间的和谐。形态、材料和色彩本身都具有一定的属性和特征（图5-20）。例如，将软性的材料、柔和的色彩和富有力度的直线形结合在一起来塑造形态，就显得不是很和谐。其次，是公共设施之间的和谐。由于处于同一个户外环境，即使是功能和使用对象不同，这些公共设施也应该在形态、材料和色彩等方面尽量做到和谐与统一（图5-21）。最后，是公共设施与户外环境之间的和谐。顾名思义，户外家具是在某一特定户外环境中使用的设施，和周围环境格格不入的设施不能称之为好的公共设施。好的公共设施在具备了安全性、舒适性和识别性的同时，也应该具备将人工物与自然环境有机结合的特征（图5-22）。

5.4.5　关爱性

城市公共设施作为供"人"使用的户外设施，它的终极目标就是，在城市户外生活中引入人文关怀理念，加入对人性的理解和关爱，对人在户外的生存状况的关注，对人的尊严、价值、命运的维护、追求和关切，尊重人、爱护人、理解人、关心人，对符合人性的户外生活条件的高度珍视，对全面发展的理想人格的肯定和塑造。例如，在公共场所设置的吸烟区，既是对吸

图5-20 鸟巢的地灯

图5-21 鸟巢四周的公共设施和谐统一

图5-22 湖边的木桩形态的座椅

图5-23 公共场所设置的吸烟区　　图5-24 机场候机区免费报刊架　　图5-25 奥运公园设置的移动公厕

烟者的尊重，也是对不吸烟者的关爱（图 5-23）。要创造一种人与人、人与社区、人与技术、人与自然环境以及人的内在身心之间的和谐关系，宣扬审美的生活方式，努力为全体市民营造自由、轻松、安全、舒适、平等、和谐，能使人的自由、平等、尊严、善良、关爱等美好价值得到充分发挥和体现的、适宜人居的城市户外生活环境，从而极大地提高人们的生活品位（图5-24、图 5-25）。

5.5　城市公共环境设施人性化设计的方法

设计方法是解决设计问题的基本方法，它是为了更好地提高效率，达到更为顺利地解决问题的目的。不管是面对相同的还是不同的问题，由于不同的环境背景，都可以运用不同的方法来解决难题。

5.5.1　信息设施的人性化设计

信息设施在现代城市公共环境中的作用越来越大，它为人们提供各种服务信息，方便人们的生活。信息设施的人性化设计应该做到如下几点：

（1）指示牌制作布局要合理完善，内容要准确、清晰，色彩、字体应该尽量采用国际、国内的通用符号传达信息，使不同地区、不同国家、不同语言的人都可以识别。例如，北京奥运会期间，为了使世界各地人群准确找到卫生间的位置，相关部门将所有公共厕所的英文告示牌由"WC"改为"Toilet",便是考虑这种世界通用性(图 5-26)。

（2）考虑各种使用人群。设计时应尽量简洁易懂，尽量设置触摸平台或声音系统以便于盲人或视力不好的人群使用。

（3）指示设施位置要醒目、高度合理，不仅满足人们停顿观看，更要便于行人和驾驶员清楚看到。

（4）尽量选用坚固、经济，容易维修、清洗、更新的材料，以便于日后管理需要。

图5-26　奥运公园移动公厕标志

（5）信息设施尤其像标志类，其造型、色彩、质感要考虑与环境有机结合，给人以美的享受。例如，日本京都龙安寺的简介牌（图 5-27），不光用多国语言介绍了龙安寺的基本情况，同时指示牌的造型采用了日本传统建筑的形式，并且采用了原木的颜色，与寺内环境十分匹配，成为环境中的一个重要元素。

5.5.2　文化设施的人性化设计

街道观赏性设施主要包括雕塑、小品等以供人观赏为主要目的的公共设施，它是赋予街道空间环境以生气的工具，是构成空间环境的一部分，也是城市文化的表现形式。例如，长沙黄兴路步行街最显眼的就是雕塑了，有"打酱油（图 5-28）"、"修皮鞋（图 5-29）"、"炸臭豆腐（图 5-30）"、"转陀螺（图 5-31）"、"滚铁环（图 5-32）"等，分别记录了昔日长沙人民的日常生活，体现了浓厚的文化气息。

图5-27　日本京都龙安寺简介牌

文化设施人性化设计要点：

（1）有让人愉悦的比例、尺度、体量、造型、光影与色彩。

（2）与环境相协调，为环境整体增色服务。

（3）位置布局应该考虑人的视线与视距，要有利于人们观赏。

（4）如果没有特殊要求，应该要体现亲切感，让人们可以亲近。

图5-28　雕塑打酱油

5.5.3　卫生设施的人性化设计

城市环境的卫生设施的主要目的是提高城市的卫生水平，提高城市的文明程度。"这类设施不应单一地设置，必须与城市的给水排水设备及其他设备构成一个系统。所以应该规划统一、设计合理、方便使用、完善管理，并且只有使用者与管理者的积极配合，才能使这类设施更好地发挥应有的作用。"

图5-29　雕塑修皮鞋

图5-30　雕塑炸臭豆腐　　图5-31　雕塑转陀螺　　图5-32　雕塑滚铁环

1. 垃圾箱设计

垃圾的收集方式体现了一个国家与社会的文明程度，垃圾箱的设计更是城市公共设施中备受关注的问题。其设计应注意以下几点：

（1）结构设计坚固合理。既要设置大的开口便于投放，也要便于清理，防止垃圾被风吹散。

（2）应选用抗腐蚀、耐酸耐碱、防冻耐热、抗紫外线、不易褪色且容易清洗等材料。

（3）进行垃圾分类设计，采用不同标志、色彩和不同的投放口造型来划分不同垃圾的投放。如一般以绿色代表可回收垃圾；黄色代表不可回收垃圾；红色代表有毒垃圾。因为电子产品具有放射性，对人体有害，增加一类具有专门收购废旧电子产品的功能的垃圾箱。以日本为例，分类垃圾箱的设计从标志、色彩、投放口的形状、垃圾箱的容量上都有明确的区别，十分便于人们投放垃圾（图5-33）。

（4）根据周围人流量设计垃圾箱的数量和容量，造型与整体环境保持协调一致。例如，具有吸引力的垃圾箱可以使儿童养成不乱扔垃圾的好习惯。如图5-34，冰激凌造型的垃圾箱颇有特点，人们肯定会很容易注意到它。

2. 饮水器、洗手池设计

饮水器和洗手池统称为用水器，在现代城市景观环境中具有实用与装饰双重功能，不仅方便了城市居民的户外饮用或洗涤，而且提升了人们的健康质量，充分反映了以人为本的设计思想。用水器的设计要注意如下几点：

（1）用水器应设在人流量大、易于供水和排水的场所，如步行街、火车站、城市广场等，同时考虑环境卫生、管理条件和水管安装条件。

（2）用水器的造型尺度依据人机工程学数据而定，考虑特殊人群的使用。如图5-35所示，饮水器的前后两端设有饮水口，左右设有金属扶手 使人们从不同方向饮水时都可以抓握，不至于滑倒。

图5-33 日本分类垃圾箱

图5-34 冰激凌造型垃圾箱

(3) 用水器的材料多选用混凝土、石材、陶瓷、不锈钢金属等。设计有几何形体的组合，也有以象征性的形象出现，造型单纯、有趣。在实现功能的同时，可以增添环境的趣味性。

(4) 饮水器与洗手装置可考虑同时设计，满足人们在公共环境中清洁卫生的需求。

3. 公共厕所设计

随着城市的发展，适度增加公共厕所的数量，设计出结构上更加合理、造型上更加美观、使用功能上更加卫生的公共厕所，显得尤为迫切。下面是设计要点：

(1) 公共厕所的设计以卫生、方便、适用、经济为原则，考虑休息座椅、花坛、绿化等配套设施，造型上力求与环境协调统一。图5-36中广告塔和公共厕所组合于一体，既方便人们使用，又充分利用空间，达到广告宣传的作用。在不夸张、不张扬中合理地运用了公共资源。

(2) 根据使用状况的不同，女士便位的比例应加大，适当多增加女士便位的数量。同时，考虑为特殊人群使用的无障碍设施。

(3) 公共厕所应考虑环保、节能、采光和通风良好等问题。室内设有供纸、烟灰缸、垃圾箱、洗手、烘手等设施。高科技的发展，对公共厕所的环保节水提出了新的方向，设计方法也在不断变化着。图5-37是荷兰街头设立的临时性免冲洗男性小便处，方便人们应急的需求。其使用方式与造型的独特，幽默中显现出不同文化的差异。

5.5.4 娱乐休息设施的人性化设计

娱乐休息是人的生理机能上的休憩，同时也是人的思想、情绪放松的精神休息。人们在公共空间中休息，最重要的要求是要有适宜的座位。座椅是城市环境中利用率最高的休息娱乐设施，不仅有很强的实用功能，而且也是城市景观的重要因素。其设计要点如下：

(1) 座椅的位置要能方便行人出入，并考虑夏季的遮阳、冬季的防寒。

(2) 座椅要考虑各类人群的使用要求，设计应符合人体生理角度。

(3) 座椅要坚固耐用，不易损坏。座椅接触人体的部分应采用较为舒适且热传导性差的材料，如木材、塑料。

图5-35 饮水器　　　　　　　图5-36 广告塔公厕　　　图5-37 荷兰街头的免冲洗小便处

（4）形态、色彩要注意与环境协调。如图5-38，草地上用原木雕刻组合的公共座椅，在日晒雨淋中显露出自然的痕迹，雕塑般的形态，原始质朴，让人回味。

5.5.5 交通设施的人性化设计

交通设施是城市公共环境中不可缺少的设施之一，它们不仅承担着改善城市交通环境质量的重任，而且好的交通设施还可体现对人的关怀，塑造着城市的魅力。

1. 停车场设计要点

（1）根据车型的大小而决定汽车的停车位置，前后左右要留出一定的空间余量，以保证车门开启、行驶、停车所用。照明设施等安排在距车位线1m以外的地方，主要是怕影响车辆出行。

（2）停车场内部根据车型、停车位置和停放形式进行布置，方便车流进出，入口与出口应尽量布局合理，场内交通路线采用与进、出口行驶方向一致的单向行驶路线，进、出口必须有

图5-38 原木雕刻的公共座椅

图5-39 法国地铁站门口的自行车存放架　　图5-40 依附式自行车停放架

停车线、限速等各种标志和夜间显示装置。

（3）停车场地面一般采用硬质地面，花岗石板和陶瓷广场地砖铺地。场内进行适当的绿化植树，一方面美化环境，另一方面可调节室内温度，避免停放车辆内部温度过高。

2. 自行车停放设施设计要点

（1）固定式停车柱。在结构上采用支撑柱来加强牢固性，将固定的柱式自行车停放设施支撑架埋入地下。这类设施除可以停放自行车，还能起到拦阻设施的作用（图5-39）。

（2）活动式停车架。在设计上考虑到整体可移动性，随时拆装而临时形成自行车停车场，非常方便好用。

（3）依附于其他设施等。依附栏杆、墙体等设施结构的连体车架，优点是占地面积小，节省空间，又能更好地结合环境（图5-40）。

（4）简易单元体的停车设施。多为一些小商店为方便顾客停车而临时摆设在商店门口的装置，体现人性化的关怀。它的优点是关门或公众休息日，可以随时将其搬进店内存放，轻便灵巧。

3. 公交车站设计要点

公交车站是城市公共汽车停靠的站点和乘客候车、换车的场所。其主要功能是给人们提供便利舒适的环境，以便于等候、上下车等。公交车站设计的好坏体现一个城市的经济和文化水平。其设计要点如下：

（1）候车亭宜采用耐腐蚀、耐气候变化性、易清洗的材料，大多以不锈钢、铝材、有机玻璃板等为主。车站的设计在造型、材质及色彩的运用上要注意容易被识别，具有醒目的特点，并与周围环境相协调一致，体现地域特色，突出个性。例如，在著名的足球王国巴西，就连圣保罗的公交站都做成了球门的形式，极具特点（图5-41）。

（2）公交车站设置在人流量大的位置，由站台、遮阳顶棚、站牌、公交线路、导引图、防护栏、座椅、垃圾桶、烟灰缸、广告设施等组成，还应适当设置无障碍设施以体现人文关怀，并适当具备道路指引、环境卫生保护等功能特点。如图5-42，小小的候车亭，犹如开放式的小建筑，照明、广告信息、休息座椅等在此小环境中一应俱全，如何将它们进行系统的设计，使功能得

图5-41 巴西圣保罗的公交站

图5-42 人性化的公交站

到有效体现,这不仅涉及候车环境本身为人服务的形象问题,同时涉及一个城市交通的文明程度。一个显示屏、一张座椅都是人性化设计的体现。

5.5.6 服务设施的人性化设计

服务设施设置是为了满足人们多样化的生活需求,方便人们在城市中的公共生活。本着以人为本的设计原则,在强调功能特点的同时要表现出一定的亲和力。结合人的各项行为要求,服务设施人性化设计主要体现为:

(1)"服务设施应提供使用者方便、明确的服务信息,如按键、旋钮、标志等要醒目,简捷便于使用。"同时,位置要恰当、顺手、好使用。

(2)形体应该与人体尺寸搭配,考虑特殊人群的使用方便性,形状要适合人们的行为动作习惯。例如,电话亭可以设置儿童和残障人士使用的区域。

(3)操作简单,制作坚固,防止操作出现意外伤害。另外,还要考虑使用者的保密性和安全性。如自动取款机,此类设施入口与出口处应有警示设置。

(4)服务设施在设计时要考虑维护与清洗的问题。

(5)造型、色彩、风格要与环境协调,给人美的视觉感受。

图5-43 深圳市的早餐车

服务设施在满足人们实际需求的同时,其细部设计更要符合人体尺度的要求,且布置的位置、方式、数量更加考虑人们的行为心理需求特点,愈来愈追求人性化的发展。例如,深圳市早餐服务车(图5-43)就是专门为解决上班族吃早餐的问题而设计的,很方便,体现社会对人的关爱。因此,必须在满足人们需求、尽量发挥服务设施的使用功能的基础上,研究公共设施的造型、布置,使其与周围的环境相协调，使服务设施各得其所。只有这样，才能设计出更优美、更科学、更富有人情味的服务设施，创造更加充满活力的服务空间。

5.6 无障碍公共环境设施设计

5.6.1 无障碍设施设计概述

何为障碍，狭义地说是指各类行动不便的人（Disable Person）的行为障碍，广义地讲包括所有人的行为障碍。人类的行为障碍包括：移动障碍——包括不能行走、行走困难、依靠别人或器械行走、体力不支、特殊工作状态的移动不便者；复杂动作障碍——四肢不能协调活动、五指不全、使用假肢、神经麻痹和特殊工作状态等；信息障碍——失明、深度近视、失聪、依靠助听器者、语言困难、无思考能力、智力不全（包括年龄、知识造成的理解障碍）等。按照联合国世界残障年（1981年）对残障的定义：无能力（Disability）——人类因某种损伤致缺或被限制其活动能力者；残障（Handicap）——失去或限制其机会与其他正常人参与群体活动者。

无障碍设计（Barrier Free Design）是指旨在消除和减轻这类行为障碍的设计。

无障碍设施设计是为残障人士和能力丧失者提供和创造便利行动及安全舒适生活所需设施的设计。在环境设计中，障碍，系指实体环境中对残障人士和能力丧失者不便、不能使用的物体和不便或无法通行的部分区域；在工业设计中，障碍，多指行为障碍。无障碍设计最初是出现在建筑及环境的设计中，如在室内外交通的设计中提供一条供残障人士轮椅行驶的坡道；在交通要道处设计供盲人触摸的指路标志等。而在日常生活中与人们接触最多的是各类工业产品（包括设施），因此，在现代工业设计中，已经将"无障碍"设计作为一项社会性的设计活动。

人类社会随着发展而步入老龄化社会阶段，残障人士和能力丧失者的居住、生活、行动和环境问题受到世界范围内普遍重视。目前，世界上已有六十多个国家实行了无障碍设计的标准。美国于20世纪60年代就注重立法与标准工作，1986年正式通过的"建筑无障碍设计条例"是美国最早的有关立法。它原则上批准了残障人士和能力丧失者能在政府投资兴建的公共建筑和设施中方便通行的权益。社会各界的专业协会、劳工组织、残障人士团体等联合组成的美国国家标准协会，负责协调各行各业对建筑技术和有关工业产品的各种要求，制定、解释、宣传统一的国家标准。1986年，美国正式通过了《税收调节法》，对已建工程进行无障碍技术改造实行优惠和鼓励。美国的无障碍技术基础研究工作也颇有建树，由政府专项拨款的纽约州立大学建筑系从事无障碍技术研究工作已有很多年。众多高等院校已专门设立无障碍技术课程，进行残障人士专用住宅、无障碍设计理论基础、交通运输、公共设施设备设计和新技术开发及评价等课题的研究。法国的专业协会和学术机构还积极举办无障碍设计大奖赛，进一步推动无障碍设计的发展。较早进入老龄社会的日本在20世纪70年代以来，用日本人自己的话说是"追随了10年"，大量地吸收了西方先进国家的经验，在国家所制定的统一建设法规中就包括残障人士、老年人无障碍设施设计并逐渐摸索出一套适合日本本土国情的实施方法。

我国政府重视关心残障人士事业,在建立健全残障人士组织、促进残障人士工作、发展残障人士教育、开展残障人士康复方面采取了一系列措施。1988年开始,国务院先后批准实施《中国残障人士事业五年工作纲要》、《中华人民共和国残障人士保障法》等,使残障人士事业逐步走上法制化、制度化的规范的轨道。特别是原建设部、民政部及中国残障人士联合会公布并实施了《方便残障人士使用的城市道路和建筑物设计标准》,详细规定了设计的要求,并得到了普遍的实施。目前,北京、上海、天津、广州等大中城市率先建造了各种环境的无障碍设施,充分体现了社会对残障人士生活的关心。据联合国早几年的统计,全世界约有五亿多人受行动不便的影响。据世界人口组织估计,残障人士的比例一般要占人口总数的10%。1988年抽样调查,我国除约有5164万残障人士以外,60岁以上老年人占总人口的7.42%,预计到2025年将达到19.34%,即5人中就有一位属于老年人。我国人口众多,基数大,所以我国残障人士、老年人口总数始终位于世界各国前位,因而近几年国家大力倡导与扶持无障碍设计科研项目。应当看到,目前我国的无障碍设施建设还很薄弱,同发达国家和地区的情况相比,还存在较大的差距,一般新工程的无障碍设施基础建设投资仅占1%,随着2003年《上海市无障碍设施建设和使用管理办法》及2005年《天津市无障碍设施建设和使用管理规定》的相继发布而得到改观。因此,此类设施有很大的发展空间,潜力巨大。我国应按照国情,积极吸收国外有效的成功经验,大力推进无障碍设施建设,切实实施无障碍设施设计。

通过老年生物学和老年流行病专家的研究表明,衰老、残疾是客观属性,任何一个无战争、无大规模暴力和无经济危机及严重自然灾害的国家和地区,人口老化的趋势是突出的。人进入老年后的体能明显下降,这就给已存在的环境障碍增添了新的问题,矛盾将更加尖锐。如何使残障人士和能力丧失者更多地享受健全人具有的权益和生活意趣,需要全社会的关心帮助,也是设计师的责任。

无障碍设施设计的重要问题是人与装置的关系,即强调确保安全性和舒适性。使人能够安全地、在较大范围内自由方便地移动。无障碍设施设计的实施不仅是衡量整个国家整体物质水平的标志,而且体现了国家的精神文明程度,关系着国家的城市形象与国际形象。

5.6.2 公共环境无障碍设施的设计分类

1.建筑及室内无障碍设施

(1) 出入口

出入口处设置取代台阶的坡道,出入口内外应留有不小于150cm×150cm平坦的供轮椅回转的面积。门扇开启后应留有不小于120cm轮椅通行净距。由于心理方面的原因,残障人士和能力丧失者希望能与健康人共走一个入口或设置在同一入口同一立面上的专用入口,而比较忌讳走旁门和后门。例如,设计师贝聿铭设计的美国国家美术馆东馆的正门入口将台阶、坡道、

图5-44 美国国家美术馆东馆内部坡道　　图5-45 建筑物坡道

雕塑作了绝妙的有机结合，旨在使残障人士和能力丧失者也能方便进入。又如，美国国会大厦为避免损害正立面高大台阶的整体效果，特别在侧入口处专门设置长坡道，以供残障人士通过。林肯纪念堂则在台阶一侧专设通行道，在入口处可乘电梯到各层大厅（图5-44、图5-45）。

建筑物坡道的有效宽度一般为135cm，坡道坡度超过1/16或水平投影长度100cm以上的坡道应在两侧加设扶手。室内坡道宽度不小于90cm。每条坡道的坡度，允许最大高度和水平长度，应符合表5-1的规定。

不同坡度坡道允许高度及水平长度　　表5-1

坡道坡度（高/长）	1/8	1/10	1/12
每道坡道允许高度（m）	0.35	0.60	0.75
每道坡道允许水平长度（m）	2.85	6.00	9.00

（2）楼梯、走道

每级楼梯高度控制在10～15cm左右，梯段高度在180cm以下较为适宜，楼梯踏步数3步以上者需设两侧扶手，宽度大于300cm时，需加设中间扶手。此外，踏步的凹缘常会刮掉手杖的防滑橡皮头而给使用者带来诸多不便和危险，无踢板、无防滑条的楼梯也不利于持杖者的安全。

走道宽度视建筑物内的人流情况而定。一般内部走道宽90cm，公共走道宽120cm以上，走道通过1辆轮椅和1个行人的走道净宽度不宜小于150cm，通过2辆轮椅的走道净宽度不宜小于180cm；走道的两侧墙面，应在90cm高度处设扶手；下部应设高35cm的护墙板。

国外无障碍走道地面铺设特殊肌理的材料，可为盲人、弱视者导向。楼梯、电梯和柱角端等处设护角条，另可辅以辨识性较强的诱导材料，以提醒和警告视力和体力欠佳者引起注意。

（3）门、门窗

门洞的净宽度不宜小于110cm，不可使用旋转门、弹簧门等不利于残障人士使用的门。无障碍建筑室内窗户应低而大，以不遮住轮椅者视线为佳，房门拉手、电灯开关等安排的高度也应低些。

(4) 厕所

厕所是残障人士和能力丧失者事故性死亡的多发区域，事故率往往高于其他地方。厕所的出入口，尺寸宽度为80cm以上。一般在公共厕所内设置残障人士和能力丧失者专用厕位时，应安装坐式便器，以设置在终端为好，这样可减少专用厕位被一般人占用的可能性。专用厕位与其他厕位之间宜采用活动帘子或隔间加以分隔；专用厕位的宽度等应考虑陪同者的协助、轮椅的回转空间，应留有150cm×150cm轮椅回转面积；要设置各种方便的抓握设施，如两边墙上的扶手、顶棚悬吊下的抓握器等；还有专门的淋浴坐凳、盆浴提升器、手推脚踏冲水开关等；地面铺设的材料要求用防滑材料；便器的种类、设置位置及拉扶手把等均应仔细研究，以适应、方便使用为原则（图5-46）。

(5) 剧院、餐厅类设施

影剧院、体育馆等观演建筑室内大多为固定设施，如座椅，不宜过硬，在便于进退场和疏散的平坦地面留出空地用作轮椅观众席，比例约为400座位设置1个轮椅席。此外，可灵活升降使用的悬挂式餐桌，尤其适用于使用轮椅者。餐厅本身还可作多功能综合使用。

柜台（建筑中的售票、问讯、出纳、寄存、商业服务等处）既要能使轮椅活动者自正面接触，又要使其尺度适合，一般台桌面高度宜控制在70～73cm之间。柜台靠人体的外侧端部，可处理成半圆或带点圆的形状，以起到保护人体的功效。

公用电话台板下部应留出不低于70cm、深不少于40cm的空间，并可将号码盘的垂直面略微上倾，便于使用者使用。

2. 无障碍道路设计

在美国巴尔的摩市跨越城市干道的人行天桥上，同时设置楼梯和电梯，过往行人都能择其所需方便上下；上层天桥又分别与众多商业办公设施甚至与街心花园的地上层面互相连接，从而形成复合式的无障碍通行体系。由此，道路的无障碍通行是连接城市、乡镇各方位的脉络。西方发达国家的实践经验，是对人行道的交叉转折处、车行道坡度、绿化、排水口、标牌、灯柱等都作出妥善处理，免除无端的凸出和挑起障碍，以提供最大限度的安全服务。我国的各大城市还不能完全达到这样的标准。如在天津、武汉、石家庄等的城市改造过程中，有的人行道宽度过窄，竟将盲人专用路线舍弃。发生此类问题的原因，虽然有施工队伍的规范化、专业化的问题，也不能说没有规划、设计者的失误之处。

国外许多国家的每条街道和地铁出入口都有盲人专用的路线，路面有规则地凸起一个个白色符号，线状标志指示前进方向，点状标志示意注意和转弯，由30cm×30cm方形地砖构成。以日本为例，1975年警察署公布了全国统一的视觉残疾者的信号装置，红绿灯下设有盲人专用按钮，盲人过马路时，只要按下专用按钮，过往车辆都会停下来让道，在有的路段还设置音响指示设备。

城市道路设计对残障人士的方便行动具有极大的影响，因此在道路建设的同时就应努力实施无障碍设计（图5-47、图5-48）。

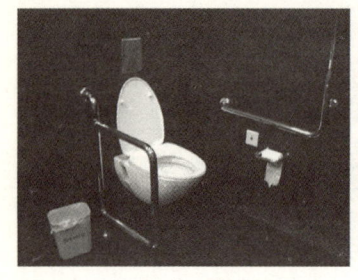  

图5-46　鸟巢内的无障碍卫生间　　图5-47　无障碍台阶　　图5-48　无障碍坡道

(1) 人行道

人行道应设置缘石坡道。人行道的宽度不得小于 2m。

1) 不设人行道栏杆的商业街，同侧人行道的缘石坡道间距不得超过 l000cm。

2) 缘石坡道的表面材料宜平整、粗糙，寒冷地区应考虑防滑。商业街和重要公共设施附近的人行道应设置为视力残障人士引路的触感块材。触感块材分为带凸条形指示行进方向的导向块材和带圆点形指示前方障碍的停步块材。

3) 触感块材应按规定铺置，人行道铺装时应在其中部行进方向连续设置导向块材；路面缘石前铺装停步块材，其宽度不得小于 60cm。

4) 人行横道处的触感块材距缘石 30cm 或隔 1 块人行道方砖铺装导向材料。公共汽车站的停步块材与导向块材应成垂直方向铺装，其宽度不得小于 60cm。

5) 人行道里侧的缘石，在绿化地带处高出人行道至少 10cm，绿化带的断口处，以导向块材连续。

6) 缘石坡道宜设置于路口或人行横道线内的相对位置上；街坊路口处的缘石坡道可设于缘石转角处。

7) 人行横道内的分隔带应当断开，道路安全岛内不设高出地面的平台，以便残障人士穿越马路。

缘石坡道的类型：

①三面坡形式缘石坡道（适合用于无设施带或绿化带处的人行道）。

②单面坡形式缘石坡道（人行道与缘石间有绿化带或设施带时）。

③在人行道纵向并与其等宽的全宽式缘石坡道（一般用于街坊路口、庭院路出口的两侧人行道）。

缘石坡道的规定：

①正面坡中的缘石外露高度不大于 20mm。

②正面坡的坡度不得大于 1：2。

③两侧面坡的坡度不得大于 1：2。

④正面坡的宽度不得小于 120cm。

⑤缘石转弯处应有半径不小于 50cm 的转角。

(2) 视觉残障人士使用的无障碍设施

在交通十字路口装置的信号机、振动人行横道表示机、点字块状方向引导路石、点块形人行横道等。

1) 信号机。属最古老的一种为盲人使用的音响装置，初期为铃响声，近来改为具有旋律的音乐声。日本最早于 1955 年使用此类装置。

2) 振动人行横道表示机。高度为 1m 的柱状环境装置，其柱头紧靠人行横道的方向边，在人行道的绿坡边设置振动人行横道表示机，发出信号时，柱头盖产生振动而产生有效的引导。

3) 点字块状人行横道不仅设于人行横道，在交通十字路口也设置点字块状人行横道。利用点字块微微凸出地面，刺激盲人的脚底面而感知的方法。色彩一般使用黄色，易区别并易引起机动车驾驶员的注意。

4) 点字块状方向黄色引导路石主要设置于人行道中部，盲人可沿铺装块状步行，宜与周围环境色彩相协调。日本于 1977 年开始使用这类引导路石。我国道路改造也已实施。

(3) 肢体残障人士使用的无障碍设施

这类设施主要以轮椅作为对象而设置，肢体残障人士、老人、儿童等均可使用。

1) 在十字路口和人行横道处，为了减少人行道与快车道的段差，方便轮椅的行走，通常构筑以下形式的坡道：三面坡形式缘石坡度；单向坡形式缘石坡道；全宽式缘石坡道。因地制宜地构筑不同形式的缘石坡道，可以方便人们行动。

2) 人行道。人行道的宽度应具有不妨碍通行的机能，但由于电线杆、标志及自行车等干扰，影响了轮椅的正常行动，因此轮椅的尺寸宽度应予限定。日本标准：大型椅为 65cm，小型椅为 58cm；我国标准：手摇三轮车大型 80cm，手摇四轮椅小型 65cm。所以，人行道净宽应为 200cm，以尽可能通行 2 台轮椅为宜。

3. 人行天桥和人行地道

人行天桥和人行地道是为人们顺利穿越马路而专门设置的交通设施，不仅适用于正常的人，更重要的也要适应残障人士的使用。世界各国相继出现这类无障碍设施，充分体现了社会对残障人士的日益关心。与美国的巴尔的摩市一样，日本东京银座在跨越干道的人行道上设置人行天桥的自动扶梯，上层天桥与众多商业楼设施及街心花园的上一层互相贯连，从而形成复合型的无障碍通行体系。有关规定如下：

(1) 踏步高度不得大于 15cm，宽度不得小于 30cm；每个梯段的踏步不应超过 18 级，梯段之间应设置宽度不小于 150cm 的平台。

(2) 人行地道和人行天桥的梯道和坡道两侧应安装扶手。扶手应坚固，能承受身体重量，其形状要易于抓握。坡道走道、楼梯为残障人士设上下两层扶手时，上层扶手高度为 90cm，下层扶手高度为 65cm。

(3) 人行天桥和人行地道的梯道两端，应在距踏步 30cm 或 1 块步道方砖长处设置停步块材，铺装宽度不小于 60cm；中间平台应在两端部各铺设 1 条停步块材，其位置距平台端 30cm，铺装宽度不小于30cm。

(4) 人行天桥的梯道和坡道下部净高小于220cm时，应采取防护措施。

4. 停车场

残障人士和能力丧失者在进入公共建筑物或住宅前，需将所乘三轮车换成轮椅，这就要求在公共建筑物或住宅入口处设置一定数量的专用停车场所（每个车位占地面积为90cm×200cm），且尽量靠近建筑入口，同外通道相连并辅以遮雨设施。停车车位应有明确标志。

5. 其他无障碍设施

街道周围的环境设施，特别是在建筑、广场、公园、车站等场所，应加强设置道路自动扶梯、公用电话、洗手器等。道路自动扶梯设置于室外人行道上，在欧美已普及，特别在地下铁道、下沉式场所以及具有地面段差的地区，道路自动扶梯已成为重要的环境设施。公用电话亭中的残障人士专用电话亭，话筒一般离地面高度为120cm；电话装置的高度一般与轮椅座位视平线相等，约100～120cm。洗手器的高度一般设置为76cm。供老年人和残障人士使用的浴缸必须是平底的，并作防滑处理。水龙头开关形式应该为用手、腕、肘等部位均可方便使用的。电器开关应当设置在明显之处，且宜采用按、压等形式，避免采用拉线开关等使用不方便的形式，以适应残障人士方便使用为原则。

5.6.3　无障碍设施一般规定

(1) 非机动车车行道、桥梁和立体交叉的纵断面设计坡度见表5-2规定。

设计坡度　　　　　　　　　　　　　　　　　　表5-2

条　件	最大坡度i（%）
平原、微丘地形的道路	2.5
地形困难的路段、桥梁及立体交叉	3.5

(2) 人行道的通行纵坡应符合表5-3的规定。

人行道的通行纵坡　　　　　　　　　　　　　　表5-3

坡度i（%）	限制的纵坡长度（m）
<2.5	不限带0
2.5	250
2.0	150
3.5	100

(3) 无障碍设施的国际通用标志和有关尺寸参考。

道路、桥梁及公共建筑物应在显著位置上安装国际通用的无障碍设施标志。标志尺寸为10～45cm的正方形，黑白相衬，轮椅为白，衬底为黑，或者相反。轮椅面向表示所示方向，加文字或方向说明时，其颜色应与衬底形成鲜明对比。标志使用于指示建筑物出入口及安全出入口；指示建筑物内外通路；指示专用空间位置；指示城市道路、桥梁等无障碍设施。

5.6.4 障碍性设计

障碍性设计在无障碍设计中是一个特殊的、不可或缺的部分。如日常生活中，为避免儿童误食药物而设计的双向旋转瓶盖，使儿童很难打开，而掌握要领的成人却能轻易地开启。障碍性设计也称"有障碍设计"，这是相对无障碍设计而言的。正是因为障碍的设置，在根本上提高了行为的无障碍性。一方面，人们在公共设施的设计上减少障碍，使得行为障碍者在行动中和使用中的障碍尽可能减少；另一方面，却在一些方面人为地设置一些障碍，使某些活动受到适当的"限制"，从而使人的生理、心理行为活动变得更加合理与健康。

对个体而言，限制一部分的行为或动作，从而使得另一部分的行为或动作具有可及性；对群体而言，限制一部分人的行为或动作而使另一部分人的行为或动作具有可及性。从这一观点出发，可以这样认识：人的行为或行动自由化是建立在高度合理化的基础之上的，因此设置人为的障碍是必要的。

障碍性设计常常运用在公共环境的设计中，以求在公共场合的公众获得一种行为的默契与规范。如交通管理中的各种隔断和栅栏；在人流频率很高的车站等环境下，将供行人小憩的座椅设计成微微外斜的式样，尺度减小，坐上去并不舒服，然而这正符合了这类座椅的功能要求——供人歇脚，但并不希望让人悠闲久坐；一般会议室内的座椅，也可将靠背设计得直挺一些，坐垫少用软料，这样不仅可以使与会者保持一定程度的紧张感和注意力，而且对限制冗长的会议也有一定的作用。

以前仅以占人口多数的健康成年人为对象进行公共设施设计是不全面和不公允的，应将全体公民都能利用作为设计的标准。无障碍设计及技术的开发和实施需要多方面的参与和配合，它是立法、标准、教育、科研、咨询、监督、管理、企业等部门和学科共同协调的综合性工作。无障碍设计的实施将充分地说明：人类的智慧和当代工业文明并非是奴役人类自身的异己力量，它是物为人用、以人为本设计宗旨的集中体现。

5.7 天津市公共环境设施的无障碍设计分析

5.7.1 天津市街道无障碍设施设计的现状

我国的无障碍设施建设于20世纪80年代以来已在全国各地迅速展开。为推进全国无障碍设施建设，根据国务院批转的《中国残障人士事业"十五"计划纲要》的要求，原建设部、民政部、全国老龄委办公室、中国残联于2002年决定联合开展创建全国无障碍设施建设示范城（区）活动。天津是争创这一活动的12个城市之一。

1. 天津市街道无障碍设施设计的必要性

根据国家统计局的数据显示，天津目前有40.1万残障人士，其中视力残疾者3.7万人，肢体残疾者7.1万人，其他为聋哑残疾和智力残疾者。由于身有残疾，每位残障人士每次都要经过充分的准备才"敢"迈出家门，走上街道。天津拥有相当大比例的儿童和老人，在全市人口中，0~14岁的人口为167.62万人，占总人口的16.75%；65岁及以上的人口为83.33万人，占总人口的8.33%。无障碍街道设施是构筑他们走出家门，走上街道，安全通行，融入社会，分享社会进步成果的一座桥梁。关注弱势群体，设计以人为本，是每一个设计师的职责。

2. 天津市街道无障碍设施建设的发展

城市道路无障碍设施建设和改造是创建无障碍设施建设示范城的一个重要标准。天津经过几年的努力已取得了明显成效，于2005年7月被原建设部、民政部、全国老龄委和中国残联命名为全国创建无障碍设施建设示范城市，并顺利通过了国家有关部门的验收。天津无障碍设施由零散的点位发展到上百个以街区为中心，辅以周边其他公共建筑和道路的较为完善、衔接、配套的无障碍环境，并逐步向外延伸。至2004年底，包括市内六区、塘沽区、开发区在内，按照有关无障碍设施建设规范要求，街道设施共完成无障碍设施建设有：道路设施115条盲道，长150km，270条道路的坡道口共计9200个，公交站提示盲道34处，过街音响设施7处。上述的无障碍设施建设进一步满足残障人士、老年人的通行需要，使他们的生活更加方便。

5.7.2 天津市街道无障碍设施设计存在的问题

1. 街道导向系统

无障碍环境导向系统的设计从功能上讲主要是引导老年人、残障人士克服残障，顺利地行走于街道、建筑物和各种公共场所。因此，在设计的过程中就必须考虑老年人、残障人士的特殊使用需求。目前，天津市的导向系统大多是依据健康人的需求而设计的，对老年人、残障人士等弱势群体考虑较少。标志牌的设计没有考虑字体大小、颜色、亮度的识别和对比，老年人视力逐渐下降，看起来十分吃力。肢体残障者与标志环境规划有关的主要是轮椅使用者。首先因为采用坐姿，所以视线的位置较低。但标示牌的高度没有合理而科学地设置。另外，由于轮椅结构设有脚踏板，所以不能充分接近对象物，这同样会涉及字体的问题。

2. 街道交通系统

（1）盲道设施

天津的盲道使用率不高，在熙攘的人群当中盲人很难出行，即使出行，也不能顺畅地按照盲道行走。这其中，盲道破损或被挤占是导致盲道使用率较低的主要因素，盲道中的障碍如同给盲人设下了一个"陷阱"。在盲道颜色、材料的选择上，对反差和亮度的考虑不够，对弱视者也不能起到很好的引导作用。音响设施在天津的普及率更低，只有很少的路口设置了音响设施。

多数盲道都存在这类不成系统和不符合规范的现象，盲道总是这里一段、那里一截，彼此不相通，致使盲道的实用性大打折扣。应指出的是，天津有某些道路由于有关部门的疏失或是施工不按规划行事，从而导致了盲道不成系统。以小白楼商业中心附近的几条街道为例，部分盲道中间断开，从人行道通往公交站的盲道普遍遗漏，有的地方盲道被种植的树木隔开，有的与井盖重叠，严重影响了盲道的使用。盲道上的"拦路虎"是一个很普遍的现象，这是因部分市民对盲道的作用认识不清楚造成的。由于公众对道路无障碍设施的认识不够，导致许多盲道上车辆乱停、杂物堆积、摆摊设点、被垃圾桶等阻断，甚至是被随意破坏，盲道无法成为通途。主干道气象台路的盲道，是2002年打通"瓶颈"工程而配套建设的。全长近1km，整齐而规范。由于气象台路西侧宾馆、饭店、商铺甚多，人行道几乎全被各商家划做停车场，盲道自然也难逃厄运，被全天候占用。

(2) 公交站亭

公交站亭的设计基本很少考虑到弱势群体的需求。以天津博物馆站为例，长长的站台没有为残障人士和老年人设计专门的休息候车区域，只有两个人的座位供候车人使用，人群混乱拥挤地站在站台内候车。盲道的设计没有很好地与公交系统结合起来，使得残障人士不能很好地使用公交设施。再以天津公共交通导向系统为例，一些站台标牌在视觉设计上没有考虑相关设计规则，其中字体的设计是较为突出的缺陷，字体过小、颜色使用不当，对老年人、弱视者没有起到很好的导向作用；没有设置专为盲人设计的触摸式公交站牌。

3. 街道其他配套设施

街道照明满足不了交通需要；步行道地面铺装材料耐久性差、施工质量低，不能满足步行者基本的行走要求；缺乏为残障人士、老人、推儿童车的妈妈提供的无障碍设计辅助设施；为街道上行人服务的设施，如公共厕所、街头路牌、交通图展示板、公共电话亭及休息空间等严重短缺，与城市面貌的改善不同步；文化内涵不明确，缺乏人情味，对人的环境行为心理考虑较少，公共空间环境设计缺乏围合感、领域感，缺乏近人的尺度和气氛。

低位公用电话数量少。低位公用电话就是把最常见的公用插卡电话的话机位置降低，使用高度为1m左右，很适合乘坐轮椅的残障人士方便地使用。在大港区、西青区等地见到一种低位公用电话，立柱两侧的话机一高一低，低位电话服务于残障人士。设置这种低位电话并不需要太多的额外经费，只需把一侧的电话机按低位安装即可，而这种低位电话在市中心区却很少见。

5.7.3 天津市街道无障碍设施设计的建议

1. 无障碍导向系统设计

根据人的认知模式，导向系统的设计要满足两大特性：易识别性和易理解性。无障碍环境导向的视觉系统在设计中所运用的诸多手段，都是对视觉效果的一种创造。只有处理好位置、大小、比例、材料、色彩等诸多设计因素，才能取得良好的视觉效果。无障碍环境导向的视觉设计必须符合人机工学，位置要充分考虑老年人、残障人士在平面和垂直方向上的最佳视线角度。对于色彩的选择要考虑两个基本原则：字体颜色所传递的信息；字体与背景色间的亮度比。选择字体要使其与背景形成足够的对比，标志表面应使用反光较弱的材质。标志的字体大小与比例同样是标志设计的关键。色彩在人们的社会生产、生活中具有十分重要的识别功能，一般来说，色彩会比形象、文字更快更容易地被注意到。

2. 无障碍街道交通设施设计

城市街道交通设施需要系统化的设计，无障碍道路交通系统的规范性首先体现在它不是随心所欲的自由创造，而是在政策法规限定和政府指导下的设计行为。天津市早已制定了无障碍设施的建设和管理规定。以视觉障碍者所使用的盲道为例，其标准与类型在国际上都经过了严格的规定。盲道系统在铺设的过程中严格贯彻规范性原则，盲道地砖的铺设依据国际规定的标准，选用适当的颜色。无障碍交通系统的规范性设计还表现在设置统一有序。包括在主要路口设置整齐划一的标志指示牌、坡道建设按照标准实行、过街音响指示器统一形式等。

3. 无障碍街道设施系统设计

城市街道公共设施的无障碍设计不同于一般产品的无障碍设计，街道各种设施之间必然会体现出相互的内在联系。从整体来看，每个设施只是整个城市街道设施系统的一分子，在这个大系统中，独立地履行着一定的使命，同时又是整个系统不可分割的一员。如果从造型、色彩及功能等方面对这些公共设施进行系统的工业设计，这些相对独立的设施将会形成一张独具匠心的网，将整个城市有机地联系在一起，烘托出该城市的色彩特征及风格特征，使整个城市显得错落有致、焕然一新，因此街道设施的无障碍设计应系统性考虑。如老人、儿童、青年、残障人士有着不同的行为方式与心理状况，必须在对他们的活动特性加以研究调查后，才能在各个设施的物质性功能中给予充分满足，以体现"人性化"的设计。

设计只有以人为中心，才会永远具有生命力。一个无障碍化的城市，即意味着方便所有人的生活，提升整个城市的生活品质，真正把"人"作为第一要素，建设出真正属于全体"人"的城市街道环境。随着时间的推进，城市街道设施的无障碍设计理念会更加深入人心，天津城市街道设施正在日益改善。在城市规模日益扩大的今天，把无障碍理念引入城市街道设施设计当中，是减轻社会服务成本、推动社会进步的重要举措。发展无障碍建设，必将为构建和谐社会添上绚丽的一笔。

6 城市公共环境设施设计的构成要素

6.1 形式要素

6.1.1 形态的概念

形态一般指事物在一定条件下的表现形式。环境设施的形态要素是由设施外形和内在结构显示出来的综合特性。在设计用语中形态与造型往往混用，因为造型也属于表现形式，但两者是不同的概念。造型是外在的表现形式，反映在公共设施上就是外观的表现形式。形态既是外在的表现，同时也是内在结构的表现形式。

通常形态分为两大类，即概念形态与现实形态。概念形态有质的方面（点、线、面、体），量的方面（大、小）。概念形态是不能直接感知的抽象形态，无法直接成为造型的素材。当它以图形化的直观形式出现时，就成了造型设计的基本要素。现实形态是实际存在的形态，包括自然形态（即山水树木、花鸟鱼虫等）、人为形态（如产品、建筑等）两种类型。自然形态可以分为有机形态和无机形态。有机形态就是有生命的有机体，在大自然中由于自然平衡力及各种自然法则，必须产生平滑曲线，体现出具有生命形态特征；无机形态则相反，往往是体现在几何形态上，给人以理性的感觉。人为形态是通过各种技术手段创造的形态，当然包括设计形态。对环境设施设计形态的研究是十分重要的环节。环境设施的表现形态一般有以下几种形式：

（1）功能形态。在形态设计时主要考虑功能的要求，满足人在使用设施时的状况，形态跟着功能走。在现代设计中也称为合理主义或功能主义，其实质就是"好的功能就是好的形态"。现代主义强调形式服从于功能，强调以科学的客观的分析为基础，避免设计的个性意识，借此提高产品效率及经济性；反对无理性根据的形式，反对传统样式及装饰，提倡创新。

（2）几何形态。是用抽象的几何形组合，构成有助于提高行人、车辆的便利性，与周围的现代建筑环境协调，用概念的词汇，产生自由而丰富的想象。

（3）仿生形态。通过对自然界一些形象的模仿和造型特征的借鉴，创造出一种新的设施产品形态。

（4）装饰形态。符合人们习惯的观赏习性，追求设施的视觉审美。

（5）象征形态。所表现的特征，从某些方面看，与联想的表现手法有相近之处，相互不干扰。环境设施如果讲求细部的效果和隐喻的表现，那么所谓象征性的表现，就是基于某个具体形态上的类比暗示以及联想。

（6）触感形态。触感形态指回避现代主义设计所特有的由直线和平面构成的单纯的几何学形态，而冠以曲面形态进行变化，变无机性为有机性，在形的某个部分体现人体的一部分或触摸的痕迹。这是近年来出现的一种将形态从"技术语言"转向"感性语言"的表现形式。

设计的全球化，形态表现日趋多变，对于那些能直接影响人们生活方式，激发人们行为的形态语言的需求也不断增加。从人们追求时尚，进而追求"新品"的现象中，不难看出丰富形态表现的迫切性。新材料、新工艺应用和发展又给以后的形态设计提供了新的契机和空间。

6.1.2 形态构成

公共环境设施是一个由三向矢量围构的网络体。它大到城市道路、桥梁、塔，小到标志牌、烟灰缸等。其形态构成是设施外形与内在结构显示出来的综合特征，表现在内涵、关系和形象三个方面（图6-1）。下面将这三重关系分别作以下简述。

（1）内涵。是环境设施的性质和文化价值观的内在取向，是必须经人的思考和体味才能感悟的深层内容，是环境设施的附属功能、细部以及诸多方面的综合体现。包括：①因时、地、使用者和设计者之异而表现出的个性；②社会性质及其相关历史、文化、民俗、经济、政治等内在含义；③设施所凝聚的美学意义和设计理念。

（2）关系。环境设施造型、组群及与其他环境要素的结合方式。

（3）形象。是环境设施的外构与内涵通过形象表露出的特征予以人的第一视觉效果。通常是以单体为基本单位，其包括：①环境设施通过材料、尺度、平面和空间的布置等，给人直观的视觉印象；②环境设施的安全性、舒适性和耐久性；③设施内外空间的流动和渗透。

6.1.3 形式美法则

形式美法则即美学原则，是人们在长期的生活实践中总结出来的，具有共性和普遍性的特点。汉斯·萨克塞指出："物体的美是其自身价值的一个标志，当然这是我们判断给予它的。但是，美不仅仅是主观的事物，它比人的存在更早。"在生活中，虽然每个人对美的选择与看法不尽相同，但是人的社会属性要求人们对物质形态外在的审美情趣趋于共同，这种共同的审美情趣就是形式美法则存在的前提。形式美法则可以为城市街道公共环境设施形态的设计提供美学依据，使公共环境设施的形态更符合人们的审美标准。形式美法则具体表现为如下几个方面：

1. 统一与变化

一件公共设施产品的造型构成，是由造型要素的比例分配及单元对整体的关系而确立的。设计师根据产品的功能要求，根据对这一环境设施的销售对象心理的把握，根据自己的美学知识，对公共设施进行整体的与细部的构成。这种设计的过程，在形式感上可因循一些美学法则来进行。公共设施造型设计是不能以设计师个人美学好恶来决定的，它需要以满足大多数使用对象为前提。而基本的美学法则是大多数人都能接受的，设计师根据这些基本美学法则作延伸或扩张，

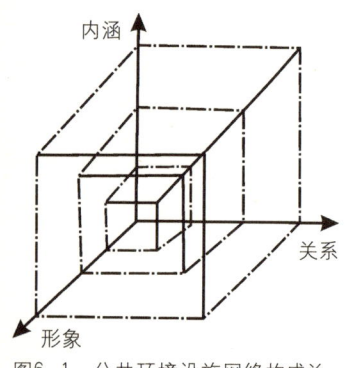

图6-1 公共环境设施网络构成关系示意图

从而取得较满意的美学效果。

形式美的特点和规律，概括起来主要表现为：在变化和统一中求得对比和协调，在对称与均衡中求得统一与变化。

任何一个好的环境设施设计，都力求把形式上的变化和统一完美地结合起来，即统一中求变化，变化中求统一。或者说是引进冲突或变化，通过对比、强调、韵律等形式法则来表现造型中美感因素的多样性变化。变化中求统一，主要是利用美感因素中的统一性来处理，通过协调、次序、节奏等形式法则的运用，来求得理想的效果。

重复是一种统一的形式，将相同的或相似的形、色构成单元，作为规律性的重复排列。个别单元体虽然是单纯简洁的形，但是经过反复的安排则形成一个井然有序的组合，表现出整体的美，使人产生统一、鲜明、清新的感觉。如果能感应音乐的单程节奏，在设计上引申这种音乐的节奏就很容易。所以在现代公共设施产品中常有体现。当然，人们并不满足这种简单重复的美感，更希望看到有变化的重复。在重复特性之中，可分为形状重复、位置重复、方向重复三种重复造型。创造有变化的重复，有创造力、有想象力、有独创性的重复才是设计中求得统一的最有意义的劳动，这就是通常讲的韵律美感。

韵律是构成形态的元素连续有节奏的反复所产生的强弱起伏、抑扬顿挫的变化。如果说，节奏有较多理性美的话，那么韵律则着重赋予感情上的色彩。在设计中，往往采用连续、渐变、起伏、交错等表现手法来加强形体的节奏感与韵律感。图 6-2 和图 6-3 是两款休憩椅的设计，采用的就是节奏与韵律共存的形式设计法则，整个外观形态显得活泼、更富有生命力，是一种典型的单体符号的变形重复而制作成的，也带给人一种耳目一新的感觉。

2. 均衡与对称

均衡与对称是物质为了适应大自然的规律而产生的一种平衡、稳定的力学现象。均衡与对称在自然界中的存在极为普遍，在设计中的应用也非常广泛。

均衡是以中轴线或中心点来保持力量的平衡，左右形态虽不相同，但整体布局给人的视觉感受是相等的。均衡给人安定、平稳，却不失变化的感觉。

对称是以中心线划分，上下左右形体和分量均匀相等。对称是均衡存在的最完美形式。对称的形态稳重、大方，形象完美、和谐，但有时会给人以呆板的感觉。如建筑中的对称往往使建筑显得比较严肃和庄重（图6-4）。

均衡与对称在公共环境设施的应用中最为广泛，尤其是在路灯、垃圾桶、电话亭等常用设施中，如图 6-5、图 6-6 所示。这种均衡与对

图6-2　起伏的公共座椅设计

图6-3　交错的公共座椅设计

图6-4　建筑的对称使建筑显得严肃和庄重　　　图6-5　上海街道上的路灯　　　图6-6　上海街道上的信息栏

称的形态不仅能够使设施给人们的感觉更安全，还能使其与环境更容易融合，同时加工制造方法较其他形态也更为简单。

3. 对比与调和

对比与调和是利用造型中各种因素的差异性来取得不同艺术效果的表现形式，是自然科学及社会科学中，对立与统一规律在形态设计中的具体表现。

对比可以表现在形体的大小、虚实，方向的上下、前后，线型的曲直、疏密，材质的粗细、软硬，色彩的冷暖、明暗，等等。它强调的是物体以及各组成元素之间的差异。对比关系处理好了，可以形成鲜明的对照，使主次分明，重点突出，形象更生动，物体的形态也更丰富多彩。

调和就是在对比中，找到统一的因素，缩小造型中对比的差异，使对比因素互相接近或有中间的逐步过渡。调和能使设计的各个组成部分之间，互相和谐，互相渗透，以展示其共有的、近似的艺术特征，从而给人以协调、柔和的美感。对比与调和还能够强调一个整体中的各个局部的差异，使各个局部固有的个性更为强烈。

在产品的形态设计中，对比与调和是辩证统一的。一个形态中，往往在某些方面采取对比的手法，在另一些方面运用调和的手段，使产品的形态既要服从于造型的功能要求，又要符合产品结构、工艺的合理性和选材的科学性。对比与调和在城市街道公共环境设施的形态设计上的应用，主要体现在体量、形状、线条、肌理、质感、色彩、虚实以及方向的设计中。图6-7是美国随处可见的一款饮水器的设计，对比主要是体现在形态的线条上，支撑架的直与盛水器的曲，支撑架的虚与盛水器的实，都形成了鲜明的对比。但由于整体采用的是统一的材料，在肌理、质感、色彩方面相同，因此在对比的同时又产生了调和，使整个设施的形态富有协调的美感。

4. 分割与比例

公共设施的立体造型各部分的尺寸和人在使用上的关系要恰如其分，既要合乎使用上的要求，又要满足人们视觉上的要求，这就涉及立体造型设计的比例问题。比例的构成条件在组织上含有浓厚的数理概念，但在感觉上却表现出恰到好处的完美分割。比例是和分割直接联系着的。数学上的等差级数、等比级数、调和级数、黄金比例等都是构成优美比例形式的

图6-7 美国的自动饮水器设计

主要基础。

黄金比例早在古埃及前就存在了,直到19世纪,黄金比例都被认为在造型艺术上具有美学价值。20世纪以来,尽管不断有人对黄金比例提出质疑,但在具体设计中,还是常常使用这一规律。根据这个定理,在一个公共设施的矩形中,如果两个直角边的比是1∶0.618,那么这个矩形亦称为黄金矩形。

把公共设施产品外形纳入这一矩形,并适应其内部形态,从平面观点看是可取的,因为这个矩形可进行多种多样的艺术分割。当然,任何规律都不是僵死的,即便被称为"黄金比例"也可以有一定的宽容度,在1∶0.618的基础上伸展或收缩,去追求设计师自己的感觉。

5.视错觉的应用

在公共设施的整体或局部造型设计中,我们通常运用具有肯定外形的几何形,因为它们容易引人注目。所谓肯定的外形,就是形体的周边比率和位置不能加以任何改变,只能按比例放大或者缩小。比如,正方形、圆形和正三角形,它们都具有肯定的外形。

肯定的外形是美的,但人们往往不满足于此。这时,可以利用视觉错误的原理使形体在视觉上发生变化。所谓视觉错误,就是人们看东西所产生的错觉。这可能是由于外界的干扰造成的,也可能是公共设施造型本身或眼睛的构造引起的。

横向分割与纵向分割是设计师们常用的两种造成错觉的手段。为了体现薄、精密、秀气、高档,在进行公共设施的设计时运用横向平行线处理,这样可以在视觉上改变厚度形象,从而达到希望的形象效果。在进行交通工具设计时,可以运用纵向线来分割物体,以造成视觉错误,达到改变形象的目的。在使用纵向线时,要尽量减弱或压缩横向直线对它的干扰。

同样大小的表面,因外框设计的不同,就会有大小之分的错觉。设计师也要掌握使用者的心理,利用线条、色彩的视错觉来扩充加强外形的变化。利用视觉错误的目的,是诱导人们按设计者的意向去观察物体,以达到满意的视觉效果。

美作为一种社会意识,它认识和反映了一种审美价值,具体地说,它应该是对社会存在的客观事物内在固有的审美价值的一种审美认识、审美反映、审美判断或审美评价。试想,如果不是或没有客观事物内在固有的这种审美价值,那么作为审美主体对社会存在的客观事物的一种审美认识、审美反映、审美判断或审美评价,美这种社会意识岂不成了无源之水、无本之木——众所周知,任何一种主观评价,都以一种相应的价值的客观存在为根据或前提。

因此,成功的环境设施外观造型,凝结了设计师的情感。环境设施外观造型的"美"与"不美",一方面取决于人们不同的生活经历、喜好等;另一方面,主要体现在是否符合美的社会意识,其形式要与功能相结合,注重色彩、比例、尺度、材料等视觉审美要素及空间给人的心理感受等。具有代表性且为世人所传诵的作品皆出自大师之手,因为他们独具各自的风格,美妙的构图、精致的比例、完美的空间组合无不给人美的感官享受。

6.2 结构要素
6.2.1 结构与环境

公共设施设计一贯是将功能、形态、结构、色彩、材质以及成本等几大环境要素作为追求的指标，公共设施设计的指导原则就是在满足人们使用需求的同时，取得良好的视觉效果。而将环境要素作为公共设施设计、开发、生产过程中的评价指标，还是近年来的事。这不仅是可持续发展的、宏观的需求，还关系到每个公共设施的生产者、使用者的实际利益，也就是重视公共设施与环境的关系、环境与人的关系的意义。

1. 外部结构

外部结构不仅仅指外观造型，还包括与此相关的整体结构。外部结构是通过材料和形式来体现的，一方面，是外部形式的承担者，同时也是内在功能的传达者；另一方面，通过整体结构使元器件发挥核心功能。这都是公共设施设计要解决的问题范围。而驾驭造型的能力、材料、工艺知识及经验是优化结构要素的关键所在。不能把外观结构仅仅理解成表面化、形式化的因素，在实际设计中它要受到各种因素的制约。在某些情况下，外观结构为不承担核心功能的结构，即外部结构的变换不直接影响核心功能。如电话机、自动取款机、邮箱等，不论款式如何变换，其语音传输、存储及邮政功能等不会改变。但是，在另一些情况下，外观结构本身就是核心功能的承担者，其结构形式直接跟公共设施效用相关。如各种材质的容器、家具等。自行车是一个典型的例子，其结构具有双重意义，既传达形式又承担功能。总之，外观结构必须在外部条件和内部因素明确的情况下，才有可能进行设计上的操作。

2. 核心结构

核心结构是指由某项技术原理系统形成的具有核心功能的公共设施结构。核心结构往往涉及复杂的技术问题，而且分属不同领域和系统，在公共设施中以各种形式产生功效，或者是功能件、或者是元器件。如导购机的电机结构及信息结构产生的原理是作为一个部件独立设计生产的，可以看做是一个模块。通常，这种技术性很强的核心功能部件是要进行专业化生产的，生产厂家或部门专门提供各种型号的系列公共设施部件，公共设施设计就是将其部件作为核心结构，并依据其所具有的核心功能进行外部结构设计，使公共设施达到一定性能，形成完整的公共设施结构。

3. 系统结构

系统结构是指公共设施与公共设施之间的关系结构。前面所指出的外部结构与核心结构分别是一个公共设施整体下的两个要素，即将一个公共设施看做是一个整体。系统结构是将若干个公共设施所构成的关系看做一个整体，将其中具有独立功能的公共设施看做是要素。系统结构设计就是物与物的"关系"设计。

4. 常见的结构关系

（1）分体结构。相对于整体结构，即同一目的的不同功能的公共设施关系分离。如常规电脑分别由主机、显示器、键盘、鼠标及外围设备组成完整系统，而笔记本电脑是以上结构关系的重新设计。

(2) 系列结构。由若干公共设施构成成套系列、组合系列、家族系列、单元系列等系列化。

5. 人对环境的欲求

人在生活活动中，根据自身的状态和所处的场合，有不同的欲求。美国著名心理学家马斯洛（A.H.Maslow）把人的欲求分为五个阶段，并指出人的欲求是从低层向高层发展的，满足了低层欲求的人们会有更高一层的欲求。人总是有一种欲求占优势，这种占优势的欲求是导致人际行为的动力。社交是人类的基本欲求之一。心理学家舒兹把人际关系划分为三类：

(1) 包容的欲求，即希望与别人交往并建立和维持友好和睦的关系。

(2) 控制的欲求，即希望通过权力和权威与别人建立并维持良好的关系。

(3) 情感的欲求，即希望在情感方面与别人建立并维持良好的关系。

环境与公共设施设计必须给人们创造良好的人际交往空间，以保证人们在情感方面的交流，维持良好的人际交往关系，满足双方的社交欲求。

6.2.2 人机工程学

人机工程学是研究人、机械及其工作环境之间相互作用的学科，通过运用人体测量学、生理学、心理学和生物力学以及工程学等学科的研究方法和手段，对人体结构、功能、心理以及力学等问题进行综合研究。

公共环境设施中尺度的选择是否合理直接影响到其形态的比例，进而影响到其使用性和方便性。如垃圾桶的高度是否方便人们丢弃垃圾，休憩椅的座面高度、宽度以及背高是否舒适，电话亭的高度、电话放置面的高度是否符合大多数人的使用要求，儿童游乐服务设施是否安全，残障人士的无障碍专用设施是否方便等。这些都需要设计者对人机工程学知识的掌握。

人机工程学为公共环境设施形态的设计提供人体尺度参数，包括人体各部分的尺寸、体重、体表面积、比重、重心以及人体各部分在活动时的相互关系和可及范围等。由于不同人群的生理条件和姿态特征存在着差异，因此，要研究人体活动的空间尺度，就必须采用适应大多数人体尺度的标准，并在设计中留有部分余地。对于特殊人群，如残障人士主要考虑坐轮椅者的使用尺度或进行专案设计。

在公共环境设施的形态设计中，主要考虑的人机因素是人在使用设施时的空间尺度。图6-8、图6-9是我国常用的人体动态空间尺度数据。在具体设计时，由于公共环境设施功能的不同，其尺寸的参考侧重也会有所不同。以电话亭为例，电话亭形态的设计与人体尺寸的关系主要体现在以下三个方面：

①身高。电话亭的高度必须能够满足绝大多数人的身高需求。在设计上，主要考虑高个子人的尺寸。

②电话放置面的高度。这是电话亭的功能部分，也是最重要的部分。放置面过高，难以操作；

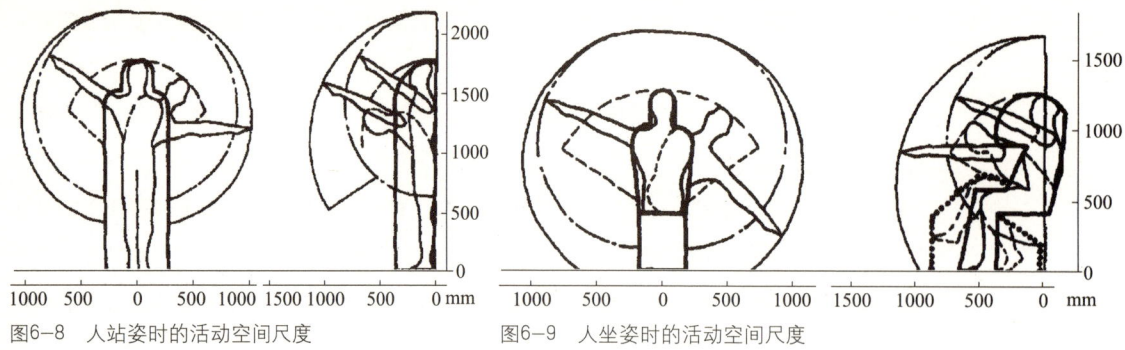

图6-8 人站姿时的活动空间尺度　　　　图6-9 人坐姿时的活动空间尺度

放置面过低，个子较高的人则会感觉不舒适。

一般选择身高较矮的人的尺寸为参考，以他们能够操作的最大尺寸为基准来进行设计，既能满足大多数人的需求，也能使人们在视觉观察上比较舒适。

③电话亭盖的宽度设计。电话亭盖既可以起到保护电话设施的作用，同时还可以起到划分空间的作用。在公共场所打电话，人们一般希望能有个相对封闭的空间，以使个人活动不受侵犯，但这个空间又不能过于封闭，以免给人造成压迫感和不安全感。电话亭盖沿的设计恰好能够满足人们的这种心理需求。电话亭盖的尺寸一般以人手臂的尺寸为参考，大概半臂的长度。当然，还需要考虑特殊人群的需求。例如，给儿童或残障人士设计的公用电话，电话安放的高度则应有所降低（图6-10、图6-11）。

由此可以看出，人机工程学为城市街道公共环境设施形态的设计提供了科学的依据，为其功能的实现提供了前提条件。因此，在设计公共环境设施形态时，要严格遵循人机工程学的尺度要求。

图6-10 天津塘沽外滩的公用电话亭　　　　图6-11 加拿大的公用电话亭

6.2.3 人的行为

城市街道中的公共环境设施单独存在时只是一种功能载体，它设置于城市街道上，为公众服务，在服务的同时，设施与人的行为产生了相互影响的互动关系。城市街道公共环境设施的各种产品要素直接影响着人的行为，人的行为也直接对设施产生某种关联。人根据需要创造城市环境，是人的行为决定了公共环境设施。反过来，公共环境设施与空间、行为相结合，才能构成行为的场所，才有实际的社会效益和场所效益。以"环境行为学"的观点来看，即使是街道上的垃圾桶设计，仅仅考虑尺寸、角度等人机工程学的问题也远不能满足使用者的需要——垃圾投放口的位置是处于顶部还是侧面，是固定的还是可移动的，是高一些还是矮一些——这些问题都只有先对人们投放垃圾时的心理活动及行为现象进行详细的调查，才能找到正确的解决方案。所以，加强对人的行为要素的研究，对城市街道公共环境设施形态的设计有着重大意义。对人的行为的研究主要包括行为性、人的活动类型、个人空间与人际距离以及设施与人的互动关系。

1. 行为性

行为性即行为规律。对于行为性的研究，不仅仅包括人所表现出来的外显行为，也包括人的内隐行为，如人的思想、情绪、动机、态度、价值、信仰、意见等。行为是人的心理的反应，行为的目的和动机是为了满足人们的需求。如人需要休息，这样才能恢复体力和精神；人需要消费，是为了满足衣、食、住、行的需要；人需要交往，为的是传递信息、获取经验和知识等。当对行为性的研究应用于城市街道公共环境设施设计时，这些行为对于城市街道公共环境设施的影响，实际就是充当了人与设施之间的"媒介"——人通过行为对公共环境设施产生需要，公共环境设施又通过与人的行为关系对人的活动产生影响。而此时对于行为性的研究主要体现在人的需要、意愿、欲求、情绪、心理机制等与城市街道公共环境设施的关系，通过城市街道公共环境设施的形态设计来使设施更符合人的行为规律，满足人们对设施的要求，提高人类物质生活与精神生活的舒适度、满足度和愉悦度。

对于行为性的研究，不同的人，其行为特点也是不同的，这与他们的文化素养、社会道德规范、期待与实现的可能性等因素有关。因此，在研究时，应当对目标群体进行细化分类，以使研究结果更具实用性。比如，在对城市街道公共环境设施设计时，大多数情况下，目标使用群体是不固定的，但是也有特例。像在居住区街道附近，经常会见到一些健身娱乐设施，这些设施中有专门为儿童设计的益智娱乐设施，也有特别为老年人设计的健身设施。对于这两种不同人群使用的设施，在设计时，要考虑使用者行为的特殊性，如儿童比较注重设施的趣味性，老年人则更注重它的安全性和操作的方便性。

2. 人的活动类型

人在城市街道上的活动大致有休闲、观赏、饮食、散步、交谈、购物等。当然，并不是每条街道都适于人们的这些活动，这里所讲的主要是城市步行商业街中的活动。

人在街道上的行为虽有总的目标导向，但在活动的内容、特点、方式、秩序上受许多条件的影响，而呈现出不同的活动类型：

（1）有直接目标的功能性活动。如饮食、休息。

（2）有间接目标的准功能性活动。这种活动也属于必要性活动，但带有一种可选择性和可变性。如购物、参观。

（3）自主性和自发性活动。这种活动是人随当时的时空条件的变化和心态而产生的行为，没有固定的目标、线路、次序和时间的限制。如散步、休闲。

（4）社会性活动。这种活动除了需要本体的行为外，还需要他人的参与。如交谈、寻求帮助。

活动的类型对于城市街道公共环境设施的影响，体现在功能上。不同的活动，对于设施的要求也是不同的。通过对街道上人的活动的研究，可以确定出所需设施的种类，进而设计出相应的形态。

3.个人空间与人际距离

个人空间是人心理上所需要的，随着人的走动而不断迁移的最小空间领域。个人空间可以使人在空间中保持适当的距离，使个人的"完整性"不受侵犯，并使人际间的交往处于最佳状态。这种适当的距离可以看作是个人的"身体缓冲区"。

一般说来，城市街道上的人际交往的距离主要有以下四种：

（1）亲昵距离。指情侣、夫妇、亲子之间的距离。近距离小于15cm，可感到对方的体温和气味，表现为拥抱、爱抚；远距离在15~45cm之间，表现为亲切的耳语和抚摸。

（2）私交距离。是一般亲属、好友之间的距离。近距离为45~75cm之间，远距离为75~125cm之间，表现为握手言欢、促膝谈心。

（3）社交距离。指人们进行社交和一般公务活动时所习惯的距离。近距离为1.2~2.1m，出现在工作关系密切的同事或偶然相识的朋友之间；远距离为2.1~3.6m，出现在与陌生人处理一般公务或正式社交场合。

（4）公众距离。即公众活动时，人们之间的距离。如演讲或是街道上的一些促销活动。近距离为3.6~7.6m，远距离为大于7.6m。这时，人们之间的活动不会受太大影响，除非是想故意引起人们的关注而提高声音或夸大姿势。

在城市街道中，人际距离对公共环境设施形态设计的影响，一般存在于设施的形式设计方面，尤其是对休憩设施的形态设计。如休憩椅座面的长度，是两座还是三座的，休憩椅的形式是直的还是环形的等。如图6-12所示，为不同形式的休憩凳与人的行为之间的关系。从图中还可以看出，小型的休憩设施在形态设计上考虑的多是个体与个体之间的距离，而较大型的休憩设施则更注重考虑群体与群体之间的人际距离。

4.设施与人的互动关系

公共环境设施的存在是通过设施与人的互动被感知的。设施与人的这种互动关系，首先体现在功能上，即人对设施的需求；其次体现在设施在满足人们使用功能的同时，还能对人的行为产生引导。在很多情况下，设施的引导能够决定人的行为。例如，当人们看到厕所标志时，

图6-12　鸟巢周边公共座椅

便知道附近有公共厕所,只需顺着指示的方向去找就可以。图6-13是鸟巢里的一处公共厕所标志,照片中的图例内容分别代表男用卫生间、女用卫生间以及无障碍卫生间,箭头标志方向,指示明确、简洁,色彩醒目,人们按照箭头方向很容易找到卫生间的所在。再如,图6-14是鸟巢内部的方位指示标志,当看到标志,人们就能准确地知道自己所在的位置,从而找到自己所要去的方位,特别是在鸟巢这种圆形区域里,这类指示就显得尤为重要。

设施与人的互动关系,还体现在一些操作性设施上,如电话亭、电子信息查询设施、自动售卖设施、健身娱乐设施等。公共环境设施与人的互动主要通过视觉、听觉、触觉来进行。其中视觉是首位的,这也就意味着形态在设施设计中的重要性。

事实上,公共环境设施对人行为的引导主要体现在形态的语义上,尤其是设计符号的应用。这主要是因为设计符号具有相对的普遍性,比较容易为大众所接受。如导向设施的方向性指示,公共厕所标志中男女的形象标志,垃圾桶上可循环、不可循环的标志,自助售货机投币口处的图形标志等。尽管这些符号在各地的形式不同,但都存在共通点。以公共厕所标志为例,不同地区、不同国家、不同城市乃至不同街道,它们的公共厕所标志都存在着很大的差异,但唯一不变的是,这些标志都是采用的男、女两种形象来表示,尽管有些地方使用其他符号,但相对普遍使用的还是性别标志符号,如图6-15、图6-16所示。

正是由于设计符号的这种共通性,使得公共环境设施形态的设计也加入到符号的行列,即形态本身就是符号。这种情况最常见的例子就是导向牌的设计。一般在导向设施设计中,方向性是用箭头表示的，如图 6-17 所示。这种设施必须当人走近时，在视线能够识别文字的范围内才能让人们认识到它的导向性。而图 6-18 中的指示牌则不同，其形态让人们一眼就能辨认出这是一个导向设施，而且方向明确，如果需要察看的话，可以再走近一些以确认具体指示的地点。与图 6-17 相比，图 6-18 中的导向设施更易与人产生互动，而且功能也更明确。

图6-13 鸟巢内部卫生间指示标志

图6-14 鸟巢内部方位指示图

6.3 材料要素

图6-15 卫生间指示标志　　图6-16 日本卫生间指示标志

材料是人们用作物品的物质，用于制造、生产、生活的原料。可以说，自然界中一切的物质都可称之为材料。由材料的定义可以看出，任何形态的构成都离不开材料，没有材料的形态是毫无实际意义的。公共环境设施的形态是由材料体现的。从古代到现代，从木材、石材到塑料、合金，时代的变迁伴随着材料的更新，不同的材料也体现着不同时代的特色。由此可以看出，材料与形态的关系十分密切，不同的外表材料由于物理性能及化学性能的不同，会出现不同的性格表现，不同质感的材料给人不同的触感、联想感受和审美情趣。

图6-17 公园指示牌　　图6-18 玉龙雪山景区指示牌

随着时代的发展与科技的进步，公共环境设施作为技术与艺术的综合系统工程，在内容、功能及形式上与时俱进。今天某些正在时兴的设施及特性，明天可能面临着解体的危机和融合的契机，而某些销声匿迹的设施可能又被改头换面重新启用。环境设施的进步与新材料的应用密切相关。现代设计中常常追求简洁、自然，体现材质美。材质美通过材料本身的表面物性，即色彩、光泽、结构、纹理、质地等表现出来。材料与形态的关系是十分密切的，不同的外表材料由于物理性能及化学性能的不同，会出现不同的性格表现，不同质感的材料给人不同的触感、联想感受和审美情趣。任何设计都需借助于材料及工艺来完成，否则，设计将只能流于形式，而毫无实际含义。不同的材料性质不同，必定导致其结构方式的不尽相同，而不同的结构方式，又势必引起形式与造型上的不同，因此，形态—材料—结构之间的关系是相互影响相互制约的。

正确、合理、艺术地选用材料是使用材料的关键。材料的选择应考虑以下各种因素：满足设计实体的功能；适应环境的需要；符合工艺加工的技术条件；不同等级设计选择不同档次材料；

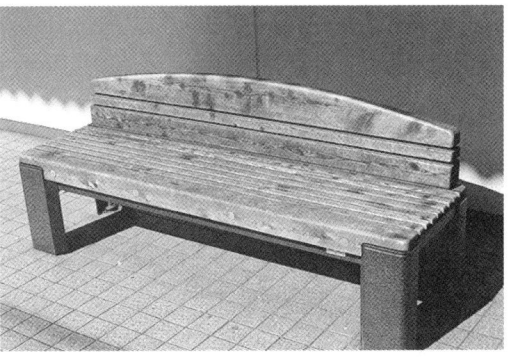

图6-19 木材与金属材质的公共座椅　　图6-20 公共座椅

同等条件下，尽可能选用价格低的材料，降低成本等。当然，对于环境设施设计而言，如果都使用超高级材料，那么无论从材料性能、经济价值而论，都是难以适应的。如休息椅不论是使用木材或铝板，都可以拥有相同的机能，其差别只在承受重量的差异、耐用时间的长短、成本的高低等方面（图 6-19、图 6-20）。

公共设施所用的材料十分丰富，大体分为金属材料、无机非金属材料、复合材料、自然材料、高分子材料等。环境设施普遍使用的材料列表，见表 6-1 所列。

环境设施普遍使用的材料　　　　表 6-1

类别	形态		特性	其他
石材	1. 花岗石		质地坚硬，耐磨性、抗腐性高，不易损伤	几何造型易成型，纹饰细部难加工
	2. 石灰石		常见的沉积岩类，较其他石材吸水性高、内聚力低	易加工
	3. 大理石		质地细腻，内聚力强，抗张力较弱，不耐高热，有光滑坚硬的表面	因矿脉纹理光泽柔润，不易碎裂，易切割，多用于装饰面材
金属材料	黑色金属（钢、铁、铸铁、碳素钢、合金钢、特种钢）		硬度高，重量沉	铸造（砂模铸造、离心铸造、连续铸造）、冶金、冷热轧、焊接、退火处理等
	有色金属（铝、铜、锡、银及其他轻金属的合金等）		硬度低，弹性大	由铝加入其他元素形成铝合金，具有重量轻、高强度、耐腐蚀等特性，经压力被加工成管、板、型材
高分子材料	天然高分子材料		含纤维素、蛋白质等	作为增强剂、添加剂使用
	合成高分子材料		合成纤维、合成橡胶、塑料等	经常作为基础材料，形成复合材料
有机材料	木材	硬木 阔叶林类	多产自赤道周边地区，木纹明显、均匀、美观，含油量高	如桦木、红木、柚木、橡木、花梨木、胡桃木、水曲柳等
		软木 针叶林类	产自高纬度地区，原料长直，木纹明显	易加工，如松木、杉木、杨木等
	竹材		具有坚硬的质地，抗拉、抗压的力学强度均优于木材，有韧性和弹性，不易折断	竹材通过高温和外力的作用，能够做成各种弧线形且有较强地域性色彩
复合材料	玻璃钢、混凝土等		可塑性强，抗腐性高，不易损伤，适用广泛	易施工，制作

城市街道公共环境设施普遍使用的材料主要有木材、石材、金属、塑料、陶瓷、玻璃、混凝土等。以下将简要介绍公共环境设施材料的使用概况及相关加工工艺。

1. 木材

木材具有肌理效果，触感较好，其材料加工性较强。木材使用于休息设施的椅、凳座面时，因其长期处于室外环境，深受自然的损害，耐久性差，因此选择既经济又具有耐久性的木材是重要的。木材经加热注入防腐剂处理可具有较强的防腐性。随着加工技术的不断提高、木材的粘结技术和弯曲技术的飞跃提升，休息设施的形态必将多样化（图6-21）。

木材与其他材料相比，具有多孔性、各向异性、湿胀干缩性、燃烧性和生物降解性等独特性质，因此在选材时要考虑如下技术要求：

(1) 有一定的强度、刚性、弹性和硬度，密度适中，材质结构应细致；

(2) 有美丽的色泽和纹理；

(3) 干缩、湿胀性和翘曲变形性小；

(4) 加工性能良好；

(5) 胶合、着色和涂饰性能良好；

(6) 弯曲性能良好；

(7) 有较强的抗气候和虫害性。

木材在由制材到制成品的过程中，常需要经过多种加工工艺，其中包括锯削、刨削、尺寸度量和划线、凿削、砍削、钻削、拼接，以及装配和成型后的表面修饰等。

2. 石材

以花岗石和大理石及普通的坚硬石材为主。石材不仅材质坚实，而且耐腐蚀，抗冲击性强，装饰效果高雅。特别在欧洲，以石为材料制成的座椅与石材建成的古典建筑融为一体，形成了欧洲文化的特点。石材由于加工技术有限，一般制成休息椅无靠背，方形为主。石材的选择按设置场所、使用的不同而异。其中材料的耐久性、色彩、结构等方面应作为设计时的重要因素而加以研究（图6-22）。

石材除具有很好的内在质量、抗压强度、耐久性、抗冻性、耐磨性和硬度外，其颜色和表面光泽度也是城市街道公共环境设施设计选材中重要的考虑因素。

图6-21　公园木质座椅

图6-22　大理石公共座椅

石材的加工工艺主要有锯切、磨抛、雕琢等。

3. 混凝土

属无机材料，其成分含二氧化硅化合物，故又称硅酸盐材料。它具有坚固、经济、工艺加工方便等优点，所以在公共环境设施中普遍应用。但由于材料吸水性强，表面易风化，故经常与其他材料配合使用。如铁条为经线构成网状，外浇筑混凝土构成座面；与砂石混合磨光，形成平滑的座面等。多用于种植绿化带的平台、路障、缘石坡道（图6-23）。

4. 陶瓷材料

属无机材料。陶瓷是人类最早利用的非天然材料,硬度高,质脆,几乎没有塑性,抗拉强度低,抗压强度高,熔点高,抗蠕变能力强,膨胀系数和导热系数小,承受温度快速变化的能力差,化学稳定性很高,有良好的抗氧化能力,能抵抗强腐蚀介质、高温的共同作用。陶瓷制作休息椅、凳，由于烧造工艺的限制，其尺寸不可过大，加之烧制过程中易变形，难以制作较复杂的形态。因为陶瓷材料表面光滑，耐腐蚀，易清洁，色彩较丰富，又具有一定硬度，适合室外设施使用，特别在公园休息处，与整体环境较为协调。陶瓷在城市街道公共环境设施中的应用主要是为了体现其丰富的色彩和光泽，使设施具有很好的装饰性，从而更突出其形态。如图6-24，这是一款休憩椅的设计，其形态具有很强的趣味性和装饰性，让人很想与其接触。但如果缺少了表面陶瓷的装饰，而选用其他的材料，则会使整个设施显得缺乏生命力。

陶瓷的加工工艺可以用捏、塑、挤、压等一系列手法，在色彩装饰上有素胎、单色釉、彩色釉、花釉、釉上彩、釉下彩等多种方法。陶瓷丰富多彩的艺术表现形式和恒久不变的品质，会使城市街道公共环境设施的形态更富有生命力。

5. 金属材料

在现代工业生产中，钢铁占有重要地位。由于它具有良好的物理、机械性能，资源丰富，价格低廉，加工工艺性能较好，因此应用较广泛，环境设施中也普遍使用。钢铁虽均为铁和碳组成的合金，但含量不同，其"性格"有较大差别，可分为纯铁、生铁和钢三种。可利用铸铁加工技术制成各种不同形态的休息椅、凳等。由于金属热传导性高，冬夏时节，表面温度难以适应座面要求。现在，冲孔加上金属技术的进步，可使金属制成网状结构，小口径钢管可加工成轻巧、曲折的造型，从而导致新形态的产生。自欧洲在18世纪流行并流传至今，利用铸铁加

图6-23 混凝土花池

图6-24 装饰陶瓷的座椅

工技术制成各种不同形态的休息椅、凳（图6-25、图6-26）。铝合金和不锈钢材随着成本的降低和技术的发展也成为当今的环境休息设施中常用之材（图6-27、图6-28）。

金属的加工工艺包括铸造、塑性加工、焊接和切削加工等。在表面处理方面，主要采用表面着色工艺和肌理工艺。

6.塑料

属高分子材料，包括合成纤维、合成橡胶和塑料等。高分子材料的应用促使各种人工合成材料的诞生，有力推进了人类物质文明的发展。塑料又分为通用塑料（包括聚乙烯塑料、聚氯乙烯塑料等）和工程塑料（包括塑料与金属、水泥等组成的复合材料等）。塑料具有可塑性和可调性，可以使用较简单的成型工艺，制成较复杂形态的制品，并可在生产过程中通过改变工艺、变换配方等方法来调整塑料的各种性能，以满足不同需要。另塑料具有优良的成型性、加工性、装饰性、绝缘性、耐水性、耐腐蚀性、绝热性等，并且具有现代质感，材质较轻，品种繁多，故日益成为公共环境设施设计中的首选材料。如在环境休息设施中，常在露天休息场所使用靠背塑料椅和移动的塑料凳。不过由于塑料太轻，很少单独使用在城市街道公共环境设施的形态设计中，一般会与金属、石材等质感较重的材料一起使用。塑料与其他材料相比，最大的优点就是其可以是透明的。如图6-29，是一款指示牌的设计，材料上一反以往不透明材料的设计，采用了半透明的塑料，从而使指示牌有一种发光效果，夜间指示更加醒目。塑料的另外一个优点，就是可以通过添加色料的方式使色彩丰富。丰富的色彩是儿童的最爱，再加上塑料质感较轻，相比其他材料对人体的伤害性较小，因此被广泛应用于儿童娱乐设施中（图6-30）。

塑料的成型工艺主要有注塑成型、挤出成型、压制成型、吹塑成型、热成型、压延成型、滚塑成型、浇铸成型、搪塑成型、流延成型、传递模塑成型和发泡成型。正是由于塑料加工工艺的多样化，使得塑料几乎可以加工成人们想要的任何形状，这为城市街道公共环境设施形态设计的多样性提供了可能。

7.玻璃

在古代又称璧琉璃、琉璃、颇璃，是指熔融物经过冷却凝固，形成的非晶态无机材料。玻

图6-25　金属公交候车亭

图6-26　街道边的金属座椅

图6-27　公园内的金属雕塑

图6-28 金属垃圾箱　　图6-29 发光指示牌　　图6-30 小区内的儿童娱乐设施

图6-31 玻璃材质店面招牌　　图6-32 玻璃材质用于公交候车亭

璃的透光性好，化学稳定性能好，又有良好的加工性能，再加上制造玻璃所用的原料在地壳上分布很广，且构成玻璃主要成分的二氧化硅的含量极为丰富，价格便宜，所以玻璃在现代人们的生活中极为常见。

玻璃跟塑料相比具有高透明性的优点，但因其抗张强度比塑料低，是一种脆性材料，易破碎，故玻璃在城市街道公共环境设施的设计中，往往用在一些与人不易接触的设施或部位上，比如路灯灯泡、建筑的门窗（图6-31）等。如图6-32，公交候车亭的背板采用半透明肌理的玻璃材质，现代感极强。

常见的玻璃成型方法有压制成型、吹制成型、控制成型、压延成型等。

6.4 功能要素

一般而言，人们设计和生产产品，有两个起码的要求，或者说产品必须具备两种基本特征：一是产品本身的功能；二是作为产品存在的形态。其中，功能是产品作为有用物而存在的最根本属性。因此，功能决定形态，形态是功能的反映。

谈到城市街道公共环境设施的功能，人们过去常常把它简单地分解成实用、装饰两类，近年来才开始注意到把这两者结合起来。城市街道公共环境设施的功能构成，主要包括以下四个方面：使用功能、环境意象功能、装饰功能和附属功能。它们彼此区别，相互结合。

6.4.1 使用功能

产品是在人们的需求中产生的，产品的存在是因为它能满足人们对某种功能的需要，即产品具有使用价值，而这种价值的实现是依托于其功能的存在，即使用功能。城市街道公共环境设施的使用功能体现在，它直接向人们提供便捷、防护安全以及信息传递等服务。如街道上电话亭的设置主要是为通话使用，方便人们外出时联系；路灯的主要用途是在夜间照明道路，以保证车辆行人安全通过。这种功能是城市街道公共环境设施外在的、首先为人感知的功能，因此也是第一功能。另外，使用功能的重要性还体现在使用功能是公共环境设施分类的标准，具体分类见前文所述。

6.4.2 环境意象功能

环境意象功能是指城市公共环境设施通过其形态、数量、空间布置等方式对环境予以补充和强化。以护柱和路障设施为例，它本身就是必须通过组合共同发挥作用的元件设施，以行列或组群的形式出现，对车辆和行人的交通空间进行分化，并对运行方向起引导作用。公共环境设施的环境意象功能是第二位的，往往通过自身的形态构成以及特定的场所环境的相互作用强化而来（图6-33~图6-35）。

6.4.3 装饰功能

装饰是指城市公共环境设施的形态在环境中起到的衬托和美化作用。比如材质处理、色彩选用以及细部的点缀等均属于装饰。它包括两个层面的含义：单纯的艺术处理和与环境特点的呼应及对环境氛围的渲染。护柱和路灯在批量生产中尽管可以做到材料精致、尺度适中，但是放到某一特定街区，它们还需具有反映这一环境特点或设施系统的个性。一般来说，装饰是城市街道公共环境设施的第三功能，然而对某些以街道景观或独立观赏为主要目的的公共环境设施而言则又是第一位的（图6-36、图6-37）。

图6-33 美国国家美术馆东馆前的路障

图6-34 天津滨海新区外滩的护栏

图6-35 上海广场的隔离墩

6.4.4 附属功能

附属功能指公共设施设备的主要功能之外，同时还具有的其他使用功能。如在候车亭里设置广告牌、路灯上悬挂指路标志、休息坐具下安装照明灯具等。指环境设施主要功能之外，同时将几种功用集于一身的使用功能。例如，在路灯柱上悬挂指路牌（图6-38）、信号灯等，或者路灯本身就含有路标，兼具指示引导功能；甚至在特定的场合，可把阻隔装置、护柱、装备照明灯具并做成石凳、石墩状，具有休息座具功能（图6-39）；或者放置几块美化环境的怪石用作护柱，从而使单纯的设施功能增加了复杂的意味，对环境起到净化和突出作用。

影响公共设施设备的功能要点归纳起来大致有以下五方面的内容：①历史与人文环境的因素；②自然环境与人工环境的因素；③行人与车辆之间的交通因素；④中心城市的整体风貌、

图6-36 日本店面招牌

图6-37 城市公共雕塑

图6-38 澳门悬挂指路牌的街灯

图6-39 具有隔离、照明作用的澳门街区座椅

6 城市公共环境设施设计的构成要素

综合特征和独特等因素；⑤周边区域附属设施设备的设置与配套设施。

公共设施设备量大面广，在规划实施时以整体系统的观点进行宏观的把握是十分必要的。在进行总体空间环境设计时，应理清城市规划、城市设计、公共艺术设计规划系统主干，给予合情、合理、合适的网络分布。在设施设备的功能、造型、材料、质感、色彩、视觉特征和风格等方面，以系统化、人性化、个性化为目标，注重以人为本的设计宗旨，体现细致周全的服务性和亲切宜人的便利性，直观地表现时代、历史、地域、心理、生理、文化、精神乃至政治、民族、国家的风貌特征。

公共设施设备设计不能仅仅考虑其使用功能，而应充分推敲公共设施与环境的关系，同时要关注使用的舒适和便捷。因此，以有限的数量对广大地域进行整体规划和布局，选择理想及适宜配置的地点，在公共设施中就显得十分重要。人群户外活动行为的差异对于空间所产生的需求，正是设施的功能特质。

公共设施的功能设计要充分意识到人群行为习惯的多元性。如人类的行为常常表现为不可预测或控制的状态，所以任何设施对不同的人都可能有不同的意义及使用行为的产生。同时，设施的维修和管理也应统筹考虑。

公共设施功能的形态构成是设施设备外观与内在结构显示出来的综合特征。公共设施设备由其自身的性质内涵、关系和外在形象组成。设施的性质内涵经过人的思索和感悟后才能理解内在的文化价值观；关系主要体现设施设备造型和形式与其他要素的结合，折射反映设施所在场所的综合意义；外在形象给人带来第一视觉效果和心理感受，它能直观地体现时代气息和环境风采。

公共设施功能的设计主要着力于研究公共空间、城市环境和人群行为三者的相互关系，着眼于环境、行为及设施设备要素构成的行为场所的塑造。究其目的可以分为三个层次：①满足人们城市公共生活活动的基本需求。②构筑一个更符合现代人意愿的公共生活环境。③创造人与人、人与物、物与物之间的交流媒介，并通过媒介来引导、启迪交流与沟通。我们可以在三者综合的基础上进行城市文化氛围的构建，从而有利于城市、区域、文化的系统开发和持续性发展。

宜人的公共设施功能，对于综合空间整体提高使用效率、增加视觉动感功效、丰富环境语言和增加时代人文气息，具有不可替代的作用。在对公共功能进行设计时，要充分突出设计者对广大使用者细致入微的关怀和对城市健康昂扬性格的表现。因此，城市公共设施设备是积淀凝结在城市精神文明上的缩影和成果。

6.5 色彩要素

形态作为承载功能的要素在设计中起关键作用，色彩的因素也应包含其中，形色不可分。比如，人们认知一种产品的属性，往往看到的或想到的只是形，但如果将色的因素抽去，那么对产品形的认知度就会降低或被扰乱。而且，当人们在观察一件产品时，首先映入眼帘的也是这个产品的色彩，其次才是形态。因此，色彩对于形态还具有引导作用。

在城市街道公共环境设施的设计中，色彩占有重要的地位，色彩与形态的关系也非常密切。在设计中，通常利用色彩增强城市街道公共环境设施形态的表现力，同时对整体的环境起到烘托作用。在运用色彩时，需要对不同地区的民族文化等因素有所认识，结合色彩心理学的相关知识，综合考虑色彩在造型中的调配。

6.5.1 色彩的基本知识

色彩是通过眼、脑和人们的生活经验所产生的一种对光的视觉效应。人对颜色的感觉不仅仅由光的物理性质所决定，比如人类对颜色的感觉往往受到周围颜色的影响。有时人们也将物质产生不同颜色的物理特性直接称为颜色。

1. 光与色

光色并存，有光才有色。色彩感觉离不开光。

（1）光与可见光谱。光在物理学上是一种电磁波。0.39～0.77μm 波长之间的电磁波，才能引起人们的色彩视觉感受，此范围称为可见光谱。波长大于 0.77μm 称红外线，波长小于 0.39um 称紫外线。

（2）光的传播。光是以波动的形式进行直线传播的，具有波长和振幅两个因素。不同的波长长短产生色相差别；不同的振幅强弱大小产生同一色相的明暗差别。光在传播时有直射、反射、透射、漫射、折射等多种形式。光直射时，直接传入人眼，视觉感受到的是光源色。当光源照射物体时，光从物体表面反射出来，人眼感受到的是物体表面色彩。当光照射时，如遇玻璃之类的透明物体，人眼看到的是透过物体的穿透色。光在传播过程中，受到物体的干涉时，则产生漫射，对物体的表面色有一定影响。光通过不同物体时产生方向变化，称为折射，反映至人眼的色光与物体色相同。

2. 色彩的表示方法

色彩的管理是一个庞大而又复杂的工程，为了更全面更直观地运用和表述色彩，19 世纪德国画家龙格将色彩的两大体系相结合，构成了球状的立体色相模型。随后，各式色立体得以逐步发展与完善。色立体是用三维立体形式使色彩的明度、色相和纯度的关系全部得以呈现的色彩体系。

色立体的构架方式：

明度色阶。色立体的垂直中轴为无彩色明度系列。上白下黑，在其间依秩序划分出从亮到暗的过渡色阶，上半部分为高明度色，下半部分为低明度色。

色相环。色相环由纯色组成，呈水平状围绕中轴，处于色立体的最外围。

纯度色阶。色相环上的色彩与中轴的明度系列色彩水平连接表示纯度，从外而内色彩纯度递减，愈靠近中轴纯度愈低，愈远离中轴纯度愈高。

等色相面。每一个色相的饱和色以明度层次下断向上靠近白色，向下靠近黑色，向内靠近灰色，形成共同色相色彩的聚集，即等色相面；若垂直纵切色立体可以得到互补色相面。

等明度面。若水平横断色立体，则可以获得一个等明度面。

现在，世界范围内影响较大、较为完整的色立体有三种：美国的孟塞尔色立体、德国的奥斯特瓦德色立体、日本色彩研究所色立体。

(1) 孟塞尔色立体结构

孟塞尔色立体是1905年美国的教育家孟塞尔创立的。是目前最科学的表色体系（图6-40）。

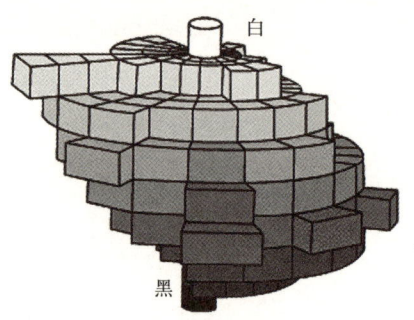

图6-40 孟塞尔色立体结构

1) 色相。孟氏色立体以红（R）、黄（Y）、绿（G）、蓝（B）、紫（P）5色为基础，加上它们的中间色相黄红（YR）、黄绿（YG）、蓝绿（BG）、蓝紫（BP）、红紫（RP），共10色为基本色相，再将每个色相细分为10个等级，分别用序号1～10表示，如此可以一共得到100个色相，各色相群的第5号色为该色相群的代表色相。如5R为该色相群的代表色相红色，1R为紫红，10R为橙红，位于色相环直径两端的色相互为补色关系。

2) 明度。位于中心轴的明度系列，从白至黑分为10级，白色为10，黑色为0，9至1是自浅而深的灰色渐变系列。孟氏色立体的每一纯度色相与其等明度的中性灰色水平对应，由于各种色相的饱和度的明度不等，故在色立体上的位置高低不一。

3) 纯度。纯度以中轴上的无彩色为0，离开中轴越远，纯度越高。不同的色相纯度等级也各不相同，10处基本色相中红色（5R）的纯度最高，在视觉中可以划分的等级最多，共有14个过渡色阶；蓝绿色（5BG）的纯度最低，只有6个过渡色阶。

(2) 孟塞尔色立体色彩表示法

孟氏色立体的表色符号中，H表示色相，V表示明度，C表示纯度。形式HV/C表示色相、明度、纯度。如5R4/14，5R为色相，4为明度，14为纯度。无彩色用NV表示，如NV代表明度为3的灰色。孟氏色立体的10个基本色相的表色符号为：

红：5R4/14　黄：Y8/12　绿：5G5/8　蓝：5B4/8　紫：5P4/12

黄红：5YR6/12　黄绿：5YG7/10　蓝绿：5BG5/6　蓝紫5BP3/12　红紫：5RP4/12

3.色彩视觉心理

不同波长色彩的光信息作用于人的视觉器官，通过视觉神经传入大脑后，经过思维，与以往的记忆及经验产生联想，从而形成一系列的色彩心理反应。

(1) 共同感受视觉心理

1) 色彩的冷暖感。色彩本身并无冷暖的温度差别，是视觉色彩引起人们对冷暖感觉的心理联想。

暖色。人们见到红、红橙、橙、黄橙、红紫等色后，马上联想到太阳、火焰、热血等物像，产生温暖、热烈、危险等感觉。

冷色。见到蓝、蓝紫、蓝绿等色后，则很易联想到太空、冰雪、海洋等物像，产生寒冷、理智、平静等感觉。

色彩的冷暖感觉，不仅表现在固定的色相上，而且在比较中还会显示其相对的倾向性。如同样表现天空的霞光，用玫红画早霞那种清新而偏冷的色彩，感觉很恰当，而描绘晚霞则需要暖感强的大红了。但如与橙色对比，前面两色又都加强了寒感倾向。

2）色彩的轻重感。这主要与色彩的明度有关。明度高的色彩使人联想到蓝天、白云、彩霞及许多花卉还有棉花、羊毛等，产生轻柔、飘浮、上升、敏捷、灵活等感觉。明度低的色彩易使人联想钢铁、大理石等物品，产生沉重、稳定、降落等感觉。

3）色彩的软硬感。其感觉主要也来自色彩的明度，但与纯度亦有一定的关系。明度越高感觉越软，明度越低则感觉越硬。明度高、纯度低的色彩有软感，中纯度的色也呈柔感，因为它们易使人联想起骆驼、狐狸、猫、狗等好多动物的皮毛，还有毛呢、绒织物等。高纯度和低纯度的色彩都呈硬感，如它们明度又低则硬感更明显。色相与色彩的软硬感几乎无关。

4）色彩的前后感。各种不同波长的色彩在人眼视网膜上的成像有前后。红、橙等光波长的色在后面成像，感觉比较迫近，蓝、紫等光波短的色则在外侧成像，在同样距离内感觉就比较后退。

实际上这是视错觉的一种现象，一般暖色、纯色、高明度色、强烈对比色、大面积色、集中色等有前进感觉，相反，冷色、浊色、低明度色、弱对比色、小面积色、分散色等有后退感觉。

5）色彩的大小感。由于色彩有前后的感觉，因而暖色、高明度色等有扩大、膨胀感，冷色、低明度色等有显小、收缩感。

6）色彩的华丽、质朴感。色彩的三要素对华丽及质朴感都有影响，其中纯度关系最大。明度高、纯度高的色彩，丰富、强对比，色彩感觉华丽、辉煌。明度低、纯度低的色彩，单纯、弱对比的色彩感觉质朴、古雅。但无论何种色彩，如果带上光泽，都能获得华丽的效果。

7）色彩的活泼、庄重感。暖色、高纯度色、丰富多彩色、强对比色感觉跳跃、活泼有朝气，冷色、低纯度色、低明度色感觉庄重、严肃。

8）色彩的兴奋与沉静感。其影响最明显的是色相，红、橙、黄等鲜艳而明亮的色彩给人以兴奋感；蓝、蓝绿、蓝紫等色使人感到沉着、平静；绿和紫为中性色，没有这种感觉。纯度的关系也很大，高纯度色兴奋感，低纯度色沉静感。最后是明度，暖色系中高明度、高纯度的色彩呈兴奋感，低明度、低纯度的色彩呈沉静感。

(2) 色彩的心理联想

色彩的联想带有情绪性的表现。受到观察者年龄、性别、性格、文化、教养、职业、民族、宗教、生活环境、时代背景、生活经历等各方面因素的影响。色彩的联想有具象和抽象两种：

1）具象联想。人们看到某种色彩后，会联想到自然界、生活中某些相关的事物。

2）抽象联想。人们看到某种色彩后，会联想到理智、高贵等某些抽象概念。

一般来说，儿童多具有具象联想，成年人较多抽象联想。

6.5.2 公共设施中色彩的意义

在人的五大感觉系统（视觉、听觉、触觉、嗅觉、味觉）中，以视觉为主。在视觉相关的产品形式中，包含着三大要素：形、色、质（材料）。在某种情况下，色的重要性要大于形和质。

当然，色与形、质是不可分割的整体，甚至相互依存，但色的作用是不可取代的。因为色彩相对于形态和材质，更趋于感性化，它的象征作用和对于人们情感上的影响力，远大于形和质。这在生活中不乏案例。产品一旦进入成熟期，技术上的竞争力就不明显，而继续维系其优势存在的是形和色。比如，电话机、卫生器、座椅之类的公共设施，一旦在技术上趋于成熟后，便竞相在造型上和色彩上求变、求新，以增加产品的附加值和竞争力。相比之下，色的变化比形的变化代价要小得多。款式的变化是有限的（受设计、制造与成本的制约），而色的变化是无限的，即便是同一种产品，通过色彩设计就可以造成完全不同的视觉效果。企业重新构筑了量产化方式与市场的关系，这也许就是现代量产化的雏形。如在企业里设置外观设计部门，配合组织化的企业营销战略，特别是还成立了色彩总体策划部门，根据人们特有的心理意识，以区别色彩方案的设计，其意义是深远的。尽管色彩战略究竟在多大程度上影响竞争对手的竞争力还不清楚，但至少企业，针对消费者需求设立色彩计划部门的举措是一个珍贵的启示：所谓商品，不仅具有功能品质，还应该具有综合品质。这其中就包含了色彩要素。

设计中的色彩是功能和情感的融合表达，在功能的表现上具有一定的共同认知个性（如红色表示警示，白色表示洁净）。有心理学及相关研究表明：人的视觉器官在观察物体时，最初的 20 秒内，色彩感觉时间占 80%，而形体感觉时间占 20%；2 分钟后，色彩占 60%，形体占 40%；5 分钟后，各占一半，并且这种状态将继续保持。可见，色彩不仅给人的印象迅速，更有使人增加识别记忆的作用；它还是最富情感的表达要素，可因人的情感状态产生多重个性。所以，在设计中恰到好处地处理色彩能起到融合表达功能和情感的作用，具有丰富的表现力和感染力。例如，由于色彩是影响感官的第一要素，因此，从城市公共交通角度寻找问题，采取必要措施，改变某些可能改变的城市公共设施的色彩，规范城市公共设施的色彩，是城市公共交通设施人性化改善的有效尝试。

色彩的意义远不止于此，以上所涉及的仅仅是宏观的意义，在具体处理产品色彩时还要根据具体目的，使色彩发挥不同的作用。

6.5.3　公共设施中色彩的作用

1. 辨认性

色彩的视觉感官因素，决定了色彩的辨认性特点。色彩是通过光反射到人眼中而产生的视觉感。色彩包括色相、明度、纯度三个要素。

色彩是一门复杂的学问，说其复杂，不只是因为色彩本身的多姿多彩，而且在于色彩可以随着人们情感的不同、认知的差异而千变万化。色彩的原理和特性已被人们自觉或不自觉地在各个领域中加以应用，并随处可以找到精彩的案例。我国城市很多传统特色旅游区里的公共环境设施通常会被漆成周围建筑的颜色，为的是与周边建筑的色调统一，使公共环境设施融于环境。如图 6-41 所示，在古老城墙与绿荫前安置的休息座椅，椅子的色彩采用了琉璃瓦的金黄色，装饰性的石柱成为椅子的间隔，使空间散发出特有的古朴韵味。而在一些现代步行商业街区里面

图6-41　古建筑旁的休憩椅　　图6-42　步行街上的休憩空间

的休憩设施则是以明亮鲜艳的色彩为主，与现代的形态结合起来，增加了公共环境设施的辨认度和对比度。如图步行街中间设置半围合的空间，与绿化景观结合起来，形成了和谐的休憩空间（图6-42）。色彩能唤起人们视觉的兴奋，激发人们的视觉想象。

利用色彩的原理、特征以及人们约定俗成的传统习惯，能够更好地辅助街道公共环境设施形态的设计。色彩同形态一样，也有语言功能，也能传达语言。如在垃圾桶的设计中，常用绿色表示可回收，黄色表示不可回收。这比单纯靠字体或图案表示更易被人们察觉和辨识。而且，许多指示性色彩已存在国际标准，如红色表示停止、绿色表示通行等。当然，地域、民族的不同，对色彩的感受和应用也有差异，如我国北方多喜用对比鲜明的色彩，而南方多采用比较单一、明度和纯度都较低的色彩。

2.象征性

色彩的象征作用是明显的，同时也是非常微妙和复杂的。不同民族、不同地区和不同文化背景的人，对色彩的理解是不一样的。但人类的感性具有共通的一面，对色彩的直观感受也存在着很多共性，这正是色彩产生象征作用的基础。色彩的象征性只是相对的，因为人对色彩情绪化的反应是不可测的。纵观时代的变迁，人性化的因素在不断增加，公共环境设施的色彩已逐步从功能化走向情绪化，越来越具有人情味。

象征功能的色彩有些是根据色彩本身的特性决定的，有些则是约定俗成的。如我国的邮筒用的是邮政专用绿色，而有的国家则是黄色或红色（图6-43、图6-44）。高速公路与普通公路的标牌色彩在欧洲一些国家运用不一，现在统一按照法国的公路色彩标准，即高速公路统一用蓝底白字，普通公路国道均用绿底白字。我国也逐渐采用这一标准。

另外，色彩的象征性还体现在地域上。如街道上的公共环境设施受区域建筑及环境的影响，色彩也应有相应的变化，有些色彩比较鲜艳，而有些则相对平和暗淡。如图6-45、图6-46，街道整体建筑色调采用黑白灰的色调，因此，采用了黑色框架结构的候车亭，并搭配醒目的红色座椅，既方便乘客休息候车，又给过往的人们增添视觉的美感。

3.装饰性

色彩具有装饰特性，不仅因为色彩本身具有美感，更重要的是，不同色彩之间的搭配，可以

图6-43　中国的绿色邮筒　　图6-44　日本的红色邮筒　　图6-45　候车亭

图6-46　候车亭内的红色座椅　　图6-47　休憩椅　　图6-48　红色指示牌

图6-49　世博园中的公共设施　　图6-50　世博园中的雕塑

产生对比、调和、节奏、韵律等特点，给人带来不同的视觉效应。色彩在公共环境设施上的应用日益丰富，即使设施本身更富有装饰性，同时也为装点美化城市环境起到了重要的作用。图 6-47 的休憩椅，从外观上来看，比较呆板，但是色彩的搭配让它的形态立刻生动起来，明亮的蓝色与座椅两侧的红色柱子形成对比，让人眼前一亮，也使周围平淡的空间增添了生气，活跃了空间气氛。又如图 6-48 中的红色指示牌，不但醒目，而且对周边的环境起到了很好的装饰作用。上海世博园里的一组雕塑也以其艳丽的色彩点缀着园区，形成一道道亮丽的风景（图 6-49、图 6-50）。

6.5.4　公共设施产品色彩设计

在"形式要素"一节中已叙述了形作为承载功能的要素在设计中的关键作用，色的因素也应包含其中。形色不可分，只是形在传达意义的时候，色被忽略了。人们认知一种产品的属性，往往看到或想到的只是形，但如果将色的因素抽去，对产品形的认知度就会降低或者被扰乱。例如，电脑、复印机、传真机之类，带有办公性质的产品多为灰、黑色系，这里面必然有色彩属性与形态属性相一致的原因。办公在产品的心理感受上归属于理性的范围，人们有先入为主地将某个色与某个形联系起来的习惯。随着追求感性化时代的到来，产品色彩化的倾向趋于明显，出奇出彩已成为产品设计的一种策略手段，利用人们潜意识中常常将形、色融为一体的特点，创造强烈的品牌形象。如苹果 G3、G4 电脑的外观设计，突破了人们对该类产品的一贯认识，一改电脑产品理性意味的形与色，赋予新产品以感性意味的面貌。如今，市面上有不少相同的设计，当人们将这种形与色的特征移植到其他类型产品上时，仍然是形色相随——将半透明的色和富于感性意味的形同时移植。

以上分析是强调人们在感性上对形与色的认知，而在实际的设计中要进行理性的判断。因为设计者在公共设施上使用的色彩，未必是自己所喜好的色彩，而只是一种运用色彩达到预期目的的手段。以下列举几项在产品设计时常用的手法：

（1）同一公共设施造型，用不同的色彩进行表现，形成产品纵向系列。

同一公共设施形态，用不同色彩进行各种分割（根据产品结构特点，用色彩强调不同的部分），形成产品的纵向系列。这种色彩的处理方法会在视觉上影响人对形态的感觉，即使是同一造型的公共设施，也会因其色彩的变化而对形态的感觉有所不同。

（2）用同一色系，统一不同种类、不同型号的产品，形成产品横向系列，使公共设施具有家族感，是树立品牌形象、强化企业形象的常用手段。即便是不同厂家生产的公共设施，营销企业也可以用色彩将其统一在本企业的品牌之下。

（3）以色彩区分模块，体现产品的组合性能。

（4）以色彩进行装饰，产生富有特征的视觉效果。

6.5.5 色彩构成美的原则

人们对美的追求是普遍存在的，公共环境设施中的色彩设计也应该体现色彩构成之美，体现色彩设计的形式之美。形式美在公共设施色彩设计中的呈现，是指构成公共设施的色彩和色彩之间相互关系所具有的形式美感染力。克拉夫·贝尔说："线条、色彩在特殊方式下组成某种形式，激起我们的审美感情。这种线、色的关系组合，这些审美的感人的形式，称之为'有意味的形式'。"从欣赏的角度上说，形式美就是审美主体对这种"有意味的形式"的感知。成功的设计作品，总是耐人寻味。当你的目光接触到对象时，就被深深地吸引住，你还未来得及看清某种事物的具体形象时，事物的整体感、基本元素构成所传递给你的信息，就使你被某种情绪初步感染，这就是形式美。

在实际生活中，人们由于所处的经济地位、文化素质、思想习俗、生活理想、价值观念等不同而具有不同的审美观念。然而单从形式条件来评价某一事物或某一视觉形象时，对于美或丑的感觉在大多数人中间存在着一种基本相通的共识。这种共识是从人们长期生产、生活实践中积累的，它的依据就是客观存在的美的形式法则，称之为形式美法则。在城市公共设施中的色彩设计应遵循普遍的形式美法则，主要包括整齐一律、对称均衡、节奏韵律、对比调和等。

形式美并不是一成不变的东西，人们对于形式的审美特性的规律性认识，也是随着认识的发展而发展的。和谐是形式美表现事物整体对立统一关系的完美形式，取得色彩和谐的途径也多种多样，可以概括为以下几个方面。

1. 和谐来自对比

从色彩视觉的生理角度上讲，互补色的配合是调和的，因为人在看某一色时总是欲求与此相对应的补色来取得生理上的平衡。伊顿说："眼睛对任何一种特定的色彩同时要求它的相对补色，如果这种补色还没有出现，那么眼睛会自动地将它产生出来。正是靠这种事实的力量，色彩和谐的基本原理才包含了补色的规律。"

2. 秩序产生和谐

由于人生活在自然中，来自自然色调的配色和连续性，就成为人视觉色彩的习惯和审美经验。自然界景物的明暗、光影、强弱、冷暖、灰艳、色相等色彩的变化和相互关系都有一定的"自然秩序"，即自然的规律。其变化是有秩序、有节奏、非常和谐的。人们都会不知不觉地用自然界的色彩秩序去判断色彩艺术的优劣。因此，色彩的调和是一种色彩的秩序。

3. 和谐产生节律

在视觉上，既不过分刺激，又不过分暧昧的配色才是调和的。配色好像谱曲，没有起伏的节奏则平板单调，一味高昂紧张则杂乱、反常。配色的调和取决于是否明快。过分刺激的配色容易使人产生视觉疲劳，精神紧张、烦躁不安；过分暧昧的配色由于过分接近模糊，以致分不出颜色的差别，同样也容易使人产生视觉疲劳，不满足、乏味、无兴趣。因此，变化与统一是配色的基本法则。变化里面求统一，统一里面变化，各种色彩相辅相成才能取得配色美。

4. 变对比为平衡产生和谐

配色的调和与色相、明度、纯度和面积有关。不同的颜色知觉度也不同。按照歌德的纯色明度比数，用黄与紫两个纯色来构成图案色彩的话，面积比是1:3。用红与绿两纯色来构成图案的话，它们的比是1:1。因此，配色中较强的色要缩小它的面积，较弱色要扩大其面积，这是色彩面积均衡的一般法则。当然，色彩面积均衡的取得是一种创造色彩静态美的方法，如果在一幅色彩构图中使用了与和谐比例不同的配色，有意识让一种色彩占支配地位，那么将取得各种富有感染力的配色效果。

5. 满足需求就是和谐

能引起观者审美心理共鸣的配色是调和的。各个时代、各个地区、各个时期，人们对色彩的审美要求、审美理想是不一样的。有时，一种新颖时髦的流行色是人们所追求的配色。不同的色彩配合能形成富丽华贵、热烈兴奋、欢乐喜悦、文静典雅、含蓄沉静、朴素大方等不同情调。当配色反映的情趣与人的思想情绪发生共鸣时，也就是当色彩配合的形式结构与人的心理形式结构相对应时，那么人们将感到色彩和谐的愉快。因此，色彩设计，必须研究不同对象的色彩喜好心理，分情况区别对待，做到有的放矢。总之，配色必须考虑到实用性和目的性。例如，用于交通信号、路标的色彩要求突出，故对比强烈的色彩相配最为适用。

第 2 篇　城市公共环境设施设计实践篇

7　城市公共环境设施的设计运用

7.1　交通设施系统设计

交通设施系统除交通管理设施（交通标志、交通信号设备、交警岗亭等）外，还包括人行天桥、停车场、交通候车亭、自行车架、止路障碍等。

7.1.1　人行天桥

人行天桥，是现代化城市中为改善道路环境，保证人、车的流动安全，提高通行率而设置的必要设施。人行天桥一般设置于重要的道路交叉处，是较大型的环境设施，对于周围环境有直接的影响。设计方面不仅要考虑机能，而且造型特点也是重要的因素。通常选用的平面造型为字母 H、I、L、O、T、X、U 形等。人行天桥的结构选型有桁架桥、吊桥、拱桥、斜拉桥等形式。桥面设施有休息座椅、照明设施、绿化容器、标志牌等，依据其所处的环境而选择，在过往行人比较集中，桥面宽度相对小的天桥，桥面设施以不设或少设为宜（图 7-1~图 7-4）。

图7-1　香港旺角街道连廊

图7-2　北京西单商业街连廊桥内部

图7-3 北京西单商业街连廊桥

图7-4 世博园中的高架步道

图7-5 日本地铁入口

图7-6 上海地铁入口

7.1.2 交通入口

交通入口是指道路与其他通道连接的入口。有地下街道入口、过街地下入口、地铁入口及地下商业设施的入口等。地下入口一般设置于路面交叉口的附近,方便行人通过、换乘。在设计上注意避免入口设施对其他环境空间造成的堵塞,最好设置于建筑红线以内,与地面建筑相结合。在城市节点处的地下入口宜露天设置,需与周围景观协调,附设相关设施(图7-5、图7-6)。

7.1.3 止路设施

止路设施是加强道路安全的各类设施。包括护栏、护柱、阻车装置、反光镜、信号灯、人行斑马线、隔离栏、段墙等。

由于在城市公共环境中,近来除了使用专用步行道以外,步行、汽车共用的道路日益增多。过去一般仅设置于交通十字路口和繁华街的止车障碍,因蛇形步行道的出现而成为常见的设施,体现了人们意识的发展变化。在蛇形步行道和休息场所设置护柱,这种步车共存的道路反映了城市新的环境设施的发展。

　　止路护栏为强制性与示意性的柱栏,常作为限制车辆通行、标明界线、划分区域而凸出地面上一系列的垂直障碍物。我国原来所使用的护栏常带给人们不愉快的心情,特别是道路较狭窄地区,在护栏内侧人行道上设置电线杆和有关道路标志,给行人带来不便,并且影响了城市的美观。在欧美国家,除了汽车主干道外,一般街道已极少设置护栏,而改用护柱。护柱来源于码头的系船柱,由于形体相似而得名。一般每2～3m宽设置1柱,给步行者构造了安全的空间。它与使人、车完全分离的护栏不同,在护柱之间人、自行车可以自由地行动。带缆柱(双系柱)最早产生于欧洲,当时为了在主广场使行人和马车分离而使用。作为分离的手法,壁状、线状为主的带缆柱空间处理而形成屏障,但从视觉上无阻碍,表现了柔和的空间,与环境易统一形成整体性。

　　止路设施既然已成为构筑街道的景观,则护柱、护栏等止路障碍设施的设计就愈显重要。在设计护柱的高度、造型、色彩、材料及设置场所、间距时,应根据环境而加以精心地设计(图7-7～图7-9)。

图7-7　金属护柱

图7-8　石材护柱

图7-9　造型独特的护柱

在交通安全方面，夜间的止车设施应设置反射光板，或者以照明形式设置于护柱上，常常使用脚灯照明（便于识别）。一般栏柱高度为 40～50cm，或 70～120cm，护柱的造型多采用圆柱形为主，材料一般采用混凝土、石、金属等制造。

段墙在管理系统中作过介绍，在交通系统中，段墙和护柱都是限制性的半拦阻设施，具有一定的空间分划和导向性能，并可起到净化视觉空间和丰富景观的作用。段墙是实墙的一段，因此可看作是墙栏的一部分。虽然它们并不具备墙栏那样的围蔽能力，设置范围也相对有限，但在城市公共空间中是运用前景相当广阔的一对环境设施。

段墙通常运用于庭院、园林、广场，与建筑关系比较密切，既起着局部遮蔽和透景的含蓄作用，又有明确的导向功能。段墙的平面线型可以是直线、折线、L形，也可以是自由曲线。

7.1.4 地面铺装

地面铺装是城市环境中最为常见的设施，是人们为便于交通和活动而人工铺设的地面，具有耐损防滑、防尘排水、易管理的性能。

1. 铺装材料

地面常用铺装的材料有沥青、混凝土、花岗石、花砖、乱石、砂土、木、草皮、合成树脂等。其中城市道路硬质材料铺装有以下方式：

① 现浇地面铺装。沥青铺装的路面具有非常好的平坦性，对各种路基有较好的适应性。由于施工速度快，施工封闭时间短，不反射阳光，因而用途广泛。水泥混凝土铺装具有良好的耐磨性、耐油性和耐冻结性。其灰色表面有利于夜间照明，但有反射阳光强的缺点。水泥混凝土铺装的施工技术要求较高，施工封闭时间长。② 块材铺装。水泥预制块铺地一般有预制磨石、艺术水磨石、水泥地面块、砌块、砖材等，适用于广场、停车场、步行道。混凝土预制砌块具有一定强度、耐磨性，透水性良好。有正方形、长方形、六边形、圆形等多种形状造型，材料表面呈现出各种模制花纹或自然的条纹，与色彩配合可用于广场、人行道、庭院等环境的铺装。③ 弹性材料铺装。色彩鲜艳、弹性耐磨的塑胶材料，适用于儿童活动场、运动场、散步道等场所。在历史和环境保护区域、滨水地段铺设木栈道。

2. 地面铺装特征

（1）铺装场所的不同决定了铺装表现手法的迥异。地面铺装在环境中常常是衬托建筑、设施、景观小品的背景，其色彩必须与环境统一协调。通过色彩、质感、尺度、拼接的图案纹样达到增强地面设计的效果。铺装的图案会产生很强的静态感，如在休闲区和公园等处可形成安静的气氛。铺装图案可增强空间的方向感、开阔感，如用石块、卵石等按同心圆放射状形式铺地，在广场的中央会产生强烈的视觉效果，更加突出广场中心的喷水、雕塑等。用不同的材料、色彩、图纹作为不同道路的铺石表示道路的区别，如园林散步小路经常以小圆石组成植物、动物图案铺地，欧洲各国的人行道常以较大的石材铺地，利用抽象纹样较多。

（2）在公共地区设置标志化的铺装，具有公共标志的传达、限定、引导功能。如交通十字

图7-10 具有装饰性的地面铺装　　图7-11 人行道与踏步统一的铺装　　图7-12 澳门街道的铺装

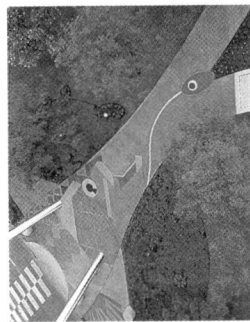

图7-13 装饰性的地面铺装　图7-14 金属数字的地面铺装，极富设计感　图7-15 上海淮海路的地面铺装

路口的横行道路面、停车场车位的限定、盲人踏步、候车亭及银行的黄线等（图7-10～图7-15）。

（3）城市空间的时空性也可通过铺设为人们提供良好的视觉转换、引导及视觉聚焦等，使城市地面空间形成连续的景观映像，避免视觉的疲劳。

3. 设计要点

（1）人行道路铺装

人行道以行人步行舒服、方便为目的。由于场所的要求不同，其所使用的表层材料也有所差别，但防滑性要求是首要的。公共场所的人行道基础先以毛石、砂填层等使其坚实再铺面层，材料有石、砖等。庭园、园林的道径，简单的基础即可，表面材料以砖、石、卵石及各种混凝土预制块等为主，可构成席纹人字、图纹间方等图形。在居住区的人行道上，砖石的排列应尽量单纯些，体现宁静感。商业步行街的砖石排列应形成醒目的纹理，甚至可以用广告、吉祥图案等制成信息块材嵌于人行道上。

（2）车道铺装

市区的车行道路与高速公路的铺设要求不同，可以不必保持路面铺装的连续性，可利用凹凸、夹缝、材质等变化丰富路面铺装效果。但所铺装的材料应比人行道使用的材料有更高的抗压强度和耐磨性。砌缝与基底垫层的处理应考虑气候温差的影响，温差大的地区应每6～9m^2面积留有一定缝隙。

作为交通线路上的节点——交叉路口的铺装，要与周围路面表现不同，以引起司机的注意。居住区和单位的出入口、坡道、桥梁下道等路面上铺设了减速带，对交通安全起到一定作用。

(3) 广场铺装

整体多采用尺寸大的方砖、石板、预制混凝土块材料等。其铺砌方法与人行道方法相似，但应注意广场铺地应给人以方向感，通过纹样布向和铺砌的图案，引导人们通往目的地；广场铺地应与周围的环境，特别与建筑物有良好的协调性；尽可能创造出该地区特点的铺地景观；注意避免材料引起的眩光；广场由于场所较大，应掌握铺地的尺度，特别在色彩、材质的选择和铺地装砌块的拼缝设计上，应与空间尺度相适合。地面砌块嵌缝上以 10mm 宽的凹缝，加强地面尺度感；较大场地可以数块材料组合为一组，使拼缝嵌平，也可取得较大尺度感；大的场地以 300mm 宽的不同色彩、质感的砌块，围绕一大组砌块的周边作拼缝，以取得更大的尺度感。

7.1.5 公交车站

轻轨车站、地铁车站、公共汽车终点站等是为交通提供服务和管理的小型交通性建筑。它们是城市交通系统中，行人与交通工具的连接点。在城市公共环境中，公共汽车站也是对城市的视觉形象有影响的元素之一。作为有秩序的环境设施，它不仅能改变街道的混乱现象，还能够为人们提供候车、上下车、换乘时的安全性和方便性，获得所需交通信息。

1. 公交车站的组成与设置

一个标准的公交车站一般由站台、遮阳顶棚、站牌、隔板、公交线路导引图、防护栏、夜间照明设施、座椅、垃圾箱、烟灰缸、广告设施及无障碍附属设施组成。候车亭的造型主要有顶棚式和半封闭式两种。顶棚式，只有顶棚和支撑柱，四周比较通透，有的在立柱之间设置座椅或广告牌等。这种形式适宜空间小、街道窄、人流多的环境。半封闭式，是从顶棚到背墙一侧或两侧面均采用隔板来明确分隔外界空间，隔板上有公益广告、城市交通方位图，使乘客能方便地确定自己的位置，同时免受风雨之扰。这种类型在欧洲是较为常见的形式。

2. 公交车站的设计

候车亭一般采用不锈钢、铝材、玻璃、有机玻璃板等耐气候变化性、耐腐蚀、易于清洗的材料。有的候车亭采用环保材料，利用太阳能低压供电系统，不仅满足了功能的需求，节约了能源，还使候车亭成为夜间环境的景观亮点（图 7-16、图 7-17）。

图7-16 与其他设施结合，不仅增强了使用功能，也体现设计的人性化

图7-17 广告灯箱照明，方便了乘客夜间观看信息

图7-18 不同形式的自行车架

(1) 信息板上要注明时刻表、终点站、价目和充分的换乘信息。

(2) 公共汽车站的设计不仅研究其建筑立面的视觉效果，还必须考虑从高而下俯视的视觉效果，注意易识性和自明性。公共汽车站按交通要求设置，不同类型车辆、不同路线的车辆应在色彩上有所区分，尽可能使站牌与车辆色相一致，易于识别，比例尺度适当。

(3) 要注意与环境的调和，不过于突出。

7.1.6 自行车架

虽然私家车的拥有量增长快速，但我国是世界上自行车生产、消费、出口的大国，且家庭拥有量达 2 辆/户，目前自行车仍然是大众性的交通工具之一。在各单位、学校、公共活动场所等都设置自行车存车处。如何正确放置自行车成为城市交通、景观环境急需解决的课题。以下介绍自行车架的设计要点。

(1) 自行车架的设计形式：①以预制混凝土制成嵌入轮槽的车架，安装简单，无影响视线的柱子；②由卡放车轮的钢筋、金属支撑架，支撑住车轮两侧；③兼作树的护栏的围绕树木的带槽预制混凝土板，斜放、平放均可。

(2) 提高自行车架的空间存放率，要求使用方便，讲求满载和空载的视觉效果。

(3) 自行车架除了排列美观，还要坚固耐用，与周围环境相宜（图7-18）。

7.2 照明设施系统设计

人类对于环境的感知离不开光线，光也能够改变周围的环境。在城市环境及公共艺术设计中的光环境概念，不是指物理学意义上的光现象，而是指环境美学意义上的光现象，其实质是对建筑环境的形态塑造。

光可分为自然光和人工光两大类。原本普通的建筑结构在自然光的照射下，铺洒的阴影使结构本身的立体感增强，形成了视觉上的虚实对比，强调了建筑的节奏感和空间的深度，给人以简明的意象。若利用人工光，则可将光源隐匿起来而突出光本身的特点。不同种类、不同照度、不同位置的光具有不同的表情，光和影本身的效果，完全可以创造出不同情调的气氛。

随着人工光源技术的进步，灯光环境设计越来越丰富，使得城市空间设计层次与变化也愈加多样。许多城市公共空间中先进灯光照明效果的创造，就是利用光的超强的艺术表现力（如路灯、广告灯、霓虹灯、商业橱窗、广场灯塔、桥塔投光照明及建筑立面照明雕塑照明、流动的车灯等），构筑了城市夜晚迷人的景致，创造出完全不同于白天的城市景观。光本身具有透射、反射、折射、散射等性质，同时又具有质感和方向性，利用光会产生如强弱、明暗、柔和、对比、层次、韵律等多种多样的表现，也会赋予人们不同的心理感受，如凝重、苍白、心怡、舒畅等。

公共环境照明不仅有利于提高交通运输效率，保障车辆、驾驶员及行人安全，而且在美化城市环境中起着重要作用。我国的许多大城市通过大规模城市环境开发，正逐步向着国际化迈进，使城市环境公共照明系统设计水平得以迅速地提高，灯光环境成为现代城市的主要特征之一。

7.2.1 公共环境照明方式

公共环境照明一般以泛光照明和灯具照明为主，建筑物的室内透射照明是常在商业商务环境空间及标志性建筑等上采用的方式，在街道、广场、机场、公园及商业街等不同的场所使用不同的投光照明设备。照明器具有投光灯、泛光灯、探照灯等。

1. 泛光照明

泛光照明是指使用投光器映照环境的空间界面，使其亮度大于周围环境亮度的照明方式。泛光照明形式对塑造空间、形态、界面和材质效果等具有很强的表现力，使空间或形态富有立体层次感，较易构筑、创造出美丽动人的光环境。

泛光照明的光源一般使用白炽灯、镝灯和色灯。灯具一般采用投光器，在其表层要求安置灯罩或格栅，以避免眩光。通常投光器较适宜布置在隐匿处，适用室外环境的各种场所，可作宣传、广告及装饰性照明，使用于公园、建筑、中心广场等处。

2. 灯具照明

灯具照明是指在环境空间中利用灯具的造型、色彩和组合，以欣赏灯具为主的照明方式。灯具具备较强的表现力，表现在造型上可以和水池、雕塑、建筑和景观等紧密结合，因而能改

图7-19 上海外滩的夜景充分展现建筑体征

图7-20 香港维多利亚港夜景灯光效果

善环境效果,强化夜间视觉景观,创造点状的光环境。

城市夜晚照明水平是一项综合性系统工程,如果不重视电光源、灯具、照明设计和总体环境设计的综合研究,城市照明就难以达到完美的环境景观功效,也难以服务于市民生活、美化城市,甚至会造成能源浪费。上海在城市建设中对重点地区和不同街道实施了相应的环境塑造,也取得了突出成就。外滩和东方明珠塔的系统光环境塑造,给每一位光临这座城市的人留下了深刻的印象(图7-19、图7-20)。

7.2.2 公共环境照明设施设计与表现

以下就城市中的主要照明方式结合其对环境的功能作用进行简要介绍,并探讨有关照明设施的问题。

1. 道路照明设施

道路照明是环境照明的重要组成部分。决定道路照明质量的有以下因素:路面平均亮度;眩光;引导性照明排列指标及亮度的均匀性等。

路灯是城市环境中反映道路特征的照明装置。城市广场、街道、桥梁、地下通道、高速道路、住宅区和园林路径中,路灯有序地排列着,为夜幕下的城市提供交通照明之便。路灯在城市照明中数量最多、设置面最广,并在城市空间中起着分划和引导的重要作用(图7-21)。

路灯主要由电光源、灯具、灯杆、基座和埋设基础五部分组成。包括柱杆照明和悬臂式高柱杆路灯照明(图7-22)。

悬臂式高柱杆路灯照明方式分单叉、双叉、多叉式形态,光效率高。此类灯具的配光有三种类型:①截光式。光分布集中于0°~60°之间,无眩光,但灯柱应增多,适用于高速公路等。②非截光式。光分布于0°~80°之间,光强值较高,由于配光较宽,适用于明亮的场所、中

图7-21 路灯具有分划空间的重要作用

图7-22 柱杆照明

图7-23 各种柱杆照明

心广场等。③半截光式。介于截光式和非截光式之间,广泛用于一般道路照明。

(1) 灯杆照明

照明器配置在高度为15m以下的灯杆顶端,以一定间距沿着道路设置。这类灯具无保护角,式样简单,损光性小,经济适用而具有灵活性,可根据道路线型变化而配置照明。有悬挂式和悬挑式两种布灯方式,悬挑式包含单侧布置、双侧交错布置、双侧对称布置和中心对称布置四种类型(图7-23)。

照明灯配置以7~15m高为宜,照明灯具采用倾斜角度,角度控制在5°为宜。照明器具外伸部分一般为1.0~1.5m。照明器具的高度、间距和配置方式可根据道路的要求安排,但灯具基本的设置距离为30~40m(图7-24、图7-25)。

(2) 高杆照明

高杆照明是指一组照明器安装在高度为20~40m的灯杆上,进行大面积的照明。其间距一般在90~100m。多设置于立交桥、交通交汇处、高速公路的立体交叉区、广场等场所。高杆照明的特征如下:

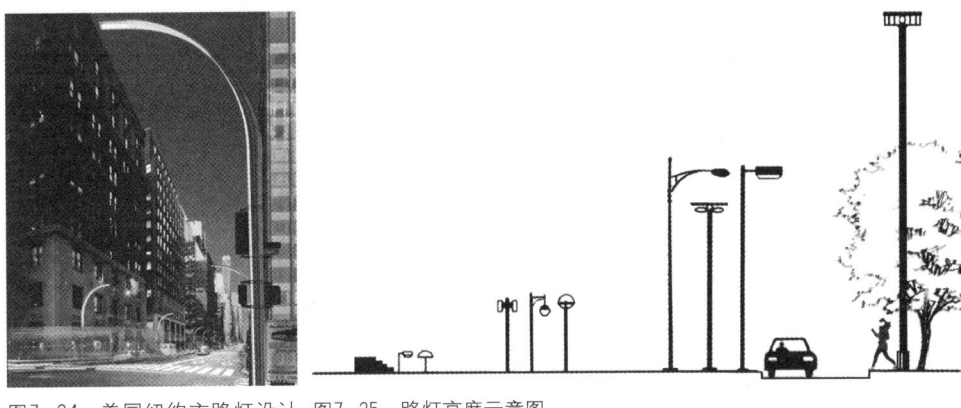

图7-24 美国纽约市路灯设计比赛获奖作品　图7-25 路灯高度示意图

1）高杆灯属于领域照明的装置，照射范围广，下面亮度均匀，具有导向性强的焦点和地标作用。

2）高杆照明有固定式、升降式两种，由于安装在车道外，便于维修、清扫而不影响交通，提高管理效率。

3）高杆照明方式简洁，眩光少，可以兼作景观照明，还能起到节能效果。

4）高杆照明的缺陷是投射光线溢出严重，导致光通量利用率低，初始投入大。

2．装饰照明设施

装饰照明用于建筑立面、园林树丛、桥梁、商业广告和城市装饰设施中，其主要功能是衬托景物、装点环境、渲染气氛。在大型的或有多组装饰照明的区域如繁华商业街，由于其兼具道路照明的作用，在夜晚易形成引人注目的环境区域，成为吸引游人的重要因素。美国著名建筑师波特曼认为："在一个空间周围的光线能改变整个环境的性格。"光的强弱虚实会使空间的尺度感改变。

根据装饰照明灯具的不同设置方式和照明目的，可将其分成两类：

第一类是隐蔽式照明方式。其光源（或灯具）被埋设和遮挡起来，只求照亮、衬托景物的形体和内容。比如，园林树丛草坪中的埋设灯具和某些低位置灯具，应尽力避免突出自身的造型和光源所在位置，只需勾画出石、花、木的引人入胜之处；建筑物外围的射灯应该对建筑外墙和立面特色加以刻画；某些嵌入灯具的标志、广告，其内容要以直接或剪影的形式表现出来。隐蔽照明还广泛用于城市装饰设施中，如喷泉、水池、壁饰、雕塑、计时装置、花坛、护柱、踏步、护栏等（图7-26、图7-27）。

第二类是表露式照明方式。这类经过设计配置的灯具，以单体或群体表现，造成夜晚独特的灯光景观。如园林中的石灯，水池中的浮灯，广告橱窗中的霓虹灯，节日的灯笼、激光束和探照灯，建筑外墙的串联挂灯，商业建筑立面和地面的发光板，某些与灯具同台共演的雕塑、灯光喷泉及造型艺术等。环境中的单体表露照明，除突出表现环境气氛外，还应注重灯具及支撑体的艺术造型。如果是群体，则以整体造型和色彩组织为主（图7-28、图7-29）。

图7-26 广州花城广场夜间照明

图7-27 圣诞节日的装饰照明

图7-28 天津北安桥的灯光景观

图7-29 草坪灯照明

(1) 公园照明

公园是市民进行文化交流、休息、运动及其他社交活动的重要场所，已经成为传达、获取自然信息的主要窗口。公园对美化城市面貌和平衡城市生态环境、调节气候、净化空气等具有积极作用。因此，公园照明就是公园设计的重要内容之一，是公园环境设施的构成部分。公园照明的特点是照明效果与自然相协调，如以求安全为主要目的的明视照明；以求与白天完全不同气氛的夜间饰景照明；以求表现环境特点的显示照明。

1) 显示照明

以公园的开阔地带、绿化区域为中心的照明。由于要求表现公园主要场所的特点并满足人们集结的需要，此种照明可使用光源为 5~12m 高的柱杆式汞灯照明。

2) 饰景照明

其表现手法较丰富：通过亮度对比表现光的协调；利用明暗对比显示出植物的深远层次；以环形光照射草坪、花坛形成有韵律的图形；利用低照度的照明光源构筑安定的环境气氛；利用显色性适当的光源表现树丛和物体的真实色彩和质地特点；为了创造均衡的光效应，应充分考虑种植绿化的分布和空间性格。

3）不同照明方式的适用范围

柱杆式照明适用范围见表7-1；脚灯式照明适用范围见表7-2。

柱杆式照明 表7-1

设施种类	特 征
高杆柱照明	适用于照射公园绿地、广场及种植植物丰富的场所。一般用高15～30m的高杆柱的投光灯照明
中杆柱照明	主要照射公园内道路、广场周围环境。一般用高10m左右的扩散型灯具照明
低杆柱照明	适用于公园的步行路及分散绿化群之间。一般用高4～6m的扩散型灯具，光扩散少，光照效果较好

脚灯照明 表7-2

照明方式	脚灯式特征
垂直照明	一般以高10～100cm左右的脚灯照明。特点是构筑绿化群的气氛。适用于花坛和种植绿化带及园路
扩散照明	设置于树丛中及池边等处，使植物树丛产生明暗并使整体公园绿化产生柔和感

（2）商业街照明

商业街是人们生活购物、休闲、娱乐、交往等活动的重要场所，故商业街照明以确保安全、满足购物机能、提高生活环境的舒适性为目的，发挥适应机动车与行人交通要求、承载各种信息的作用。

商业街照明一般使用照度与商业街协调，色温度、显色性较高的光源。商业街照明包括了商业建筑、设施、商店招牌、广告等综合性的照明与街灯照明（图7-30～图7-33）。

1）商业街照明一般方式

①串联式照明。有固定式、悬挂式两种。固定式照明采用定型的灯具，灯距一般为60cm，灯泡功率以15W为宜；悬挂式照明多用于建筑四角，采用防水吊线灯头，连同线路悬挂于钢丝绳上。灯距一般为70cm，距地面高度3m以上。串联式照明适用于显示建筑的外轮廓和增加建筑的装饰性，可根据实际需要配置数量，构成统一的空间气氛。

②投光灯照明。一般应用于建筑物表面的照明，给予建筑群体一定的色彩，形成统一的色调，有效地充实建筑空间机能，创造夜晚建筑的美感，渲染城市商业街气氛。投光灯照明方式应考虑

图7-30　重庆商业街的照明设施

图7-31　日本新宿商业街的照明设施

图7-32 武汉光谷步行街的照明设施　　图7-33 广州上下九步行街的照明设施

需要照射建筑的立面照度水平。建筑立面照度水平由其材料的反射率及周围环境的明暗程度决定。

投光灯的安装位置应根据建筑形体和周围环境而定，光源投射方向与观看方向应构成一个角度，才可获得立面突出的效果。为了表现建筑物的立体感，方形、矩形的建筑物光的入射角应小于90°；具有深凹变化的建筑立面，光的入射角以0°～60°为宜；建筑立面平整，光的入射角为60°～85°；为了清晰表现建筑立面的结构和细部，光的入射角为80°～85°。圆形的建筑物可设2、3个投射点，采用窄光束、中光束投光灯，光的入射角为90°以内（图7-34、图7-35）。

③装饰性霓虹灯照明和挂灯照明方式。各种霓虹灯沿建筑轮廓边缘进行设置，可获得一定的美观效果，突出建筑的形体，构筑热烈、活泼的环境空间。使用挂灯照明，构成各种形状的灯光效果，增加了生动和活跃的气氛。

2）商业街照明的设计要求

①应注重结合具体街道情况及两侧的建筑物特征，形成各自不同的风格的灯光环境。

②应做好整条街道照明的整体规划设计，突出重点的同时，照明还应该呈现出层次。例如，高层的大型霓虹灯、灯箱等；中层的各种标牌灯光、霓虹灯、灯箱广告等；低层的小型灯饰、橱窗照明、POP广告灯光、脚灯等。利用变色、变光、动静结合的设计手段，营造出绚丽的、有机的整体氛围。

图7-34 广州花城广场投光灯照明，以增加夜间建筑物的美感　　图7-35 武汉光谷广场投光灯照明

图7-36 世博园广场照明　　图7-37 西安大雁塔广场灯光夜景　　图7-38 广州花城广场绿化景观照明

③设置灯的方向以垂直于行人视线为原则，考虑结合人体的尺度。可对街道入口的构筑物、小品、绿化等进行单独布光，塑造节点效果。

(3) 广场环境照明设施

广场具有面向社会的开放性、公共性。广场除了雕塑、喷泉、绿地等环境设施外，特别是夜间照明成为广场不可缺少的环境设施，营造不同于白昼的意境。为此其照明不应仅利用单一方式，可统筹各局部的照明，形成整体性的照明效果。

广场分为交通广场、集会广场、商业广场、休闲广场等，是人、车、物聚集的场所。在广场各部分由于功能的区别而使用不同的光源。在人们聚集的区域，可使用显色性良好的光源；在车辆通行的道路上则使用效率高的光源，集会广场作为节日人们聚集的场所，采取高柱杆的投光照明是有效的，但为了避免眩光可使用格栅或者调整照明的照射角度。

广场照明的设计要求：

1) 应着眼于广场的大小、形状、性质及环境氛围，从而确定照明方式、塑造照明气氛及创造光环境的艺术格调和情境。在利用照明方式上，高、中、低柱照明和脚灯照明等互相配合，以烘托出广场气氛，表现广场和周围环境的特有性格和状况（图7-36～图7-38）。

2) 广场照明的光亮度、光的色彩应注意与周围建筑物照明风格相协调。为了取得照明的理想效果，按照被照明物表面材料的反射系数和周围情况决定照明的照度（表7-3）。

广场照明的亮度及材料反射系数参考　　表7-3

表面材料	反射系数（%）	环境状况	
		明	暗
		照度lx	
明亮色的大理石、白色、乳白色陶瓷材料、白色的石膏灰抹墙	70~80	150	50
混凝土、水泥砂浆、灰暗色石灰石、砖	45~70	200	100
灰暗色石灰石、深色砖、砂石	20~45	300	150
红砖、褐色砂石、带色木板瓦	10~20	500	200

图7-39 南昌秋水广场音乐喷泉照明

图7-40 柳州市民广场雕塑照明

3) 在设计广场中各种雕塑体、纪念碑、喷泉等的照明时，应突出表现主体，彰显它在夜晚的作用，使聚焦主体和周围附属环境设施形成明显的对比。同时，通过光影绝妙映射处理，适当表现主体形态的细部，以显示它们的立体感和层次感，形成环境中的视觉中心。此类光环境以采用泛光照明形式较为适宜（图7-39、图7-40）。

我国目前环境照明使用的电光源为：白炽灯、高压汞灯、低压汞灯、高压钠灯、低压钠灯、卤钨灯、金属卤化物灯等。其中常用的电光源为寿命较长、使用方便、经济、具有高发光效能的白炽灯、高压汞灯及高压钠灯等（表7-4、表7-5）。

常用电光源　　　　　　　　　　　　表7-4

电光源	特　征	应用范围
白炽灯（包括反射型的碘钨灯）	光源的显色性强，适合投照红、黄等色。灯具轻便，但使用寿命较短。普通白炽灯泡的型号为：PZ220—40（PZ为普通白炽灯泡，220为灯泡的额定电压，其单位为V，40为灯泡的额定功率，其单位为W）	适用广泛，一般应用于无有害气体的环境中。道路环境照明白炽灯一般为40W、60W、100W，个别场合下使用500W、1000W大功率灯泡
高压汞灯	具有较高的光效和高寿命，经济性较强	它是道路、小区环境等场所的主要照明电光源，照射树林、草坪等植物，使之产生鲜艳夺目的效果，400～2000W的光能适合投照不同规模的园林
高压钠灯	光照效率高，难以真实反映绿色植物的色彩和物体的质地。高压钠灯使用寿命较长，国际为16000～24000h，国内8000h以上	适合投照面积广阔的场所，已为当今道路环境广泛使用
金属卤化物灯	光照效率高，显色性强	适合游玩、娱乐区域，光照效率高，显色性强，广泛使用
荧光灯	光照效率较低	适合小范围的照明，适用于温度低的地区和冬天

配用不同封闭式水下灯泡灯具的性能　　　　　　　　　　表 7-5

光束类型	型号	工作电压(V)	光源功率(W)	轴向光强(cd)	光发散角(°)	平均寿命(h)
狭光束	FSD200—300(A)	220	300	≥40000	<25水平>60	1500
宽光束	FSD220—300(W)	220	300	≥8000	垂直>10	1500
狭光束	PSD220—300(H)	220	300	≥7000	<25水平>30	750
宽光束	FSD 12—300(N)	12	300	≥1000	垂直>15	1000

7.3 管理设施系统设计

管理系统作为环境构成要素的环境设施，在城市建筑规划中起着越来越积极重要的作用。在城市环境中，控制设施、电线柱、配电柱、消防管理设施、管理亭等均属环境设施管理系统范围。现在的城市构造以道路为基础，并保存着面积较大的公共空间，与此相适应配置了各种多样而复杂的管理系统环境设施。尽管人们对这类环境设施在街道中的存在越来越重视，但目前在规划设计上存在不少问题，特别是这类管理系统环境设施开发迟缓。随着现代城市的发展，管理系统环境设施设计在城市整体规划中将逐步完善。

1．控制设施

拦阻与引导是控制设施的两大功能，这种看似矛盾实则又统一的环境设施，在城市环境规划中发挥着不可置疑的作用。当设施的物理特征发生改变时，引起拦阻与引导成分的相应改变。拦阻功能增加则意味着引导作用减弱，反之亦然。

管理系统中的边界、拦阻、隔离等是公共设施设备范畴中必不可少的一部分。阻挡设施一般根据材料、高度和宽度分为硬性阻挡、规劝阻挡和警告阻挡三类。硬性阻挡通常采用硬质材料，并有一定高、宽度，强制性地指导人们的行为，如高大段墙、密实绿篱、宽远沟渠等。规劝阻挡设施的材料多以软硬材质相结合为主，设施的高、宽度尚可，一般都能跨越，主要起规矩和限定的作用，具有命令性的特点。其中以栏杆、绳索、矮篱等最为常见。警告阻挡本体并不妨碍人们的穿行活动，一般通过地面的高差变化与限制、色彩和材质的变化进行暗示，借以阻隔人车的逾越。拦阻隔离包括强制性阻隔和限制性阻隔，它们可用栅栏、护柱、绿篱、墙垣、段墙、花坛、沟渠等组成。

(1) 绿篱、栏杆

绿篱因其具有绿化、净化、美化环境的功能，又能分隔空间，所以在营造构筑空间氛围中可起到明显的边界效果。

由于围栏表露面积大，且占有一定高度，在城市空间中起着较强的限定和引导作用。进行围栏设计时，要使它的形态、色彩、高度、材料等与被围限环境的性质、特点相呼应，具有统一感。如果不需要阻挡外界视线，则以通透的栅栏为宜，但应注意栅栏立杆的间隙和高度要得当，不致给儿童穿越时带来意外。

墙栏的顶端处于邻近行人的最佳视野内，需要注意这一部位的细部处理。现今，那些搞成尖刺或端头朝外等威胁性造型逐渐被拆除。在风景区中，较高墙栏的色彩不要过于明丽，应使之从属于园内的绿景。在有历史和文化特点的区域，实墙和漏墙的外装材料最好能与街道地面铺装的古朴素雅的气氛相协调，以取得空间感的延伸和扩大。在城市公共空间中，草坪、花池需要一定的饰边或分隔。

(2) 段墙

墙垣、段墙以及建筑物的外墙，均具有极强的边界和阻隔功能。段墙分为实墙、漏墙、栅栏等。段墙通常设置于广场、园林、庭院，对场所环境既起着阻隔、屏蔽与透景的作用，又有划分和导向的功能。正如日本建筑学家芦原义信所说："30cm 高度的墙，人们可以较平稳地坐在上面；60cm 高度的墙，人可较随意地坐在上面；90cm 高度的墙，人可扶在上面；120cm 高度的墙，人可以靠在上面；而超过 180cm 的墙，则完全阻隔了人们的视线。"墙的不同高度具有不同的作用，这完全取决于环境需要。

段墙墙顶不一定平直，而且漏空部分可以起自底端，就如同过廊。段墙有时在公共场所空间环境中为了提高其装饰和感染力，经常采用在墙体上开洞窗、洞门，进行花格处理的办法，对墙表材料的色彩和肌理做艺术构成设计，与雕塑、喷泉、水池、绿化、装饰照明等环境设施结合，使其呈现更为多姿的形态。

(3) 沟渠

运用沟渠进行拦阻隔离也不失为一个较理想的边界效果。沟渠是凹陷式拦阻设施，一般多见于居住小区和文化教育机构比较集中的地段区域。沟渠在对空间实施拦阻的同时，也为人们所必需的室外活动的细部环境创造优美的动感因素，起到强制性拦阻的作用。它的主要特点是不遮挡视线，使沟渠内外景物彼此沟通。但为防止行人跌入，在沟渠两侧还需附加绿篱、栏杆或护柱以及照明等设施。在某些场所中，凹院（下沉式广场、花园等）和水池也可以起到类似于沟渠的拦阻作用。

(4) 防声壁

汽车家庭化的加快使之数量激增，高架桥的延伸，噪声已经成为"道路公害"中的主要问题，对沿道居民的生活带来很大影响。国外的改善方式除将部分路段下沉设置、人为限制车辆噪声、改善车况路况外，还可在道路两侧设置消减噪声的设施，如小品建筑、广告看板、树木、土坡等。其中防声壁是效果最为显著的设施。

防声壁是用来遮挡声音的墙壁状构筑物，它的高度由道路面幅及建筑物位置所决定，通常为 3～5m。防声壁的长度为沿道建筑群的总长与两端延长部分之和。其构成由基础、支柱、遮声板、板内填充材料等组成。遮声板的消声形式分为反射型和吸声型，如金属材料面层加设玻璃棉穿孔板、混凝土板，在风景观光区域可以采用有机玻璃和聚碳酸树脂等半透明材料。

在防声壁设计中应注意以下问题：

1) 防声壁可使道路外侧的日照和通风受到阻碍。

2）采用色彩明快的遮声板材，沿防声壁内外种植树木，对遮声板表面进行某种个性化艺术处理，可减弱对道路内外形成压迫感和对景观、心理带来的负面影响，但要防止眩光。

3）防声壁的造价较高。

防声壁对地段环境可造成视线的阻隔和空间的分划。

2．电气系统管理

安置在家庭、商业设施等周围环境的配电装置也是公共空间中环境设施管理系统的重要部分。其主要有设置变压器和配电盘等变电场所。这种场所具有较高的安全性、便于检查、易于移动等特点，在道路、广场、公园等周围环境中使用。这类控制、管理电力装置的设备在街道和广场周围是很醒目的，但难以作为景观处理。随着公共环境的设施不断充实，喷泉、雕塑等使用电力的环境设施不断增多，道路、广场等对电气系统管理有增大的倾向，有必要追求这类设施质量的提高和造型、色彩的改善。

电气系统管理基本形式比较简单，规模较大，为室外型单元化设施，因其设置于室外环境中，应作防水处理。近年来随着技术的发展，在街道旁设置以小型为主。电气系统管理小型化，并与其他设施结合具有复合功能。例如，与标志、指示牌、广告等组合，在其反面设置这类电气设施，不仅具有复合功能，而且造型、色彩方面均有了提高。由于设置场所受到限制，应考虑尽可能不影响步行者的行动，并应充分研究其观看角度的效果对于改善环境的积极作用。电气系统管理设施设置，见表 7-6 所列。

电气系统管理设施   表 7-6

项目	特点	适用范围	备注
室外型单元化设施	体积 $L \times W \times H$ 230cm × 130cm × 260cm	置于广场和道路	独特的形态和色彩
多单元大型规格化组合设施	2连式、3连式的2单元、3单元型	置于广场、公园	考虑景观效果、协调
复合功能管理设施	有利于容纳限定的电力	公用厕所、指示牌、标志等	造型与色彩提高潜力大

3．路面管理设施

在管理系统的环境设施中，路面的盖类具有环境设施的特点。例如，埋设型消火栓的盖、下水道的盖、输送电水燃气等管道的盖板等，对道路景观有着较大影响。地面铺装的材料和色彩、纹样等与盖板的造型、纹样如何协调，统一为一个整体，是设计应考虑的问题，一般由各城市、地区作统一规划进行设计，以体现地域、城市特征为佳。

（1）盖板

现代化城市高密度的发展，作为街道主要的城市设备的敷设空间，地下管道错综复杂，形成网状，构成一个立体型构架，导致路面盖类随之不断增加。由于盖类的大小、材料、形态等各不相同，配置也缺少秩序化，有损街路表面装饰性、美观性。与其他环境设施相比，盖类如进行秩序化的设计，需要改变路面下的设施的配置线路、管道直径的大小等。管道盖类的基本形一般为圆盘形和网形两种，以铸铁为主。圆盘形盖多用于城市地下设施的出入口。网形盖多用于排水口或地下道、地铁等作为通气孔而利用。但无论圆形、网形盖都应与周围地面环境相协调。美国旧金山街道的鱼形排水格栅设计，形状像条鱼，在满足使用功能的同时，为街道又增添了景色，行人经过时又易于辨识，给人们带来了极大的方便。据说，还起警示牌效果，形象地告诫行为不检点的人，不要往鱼身上倾倒汽油（图7-41）。

设计要点：

1）在新的城市规划及工程前就应该相互调整各部门的关系，尽可能整体安排，并考虑盖类的统一设计。注意盖板与路面的过渡衔接。

2）盖板设置的位置应选择在交通流量相对小的和较隐蔽处。

3）盖板上明显的标识，易于识别内容，并要防盗、防裂、防跳等。

（2）树池箅

树池箅一般是指步行环境中树木根部与地面间周围1m²左右栅栏。树池箅的材料多采用石板、混凝土预制块、金属等。树池箅主要用途是减少土的裸露和流失，避免树根部堆积垃圾，利于树木生长，起到美观、清洁等作用（图7-42）。

设计要点：

1）与铺装过的路面有着一致的平整性，保持路面的完美，树池箅与地面间的风格统一。

2）树池箅拼装方法有两拼、四拼、多拼、铺垫等。

3）树池箅安装牢固，便于拆开清扫，箅面应满足透水、透气性。

4. 管理亭

停车场收费处、高速公路收费处、警巡岗亭、公共场所出售纪念品和票证的售票亭等为管理者利用的设施，这类设施为适合各种需求而设置。管理亭这种相对比较少的设施具有一定的设计意义。一般设置于街道场所，应给行人带来亲切感。停车场的管理亭，随着汽车交通的发达而产生。作为独立形态的具有建筑特点的环境设施，其安放位置应多方面考虑，区别其性格特征、功能的不同就产生了不同的设计。管理亭的基本形式应与较为类似的售货亭相区别，同时认真研究其设置与城市景观的协调性。

图7-41　鱼形排水格栅

图7-42　树池箅

管理亭多采用简易几何形组合方式，一般有一定的标准尺寸，可以改变空间的大小及必要的机能和设置条件，其尺寸具有一定的规格化，因此标准设计可以确保使用质量。管理亭形体设计一般比较轻巧，按照特定用途和规定尺寸、结构等统一制作。根据管理亭的使用目的，其要求、大小可异。最小的形制为1人立位，一般空间为200～300cm²，仅可放置椅子等简单家具。高速公路的收费管理亭为2人容体，长、宽、高为350cm×120cm×2500cm。有的需在亭内设置其他附属设施，如空调、休息椅、饮水机等物，其容积可适当增大（图7-43）。

5. 消防管理设施

室外消防环境设施主要是消火栓。消火栓自古罗马广场中的流泉开始，历经二千余年的演进。消火栓的中心概念依然是"储水以救火"。一般有埋设型和路上设置型两种。各国使用的消火栓为了具有标志意义，其设计均为统一的。在国外为了不影响道路、行人及景观，不断增加了埋设型消防设施。消火栓作为消防活动的重要设施，一般在1000cm间隔设置、个，高度以75cm为宜。消火栓分为独立式和共构式（图7-44），随着人们消防意识的增强，消防管理体系更加的完善。

6. 电线柱（电信柱）

随着城市的发展，电气设备的急剧膨胀，当今电力需求急剧地增大，尤以夏季高峰期，电力管理系统压力不断增大。随着长江三峡电力的建设，新疆、四川等地的风力发电基地的建立，我国大部分地区电力问题得到缓解，但对设施管理系统提出了更高的要求。电信、电话、电灯等主要电力的利用均需电线柱。以往电线柱为高5～7m的木柱。现在采用大规模的集中发电方式，以大量发电、高压远距离送电为特征，电线柱也从木制的送电塔发展为送电铁塔，而电线也成了影响我国城市景观和建设的重要障碍。各地电线柱的支架和电线的拉引打乱了城市整齐性和良好的环境效果。在欧美发达国家，甚至亚洲的日、韩等国，电线均埋于地下，为此电信柱、铁塔的设置处极少。我国近年来在一些大城市道路改造中也有采取埋入地下的方式，对于城市环境的美化、改善起到了显著作用。

图7-43 管理亭

图7-44 消防栓

电线柱原始作用是电力、电话等线路的输送，但由于诸方面因素，管理的不妥当，使其承载了太多的内涵，照明灯、交通信号、道路标志、商品广告、盲人使用的传音信号等均设置于电线柱上。功能特点的巨变，电线柱原有特性极易发生混乱，甚至影响了道路的美观性。

电线柱支撑用柱具有输电和配电的作用。输电用一般为铁塔结构，铁塔的外形应考虑与城市环境相协调。另外，架空输电铁塔与电压有关，其高度也不一样，一般高度为800cm、600cm、450cm等。配电用一般有钢筋水泥柱、木柱等，其中以水泥柱使用最为普遍，其次为木柱、铁柱，现今许多地区采用地下铺设的方式。

路灯实际上属于管理系统的范畴，也是城市街道必要的照明设施，路灯主要作用（除了照明）为表明道路的主次和区段空间。路灯间距以25m为宜，以免出现暗区，光照亦应均匀。树木繁盛的绿地中，应采用低于乔木树冠的圆灯；踏步和坡道上应使用地脚灯、扶手灯等发光强度较低的灯具。关于路灯这里只作简要说明，本书将其列入照明系统中进行分类详细的说明。

7.4 信息识别设施系统设计

当你在陌生的城市自由地穿行，却不会因为没有导游而迷失方向，这就是城市的识别系统所体现的价值。作为信息的媒介，为提高人们生活的方便性和信息的快速传递，信息识别系统环境设施作为城市环境的设施更加显出其重要性。

信息识别系统的环境设施，在环境计划中还未得到应有的重视。这类环境设施不仅仅作为单体机能的环境设施出现，作为复合机能互相联系的环境设施可以更好地发挥其社会效益，并有助于今后投入系列性的信息系统环境设施的开发，对提高环境的质量具有一定意义。

信息识别系统内容广泛，有公共性的信息系统、控制系统，半公共性的信息系统及配景系统等。其具体内容包括从商品室内外广告及霓虹灯广告、商品陈列、商品陈列架、展示橱窗，到标志、商店招牌等。而公共空间中的信息系统常分为空间信息、操作信息和广告信息三类。

空间信息。①它显示空间组成元素的信息，如地图、平面配置图等，可起到说明性的作用。②通过引导来标示地点与方向，起引导作用。③起提供名称、标示特定地点信息的作用，如路牌、地名、门牌号等。

操作信息。由控制、解说、布告三类构成。①控制即指安全管理与设施使用上的指导，如注意、禁止或指示。②解说即为内容说明与介绍，如使用说明板。③布告即提供随时变动及临时发生的信息，如布告栏、留言板等。与之相近的还有各式阅报栏。

广告信息。指扩大认知与说服以争取认同为目的的信息，如欧洲城市中的海报塔、广告等。广告、标志、看板等作为信息传播的介质有着密切的关联，由于其在城市公共环境中各有其职能，这些城市环境的构成要素作为公共环境设施的重要部分，在内容及形式上各有不同。

1. 标志

现代都市生活的快节奏促使人们为了提高环境的舒适性和便利性，系统地归纳与整合信息，标志的视觉识别成为人们与空间、环境物沟通的重要介质，构筑了一种快捷的信息生活环境。

(1) 标志的含义

如果缺少环境标志，难以想象城市将会变得如何混乱。标志是一种通过设计的视觉形式，以精练的形象代表或指称某一事物，具有显著符号、图形的特征。它的主要功能是简捷、迅速、准确地为人们提供各种环境信息，识别空间环境，是城市空间中传达信息的重要工具，是环境的最主要设施之一。它不仅要求与环境相协调，还可增加城市的繁荣气氛。其表现形式较多，主要是二维空间的平面设计与立体造型设计。作为传达信息的媒介，标志的主要目的：首先，是为人们提供容易理解的城市环境构造，提供秩序化的信息；第二，通过形、色、配置的实体促使提高单纯明快的行动能力；第三，构筑地域性的标志以提高环境的整体质量，而且具有创造性构思的效果。

标志作为环境设施自古就有之，它是构筑集体生活、建设城市开始时便存在的。任何城市中均具有多种类型的标志设施（指示性、象征性、公共性标志等）。如我国古代商业标牌、商号的标志；西方各国商店看板中的雕刻、绘画、文字看板，构成了街道的景观。环境标志设施按照自然的风景或者具有特征的建筑物、街道的景色而设置。

环顾现在城市的环境，这类环境标志设施出现无秩序的泛滥，使城市环境的质量日益下降，使人们的视觉受到伤害。劣质的信息系统破坏着环境设施并影响了环境的质量，妨碍了有效的信息传达。为此，在环境设计规划中传达信息内容的这一机能的设施与环境的协调，具有现实的重要性。

(2) 标志的分类

标志被定义为人类社会具有识别和传达信息功能的象征性视觉符号，犹如一个庞大的家族，包括领域标志、机构标志、会议标志、商业标志、环境标志、交通标志、公共标志等。下面主要详细介绍其中对城市环境起揭示与限定、引导作用的部分标志。

1) 领域标志

领域标志是城市及其所属各级区域的行政和社会徽记。

城徽是城市象征的形象表达，是城市交往的符号信物。它是标识系统中的重要部分，但和商业标志、环境标志以及团体会议标志的根本区别，在于它对较高层次的领域起着限定和强调的作用。城徽揭示了城市的主要特征。

城徽的使用由来已久，它与部落的集结和城邦的确立有着因果关系。早在古希腊时期，代表自己城市的印玺、旗帜和徽记，随着政治、经济、文化的交往和流通既已出现。直至 11 世纪后，城市在欧洲重新出现，其发展的核心已成为"自治市"或城堡。自此，许多欧洲城市开始确立了沿用至今的徽记。而我国的古代城市由于其相对封闭的文化特点，以及中央集权大一统的竖向行政结构是以神人合一的天子为封建级序的顶峰，各个城市没有自己的"徽"记，而只有通

图7-45　香港行政特区区徽　　图7-46　澳门行政特区区徽

图7-47　香港迪士尼乐园标志　　图7-48　哈尔滨中央大街标志

常以国号或地名的文字形式出现。

我国的城市历史源远流长，但是近些年才开始城徽设计。随着我国城市的发展、城市独立职能的扩大，城市与外界的交往已经成为必然之势。在20世纪90年代初，我国的许多大、中城市曾经酝酿过自己的城徽、城花。随着香港和澳门的回归，其区徽图案已经广泛运用于社会生活和世界舞台（图7-45、图7-46）。

除了城徽之外，更常见的是企业标志以及在某地举办会议、活动的专用标记，这些标记应看做是永久性标志。

领域标志以其明了生动的形象和深刻的内涵，揭示反映小至一个单位、大至一个城市的文化。领域标志设计除通常标志设计所要求的简明性、易识、易记以外，还要建立一种生动的特有意象。它以艺术的形象或图案表示抽象的意义，并运用象征性、含义性和美术性手段使这种意义提升，实现设计者与使用者以及观赏者之间感情的相互沟通（图7-47、图7-48）。

2）环境标志

环境中的标志是一种大众传播的符号，是用形态和色彩将具有某种意义的内容表达出来的造型活动。一般由文字、标记、符号等要素构成。它以认同为基本标准，对提高城市公共空间环境的质量和效率，担负着不可或缺的角色。

标志系统由信码、造型和设置构成。

① 环境标志信码指具有约定俗成含义的符号信息，必须具备易记易识、通俗自明的特点，具体运用方式有图形、文字、色彩等。

外形：几何的外围形状可以传达特定的含义。比如，圆形意指警告，不准某种行为的实施；三角形意指规限，限定某种行为的实施；方形或矩形意指信息，说明引导、指示、告示的简要内容。

符号：一种特定的图形，作为具体的说明。比如，箭头（↑↓←→↗↙）意指行进方向，可以表述上、下、左、右以及侧斜上、下、左、右等八个方向，常用于楼梯、电梯、房门、通道和建筑入口等处；三角符号或圈号加斜线意指警告和禁止，比如不准吸烟、禁止通行等；方框（□）意指告示，公布信息或指明上述符号以外的事故。符号可根据不同的使用目的与外形结合。

②标志牌的造型是根据传递的主次信息、位置、观感以及环境的限定而制定一系列标准的，尤其是特殊地域中的标志系统。标志牌的造型处理不好，不但不能确切反映其特质和内容，而且在环境中易于造成环境意象的混乱。

标志牌高度一般应设定在人站立时平视视线范围以内，从而提供视觉的舒适感和最佳能见度。标志牌的固定方式有独立式、悬挂式、悬壁式和嵌入式等，它们各有特点，具体根据环境特点和经济成本而选择。而环境标志则以自身照明为宜。

标志的材料运用较为广泛，常用的有玻璃、木材、陶瓷、搪瓷、不锈钢以及其他金属、化学材料等，制作方法以印制、镂刻、喷漏、电脑喷绘为主。

③环境标志类别一般由方向、方位、说明、信息、功能、招牌等形态构成。

其中商业广告牌常建于建筑和构筑物之上，形成了建筑和构筑物的第二次轮廓线。因此，应通过材料、质感比例，甚至于色彩、灯光及所显示的信息等与建筑构筑物有机结合以烘托空间和建筑、构筑物。这不仅是一个空间概念，人们在时间、空间的流动中还可感知、认识环境。

环境标志的发展趋势显示出标志形式的信号化和艺术效果的广告化。一方面，信号化的标志设计要着重考虑其应具备的强烈的刺激性、识别性和记忆性；另一方面，广告化的标志设计在视觉上要具有冲击力和赏心悦目的艺术性。当代标志大量运用新的设计观点、新型材料和与其相适应的制作工艺以及现代化的声、光、电等手段，以求保持视觉及公共环境的高度秩序和建筑空间与公共场所的高品质视觉效果（图7-49、图7-50）。

图7-49　日本店面招牌　　图7-50　商业广告牌

3）交通标志

在交通量成倍增大，同一个城市环境中各种交通工具的出现、速度、运输手段、运行系列等不同的情况下，必须研究和处理人与交通工具的管理、控制方式的多样化的问题。

交通标志影响着人们行动的路线，交通标志应设置于各种场地出入口、道路交叉口、分歧点及需要说明的场所，与所在位置无论尺寸、形状、色彩均应尽可能相协调，并与所在位置的重要性相一致。一般标志牌有支柱型与地面型两种。重要标志可利用光、声等综合手段，强化其标志的指示作用。城市交通标志包括各种车的行驶方向的标志、经过地点的标志、停车场标志、街巷功能标志、禁止交通标志和慢速行驶标志等（图7-51）。

4）公共设施标志

公共设施标志包括城市一般设施的引导性标志和商业标志，以及具有一定文化特征的观光标志。设计独特性强调了标志应简单明了，具有较强的科学性、解释性，尽可能采用国际、国内通用的符号传达信息，使不同国籍、不同语言的人均可识别。

需要以国际化的图形，即绘画语言这种形式来沟通不同国籍人们的思想，冲破语言的障碍，使人们能够在世界范围内取得共同的认识，自由地行动。为此，首先于1947年8月，在国际日内瓦会议上正式对国际交通标志的制定和普及作了通过提案。因为这个提案的交通标志属单纯明快的设计，易于被世界各地的人们所理解，所以在欧洲大陆各国广泛扩大使用，并在全世界普及。接着，各种国际活动也就陆续提出了各类国际通用的标志。尽管有许多约定俗成的符号得到世界的认可，但并不存在"世界性"的符号标准。例如，国际流通的奥林匹克运动会、国际旅游、国际铁道标志、万国博览会等国际活动场所使用了这类国际化的绘画语言（图7-52～图7-56）。

1963年春，在荷兰成立了国际图形设计团体协会（LCOGRADA），向世界各地招募国际性标志。首次招募的主题包括信息和确认、方向指示、规制和警告三大类24种，1967年在国际图形设计团体会议上发表。但是，在实际使用中，由于语言、文化、思考等不同，各国和各国际团体对同一意义的标志在设计上仍有不同的图形表示，而构成略有区别的标志。今后，为了超越世界一百多种语言的障碍而制定规范的、高度统一的各种标志，还有一段艰难的路程。

图7-51　交通标志　　　　　图7-52　公共设施标志　　　　　图7-53　医院公共标志

图7-54　北京奥运会标志　　图7-55　北京奥运会场馆指示牌　　图7-56　上海世博会标志　　图7-57　文字表达的标志

(3) 标志的表达

以上各种标志，在实际的设计过程中，具有以下具体的表达方法。

1) 文字表达

文字是最规范的记号体系之一，标志较多地利用文字，能够确切地传达信息。

文字的特点是传达确实的信息。但是在信息较多的情况下，文字难以获得瞬间的视觉认识，因此，单纯使用文字迅速地传递信息是较难的。字体的规范、清晰，内容的准确等，对于处于运动状态的人们的识别尤为重要。研究表明，粗壮的黑体字和圆头字等在一定的尺寸和距离范围内都易于使人在高速运动中识别且信息传达快速；深底白字比白底深字的扩张性强，传达速度快；字体被照明时，饱和度、明度高的颜色反光和透光性强（图7-57）。

2) 绘图记号表达

绘图记号在能够于短时间中传达较容易理解语言意义的情况下使用，起了瞬间理解的标志的作用。其中以符号为代表。例如，以符号表现"向左"、"向右"的方向；厕所以男、女形态的绘画表示等。一般情况下，语言过于直接会造成不良的感觉，但使用绘图记号表示可以取得柔和、委婉的效果。其具有较清晰的传达信息作用，即使不认识字的人也能较好地理解。特别在国际交流的情况下，各个不同语种的人们聚集在一起，绘图记号这类标志性传达信息形式，起了极大作用。但是，有时也难免造成不必要的误会。因此，绘图记号首先应采用国际社会中已经渗透通用的记号。对于新构筑的绘图文字应采用共同性和易理解的记号（图7-58、图7-59）。

3) 图示表达

使用地图形式的引导牌就属这类形式。引导人们认识城市的构造，或者确认建筑方位，或者为了了解具体设施的特征而加以表示，一般用照片、平面图、地图构成引导牌，通常为了适合其引导的目的，以简略化加以表现。对于信息较丰富的引导牌应有必要考虑各种表现方法（图7-60～图7-63）。

4) 立体物表达

在公共场所以立体物作为表现标志环境设施，更有利于体现环境设施本身的标志机能，有利于人们的视觉认知效果，按照其视认性，作为标志而被利用。例如，为了限制车辆的速度，

 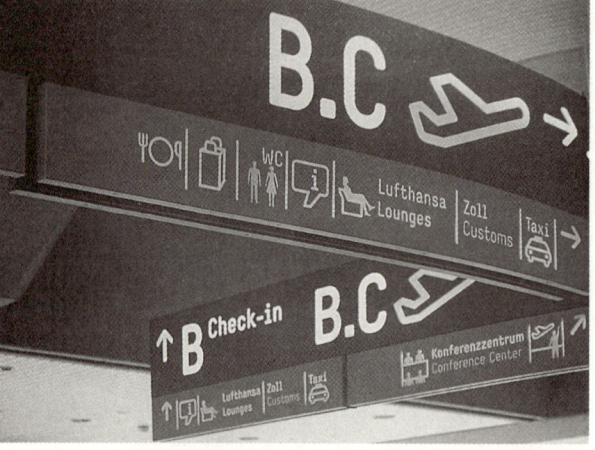

图7-58 柏林奥林匹克体育场内的标志　图7-59 波恩机场的指示标志

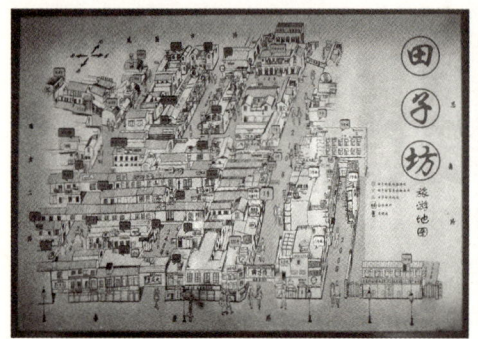 

图7-60 田子坊导游图　　　　　　　图7-61 美国密西西比河河边公园标示牌

 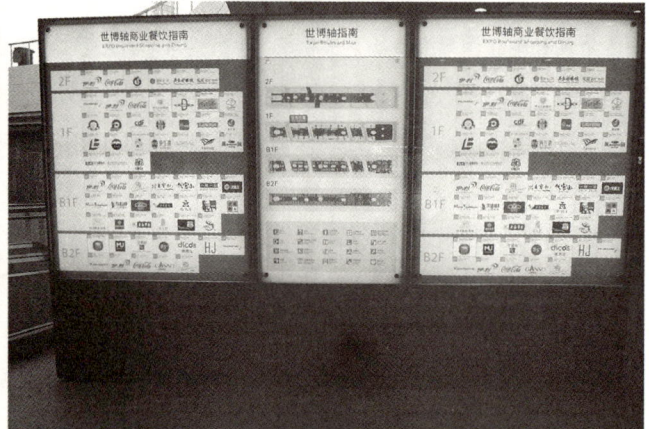

图7-62 日本引导牌　　　　　　　　图7-63 上海世博轴引导牌

以警察的人形或汽车形表示其目的；在垃圾箱前人们只要仅仅观察其形态特点，便可知道它的功能（图7-64～图7-67）。

5）色彩表达

色彩具有确实的表达意义，作为社会性共同规律的色彩应能够加以充分利用。众所周知，

图7-64　上海街道广告塔

图7-65　香港迪士尼乐园指示牌　　　　图7-66　环境标志　　　　图7-67　丽江玉龙雪山指示牌

交通信号红、黄、绿三色具有特定的意义。色彩本身也具有其特征，色彩与人的心理反应具有一致性。如红色表示热情、危险，蓝色表示平静、理智，黄色表示光明、希望。在应用上，红色表示了交通方面的信息，绿色表示邮政方面的信息，黄色用于表示商业或旅游方面的信息。而且作为不同类型的标志牌，应有不同风格的色彩。因此，对色彩的特性，设计时应极为重视。

另一方面，在利用色彩作为传递方式的情况下，以色彩的差别而加以区别化，可获得整体的辅助效果。例如，世界各地的地铁按照线路区别而分别用不同色彩；在美国使用不同色彩表示停车地区的差别，白色表示残障人士用车的停车场、绿色表示一般停车场、红色表示禁止停车、黄色表示允许停车时行李货物的存积场所（这些情况下，经常与文字并用）等。

使用色彩要求注意以下方面：①大众对色彩的类别和记忆能力有限，一般仅限于3～5种色的判别能力。为此，色彩不可过多使用，否则导致信息过量，难以正确传递。②按照内容设置色彩具有一定的基调。根据整体使用情况基调与内容相统一，产生有效的作用。对于基调而言，

图7-68　纽约街道指示牌　　图7-69　香港道路指示牌色彩区分　　图7-70　色彩鲜艳的广告牌

也应有统一中求得变化的色彩。③特定意义所使用的色彩。如红色表示禁止和注意、消防、道路信号等所限定的标志色彩。除了以上法律规定的使用色彩外,也应重视视觉机能的色彩使用。文字、图形及引导地图等也应使用引起直观效果较佳的色彩(图7-68～图7-70)。

2. 看板

看板是告示板和宣传栏的统称。随着时代的发展,信息展示板的形式和种类也是千变万化,出于日本的"看板"一词,能够概括这些内容并具有适应性的称谓。其本意是通过版面,供人阅读、了解发送的各种信息。

它在城市环境中多置于街道、路口、广场、建筑和公共场所出入口等处,为人们提供准确详尽的情报信息,成为城市生活的一部分。看板的分布范围很广,所提供信息的内容也各有不同,包含商业情报、声明告示、询问说明、引导介绍等大量的信息展示板,以及近来出现在城市街道上的电脑问讯设施及大型电视屏幕、电子信息板等。由此看出看板的种类之丰富。

按看板面幅和长度分类,通常的是边长小于0.6m为牌,长度大于1m的几何形板面为板,较长的为栏,最长的称为廊。

看板在设计中应充分考虑以下几方面:

(1) 在设计时需注意开启方式及其密封性能,以便于内容的更换、照明、维护、管理,并防止雨水侵入。

(2) 独立式看板的设置,以街口、建筑和公共场所出入口、广场出入口附近为宜,不可在环境中过于醒目,又要易于被发现。尤其在风景和古旧建筑保护区,对看板的高度、面幅要进行规定限制。

(3) 看板在城市环境中还分担着装饰、导向、分划空间的职能,因此需要统筹和综合设计。如在环境设施布置较密集的场所,为争取尽大的活动空间和丰富的环境意象,看板需要一定的雕塑感,且能与计时装置、照明、亭廊以及建筑处理等有机结合(图7-71～图7-73)。

3. 公共电话

电信业的迅猛发展,手机使用大大普及,无线通信对固定电话造成冲击,但人们还是感受到公共电话带给的方便和舒适(私密性)。利用公共电话上网进行定位、导游、购物,在不

图7-71　上海虹桥机场看板　　图7-72　看板　　　　　图7-73　上海新天地影城看板

久的将来即可实现。电话亭的设置也可体现城市风貌，丰富空间环境，成为公共景观的组成部分。

(1) 公共电话形成与发展

1877年，美国的物理学家、发明家贝尔 (Alexander Graham Bell 1847—1922) 创立了贝尔电话公司。至今电话机的发展史至今已经历了一百多年。随着社会的不断发展，电话机的性能、结构、造型等均得到了不断地发展，电话机的使用也随之普遍，已经成了当代人们生活中不可缺少的工具，它对传送信息、沟通联系、改善交通起了极为重要的作用。据报道，广泛利用长途电话可以减少交通压力，产生巨大的社会节约。目前，在我国长途电话业务量中，有14.4%可代替用户乘飞机出差，69.6%可代替用户乘火车、汽车、轮船出差，长途电话代替用户出差的总替代率为84%。抽样调查显示，长途电话业务中，生产业务联系可占57.6%，行政公务联系占28.5%；生产业务联系电话中88.4%可代替出差，行政公务联系电话中84.9%可代替出差；生活私事联系电话中65.6%可代替人去办理，为改善交通起了极为重要的作用。当然，电话机开始于家庭或工作环境中使用，随着人们室外社会活动的不断增加，为了及时取得联系，出现了室外的公用电话。日本早于1900年将公用电话设置在街头，1953年红色的金属材料制成的圆顶方形电话亭成了街头的环境设施。现代感强、由金属材料制成的大玻璃透明的电话亭于1964年开始使用，1969年以后开始普及直至现在。

目前，电话的普及率已相当高。我国的话机数量激增，世界几大电信巨头纷纷在华建厂，促进电信业快速发展，不仅固定空间中使用电话，在流动空间中也随时可使用电话（如车载电话、携带电话等），城市公交车上也安装了投币电话。电话机的功能也越来越丰富。投币电话、磁卡电话等的普及，电话与传送、电话与电视等复合型功能电话的出现，给人们生活、工作带来了新的意义。

(2) 电话亭的设计

1) 电话亭设置类型

公用电话的形态大致分为箱形电话亭（封闭式）、柜台式电话型和台式电话机型。常以封闭隔声式、敞开式和附壁式三类来划分。材料以钢化玻璃、有机玻璃和金属结构为主。电话站普

图7-74 箱形电话亭

图7-75 加拿大公用电话亭

遍呈现出具体的建筑形态,常依附在主体建筑旁或位于住宅区出入口处。随着方便、简易电话亭数量的激增,各种网吧、话吧的生意兴隆,电话站处于被替代境况而将消失。

箱形电话亭作为公用电话,使用的历史较悠久,也是世界范围内普遍采用的形式。多设置于公共绿地、广场等宽敞空间。箱体的尺寸一般高为2.04～2.40m,面积为80cm×80cm～140cm×140cm;残障人士使用的专门电话亭的面积略大些。材料一般采用铝和钢为构架并嵌装玻璃。自巴黎开始使用了强化玻璃、装饰简洁、更富于现代感的箱形电话亭后,钢化、有机玻璃开始流行(图7-74)。

由于不受箱体框架结构的束缚,适于设置在城市较窄的街道、路边的敞开式公用电话亭,形态可以更加多样化。世界上涌现了许多这种电话亭的设计,材料一般为不锈钢、塑料和有机玻璃等。其尺寸一般高为2m,深为70～90cm。

设置于墙壁上的附壁式公用电话,其材料以塑料为主,色彩、肌理等随环境的不同而千变万化(图7-75)。

2）电话亭设计要点

①要与环境相协调，创造出不同地域的具有独特风格的电话亭。电话亭设置的疏密应视人流数量、频率及环境性质而定。电话亭可独立设置，也可两间或四间联列甚至组群集中。特别是在观光地、商业街及大型开发发展办公事业区，新的电话亭不断出现。在步行环境中一般以100m~200m间隔设置。

②电话亭需具有较好的透风性、挡雨功能。

③电话机放置高度需考虑不同年龄层的使用者的要求，电话机面板的设计应简洁易识。

④要满足人们有时对于私密性的要求，电话亭的空间处理上要将私密性和通透性协调结合，这是对设计者提出的挑战。

4.邮筒

邮筒主要是以邮件的收集为目的，要求投取便利、信件安全并与交通繁忙处保持一定距离。邮筒形式有独立式、壁挂式和埋入式三种。

设计上保持鲜明特色，色彩采用万国邮政联盟规范的橄榄绿色或棕黄、红色，避免淹没于纷繁的环境中，耐腐蚀且较坚硬的铸造金属类被广泛使用。

邮筒是公共事物色彩浓厚的设施，在设计上也就考虑地域性的因素，式样、规格、色彩、材料和造型均采取统一状，使之呈现出安稳、信赖、亲和的意象（图7-76）。

5.音箱

音箱多设置于广场、公园、居住区等公共活动场所及大型建筑中，造型各异，形式多样。有的被做成装饰物隐匿于绿地中，提供背景音乐或信息传递，有只闻其声，不见其形的意境。多媒体、可视化信息技术，是将声音、文本、视频、动画、模拟仿真、通信等技术融为一体的信息处理和表现技术，实现了信息交互的多元化、同时化与实时化，可以进行环境与场景及空间造型的动态仿真。在国外，许多研究机构和规划部门都在实现多媒体、可视化支持信息系统方面进行了尝试和探索，取得了令人关注的成效。

图7-76 邮筒

近年来，我国部分城市规划设计机构已在尝试运用规划支持信息系统向多种信息技术一体化方向发展的可能性。深圳市城市规划在新中心区规划设计中采用了模拟仿真模块与 GIS 模块集成的方法，使系统不仅提供三维的模拟仿真漫游功能，而且同时能提供相关空间信息的查询、检索功能。

7.5 公共卫生设施系统设计

在公共环境中，设置收集各种不同废弃物的设施至关重要。为维护城市环境的整洁、卫生而设置的各种功能不同的装置，统称为卫生系统的环境设施，有垃圾箱、烟灰缸、饮水器、洗手器及公共厕所等。不仅能满足人们对整体环境视觉上美的需求，而且是人们在公共活动中身心健康的必要条件。一般将垃圾箱和烟灰缸、休息的设施组合设置，也有设置于广场、公园、公共汽车站、自动售货机、贩卖亭等公共环境中，使用简单、方便。在德国，人们使用一种电子垃圾箱，装有感应器，垃圾投入箱内，感应器反应，启动录音机播出音乐，深受人们欢迎。

1. 垃圾箱

垃圾的处理方式，不仅关系到环境的质量和人们的健康，而且反映了该地区的文明程度和人们的素养。要收集的废弃物种类、数量庞大，诸如纸张、纸板、玻璃、金属、塑料、落叶，甚至各种电池。其设计首先应考虑使用功能的要求，即：具有适当容量、方便投放、易于清除。为了易于清除垃圾，按照使用频率、所处环境和清除的次数，人们创造了许多好方法，如经常性清除的垃圾箱可无盖；在垃圾箱内可悬挂塑料卫生袋，以便换取；用金属圆环支撑的塑料袋；在垃圾箱内另附一只套筒以取出垃圾倒空。垃圾箱的材料一般有：预制混凝土、金属、木材、塑料、玻璃纤维、大理石等，根据耐用度、外观和价格而决定其材料。

集中处理垃圾装置的形态、造型、色彩和所用材料等处理是否得当，对环境品质产生非常大的影响。若体形大，色彩又很鲜亮，就会成为空间环境中较为醒目的角色。如被称为"冰山"的设施在西班牙马德里街道上显而易见。这种装置分地面、地下容器两部分，由高强度的深色塑料制成，地面部分配有信息嵌板和防雨投入口，地下部分是用来收集玻璃、塑料、废纸的收纳容器，像玻璃瓶等废弃物在重力作用下通过投入口进入下面容器。其优点一是占地表空间小，容量却很大；二是美观、清洁，还可防止废弃物被移走。

（1）垃圾箱的分类

按垃圾箱的设置方式分类，分为地面固定型、地面移动型、依托型。按清除方式分类，分为旋转式、悬挂式、连套式、启门式、抽底式。

1）地面固定型，一般设置于人流量较少的道路旁、广场边。特点是不易被移走、破坏，便于管理。

2）地面移动型，一般形体较大且单独摆放，也有与其他环境设施配合设置于人流变化和空间利用变化较多的场所，如广场、公园及较宽广的街道等空间场所。

3）依托型，一般固定于柱、墙壁等处，可设置于人流较多的狭小的空间场所。依托型垃圾箱一般形体较轻巧，投入口的设置高度为 60～90cm 为宜，清除垃圾方式应尽量地简化。

垃圾箱的设置应按照实际场所和人流情况而定。

(2) 垃圾箱设计的要求

1）在交通要道节点、人群集中和自动售货机地点附近，最容易产生少量、快速、游移性质的垃圾。因此，对设置在这些地方的垃圾箱的要求是数量多、容量小。

2）垃圾箱的机能应是简便的，特别在开启盖子设计方面应注意便利性、易操作性。为了使设置于公共环境中的垃圾箱能与环境融合，应注重垃圾箱的形象艺术化，色彩明快，形态简洁大方。

3）垃圾箱多设置于室外，受到日晒雨淋的侵扰，故要做到防雨防晒，设排水孔，避免制造新的污染源。

4）采用不同的标志、色彩来划分不同垃圾的投放。如绿色代表可回收垃圾、黄色代表不可回收垃圾、红色代表有毒垃圾等；又如，德国以玻璃瓶、塑料瓶、纸盒、纸袋和塑料、泡沫袋 4 个图形代表不同垃圾（图 7-77、图 7-78）。

2. 烟灰缸

虽然许多公共场所都有禁止吸烟的规定，但有的公共场所还是为烟民专设了吸烟区。这样既解决烟民的需求，又使其对其他人与环境的影响减少到最低程度。鉴于我国烟民数量的庞大，应尽可能在各环境场所中设置烟灰缸设施。

烟灰缸大多设在休息场所、道路边、公园和广场内。烟灰缸的高度一般以 60cm 左右为宜。而按吸烟形式的不同来设置烟灰缸的高度，为行走的烟民设立的高度以 90cm 为宜；为坐着的烟民设立的高度以 45cm 为宜。按烟灰缸的造型基本分为直竖型、柱头型、托座型三种，并有与长椅、垃圾箱等环境设施相配合使用的方式（图 7-79、图 7-80）。

直竖型，一般不单独设置，经常与垃圾箱、休息椅等统一配置组成一个协调的环境设施。其尺寸应与坐姿相适应。烟灰缸的设置距离应与休息椅相邻，便于使用。

柱头型，一般设置于街道路边，特别是人们滞留的交通交汇点或者公共汽车站，人的站立高度应作为设计的基本思考条件。

图 7-77　以色彩划分不同的垃圾投放

图 7-78　以投放口的形态划分不同的垃圾投放

图7-79 烟灰缸　　图7-80 带烟灰缸的垃圾箱　　图7-81 欧美的饮水器设计

托座型，经常附着于街道的壁和柱上，显示其轻巧感，一般上部为烟灰缸，下部为支架；也有烟灰缸与垃圾箱结合使用的，上部为烟灰缸，下部为垃圾箱，但烟灰缸的底部较浅，易于清洗。总之，烟灰缸的造型应与环境统一，具有功能美的特征。

3. 饮水器、洗手器

饮水器是在公共环境中为人们提供饮水的设备，是欧美各国的公共环境中常见的卫生设施。由于我国许多城市为缺水城市，以及在人们的生活习惯、水源的防污染、水质的提高等方面存在问题，所以只有少数城市设置这类设施。随着城市规模的扩大、人们室外活动的增加、文明程度的提升，饮水设施会越来越多出现在街头、广场、公园内。饮水器和洗手器可以认为是现代人们生活不可缺少的室外环境设施，其对于城市环境的构筑是重要的条件，同时也具有精神意义的作用，提高了环境的娱乐性、卫生性。可喜的是在一些城市的大型购物中心、超市也配备了饮水装置，反映了人性化的设计思想（图7-81）。

饮水器设计要点：

（1）在城市人流密集地带及休息场所附近，如绿化地带、公园、广场、儿童乐园的沙石场等处，设置饮水器、洗手器，方便大人、小孩饮水、洗手、洗果品等。同时要考虑管理条件和水管安装条件，不易排水或不卫生场所尽可能不要设置。

（2）饮水器的基本形有多种，有方、圆、角形及互相组合的几何形体，象征性造型。饮水器一般用混凝土、石材、陶瓷、不锈钢金属等材料制成。

（3）饮水器的构造有喷水龙头、开关、水盆、支座、给水排水管等。根据使用功能和使用对象的不同，其出水口设置的高度有所不同。出水口的高度如统一设置，也可改变踏步台的高度。一般地面至出水口的高度为100～110cm，低处距地面为60～70cm，踏步台的高度以10～20cm设置为宜。

在现代化的城市中，设置饮水器、洗手器不仅使用方便，对于培养人们的卫生习惯、提高人们的健康水平和素质也具有一定的积极作用。

4. 公共厕所

公共厕所是公共场所不可缺少的卫生设施。随着城市的发展，不断增加公共厕所的数量、提高公共厕所的卫生设备质量及加强管理，显得更加迫切。在不少城市中，公共厕所仍是人们生活中最欠缺的设施，尤其是能够为残障人士、老人提供服务的公共厕所。包括我国许多大城市还不能100%提供无障碍性的公共厕所。在北京、天津等城市，已有30%～45%公共厕所达到无障碍性。

(1) 公共厕所的类型

公共厕所是为居民和行人提供服务的环境卫生设施。其主要有固定型和临时型两类。临时型又有临时固定式和临时移动式两种形式之分。也有从结构上分类，分为板制组合式、车轮移动式等。

20世纪末，在欧洲、特别是法国的巴黎等大城市，出现了一种收费无人管理的自动厕所：仅供一人使用，当使用完毕后，由传感器系统自动冲洗便池等。由于这类公共厕所体积小，造型美观，管理、使用均方便，特别适宜设置在繁华街道附近，因此其迅速出现在许多公共环境中。我国的部分城市已相继出现车轮移动装置的流动厕所，为拥挤的商业街、游览场所提供了方便的卫生设施。另外，被称为不受性别限制的"第三空间"的无性别公厕，2004年已在京、津等地投入使用。

(2) 公共厕所设计要点

1) 公共厕所的设计以卫生、方便、适用、经济为原则。其作为景观建筑也应与周边环境相协调；视觉明确，要避免公厕在公共场所中过于突出；易于识别，可通过路标和特殊铺地等予以引导、指明；可利用绿化进行半遮挡、景观物化及与其他设施的连体结合等方式。

2) 公共厕所常设置于广场、码头、车站、商业街等场所。按我国城市建设环境保护的规定：公共厕所一般设置于广场和主要交通干道两侧。一般街道设置间距为700～1000m；商业街设置间距为300～500m；人流密集的场所则控制在300m以内，配置流动小型公厕。

3) 公共厕所的男女便位设置的比例为1∶1或2∶3，避免出现女厕排队现象。大便便位尺寸为（1.00～1.20）m×（0.85～1.20）m；小便便位站立尺寸（含小便池）为0.70m（深）×0.65m（宽）；小便器间距为0.80m；厕所单排便位外开门走道宽度以1.30m为宜，双排位外开门走道宽度应为1.50m；便位间的隔板高度自台面起不低于0.90m。

4) 公厕的通风、采光、节能环保等问题，也是设计师努力解决的难题。据报道，英国运用现代科技设计一种免冲水的小便斗并付诸使用。北京街头出现"概念厕所"，除太阳能和中水技术的利用外，主要是生物除臭和生态净化技术的应用。建筑的采光、通风面积与地面积比不应小于1∶8，外墙采光不足可加天窗。公厕建筑墙面要减少凹凸起伏或漏窗、线脚、女儿墙等装修，以保持外观的清洁感。我国城市的公厕大多开始使用高效、节水的智能设备。如感应自动冲洗、关闭系统。

5) 公厕室内设有供纸、烟灰缸、垃圾箱、洗手、烘手等设施。便位的隔板最好采用水磨石或水刷石，地面应便于冲洗且防滑。

6) 应充分考虑无障碍设计。公共厕所进出口处，必须有明显的中文和标志，国家一类厕所及涉外厕所需加英文（图7-82）。

图7-82 公共厕所

7.6 休息设施系统设计

休憩空间具有多重面向的空间机能，如学习、休闲、运动等。部分休憩空间以自然生态的保护为着眼点（如国家公园）但绝大部分则以视觉、心灵或体能上的休息及娱乐为主（如博物馆、图书馆、游乐场与社区公园等）。休憩空间的存在，常为一种精神文化的指标，其场所意义则成为机能性的符号环境。

休息系统由椅、凳、桌、遮阳伞等组成，它们是公共环境中常见的基本设施设备。椅凳所在处往往成为吸引行人集聚休息的场所。按照人们的需求而设计的休息场所是与街道空间相对应的静态空间，人们会在此边休息边交谈，眺望街景或饮食等。一个步行的人不仅仅是行走行为，有时或停或驻，一般来说也存在休息这一行为。而休息也不仅仅为体能的休息，还包含了人的思想、情绪等综合性的精神因素。以上所述即构成了基本的环境休息系统设施的特征。

休息系统中以椅凳为主，椅凳体现了一定的公共性，它们的安置必须适应多种环境的需求。休息、观赏、交谈和思考等是人们在公共环境中凭椅凳而生的主要形态和行为，因此椅凳应尽量设置在安静的环境中，并要便于行人使用。休息系统中利用率最高的是椅凳（长椅、座凳），因为许多空间环境的氛围往往是围绕着椅凳而形成的。椅凳在环境设施中具有特殊的意义，是环境景观中的重要要素。

7.6.1 公共椅凳

不管生活方式如何的多样化，椅凳作为常见的环境设施，却能够成为文化传承和交流、人们情感协调的纽带。公共椅凳可供人们休息、读书、思考、与友人交谈等。特别是椅凳与人直接接触，是供人们直接利用的环境道具。为此，公共椅凳的形态、色彩、材质感等对整体环境有着一定的影响，不仅在公共椅凳自身设计方面，而且在椅凳的设置方法上，也应因综合的因素加以细化。

图7-83　公园中的座凳　　　　　　　　　　　　　　　　　图7-84　世博园中的座凳

图7-85　世博园中的座凳

1.座凳

座凳在中国、日本及近中东地区使用较多，具有东方色彩。椅以欧洲为中心使用较多。凳最初作为建筑物的附设部分，设置于走廊等处。座凳可供人们坐、躺、睡、夏日纳凉、日常下棋等。更重要的为了人们信息的传达，作为媒体，这种座凳的设计方法具有民族特征。凳与椅相比，无靠背、扶手、面积较小，无方向性，配置随意，可以自由使用和移动，这一点上其具有实用的优越性。在形态设计方面，强调造型的多样。在人流量较大的场所，如街道、广场及公园等公共区域中设置，不仅供人们休息，还可兼作止路障碍（图7-83～图7-85）。

2.公共椅

（1）公共椅依照情境的分类

1）长时间的思考形

即基本的椅形式，不管以何设计理念作为出发点，都是为了形成空间中最为舒适且安静的环境而设想。

2）短时间的小憩形

有时在狭小的空间场所、使用周转频率高的场所，如车站的候车椅、公共椅常常无法满

图7-86 地铁站中的休憩椅　　图7-87 哈根达斯冷饮店的单座型椅　　图7-88 上海机场候机大厅的连座型椅

足人们坐、卧、趴等需求，其形式有的被转化为简单的横杆，其功能只是分担部分体重而已（图 7-86）。

3）代替型

与公共椅无特殊关联，但由于生成形式恰巧满足了休憩功能，或者在设置上弥补了休息椅需求的空隙，转借为替代形式。如以休息设施兼用作止路障碍物，与交通安全栅及种植绿化平台、拥壁合为一体；有的与雕塑的座台配合使用。

(2) 公共椅依照形态的分类

1）单座型椅

单座型椅，一般多设置于广场、公园及住宅区，较少设置于街道。它不仅供人们休息，也广泛用于餐饮，与餐桌、遮阳篷等相结合组成了咖啡亭，饮茶、饮果汁、进食快餐等休息处的环境，成为环境设施的重要组成部分（图7-87）。

2）连座型椅

连座型椅，一般以 3 人为标准的形态，长度约 200cm。连座型椅的使用常常受到心理反应方面的影响。如两人座的连座型椅，一人就坐后，别人就难以使用，出现了两人座仅一人使用情况。三人用连座型椅具有较高泛用性，适合于两人及多人同时使用，增加亲密感。

连座型椅一般为固定式，设置于种植绿化平台和拥壁等处，与拥壁连成一体，明确地划分了空间，与环境配合较协调（图 7-88）。

3.设计要点

(1) 公共椅凳的制作材料，可供选择范围较为广泛，主要有木材、石材、混凝土、金属、陶瓷、合成材料等。应根据使用功能和环境来选用相应的材料与工艺，并按照各地区不同的风俗习惯、地域特点等设计不同性格的休息设施。

(2) 公共椅凳应坚固耐用，不易损坏、积水、积尘，有一定的耐腐蚀、耐锈蚀的能力，便于维护。在表面处理上，除喷漆工艺外，还可对木材进行染色、注入添加剂，使用混凝土、铝合金或镀锌板等材料。

(3) 单座椅的尺寸要求，一般座面宽为 40～45cm，相当于人的肩宽度，座面的高度 38～40cm，以适应人体脚部至膝关节的距离，附设靠背的座椅的靠背长为 35～40cm。

供长时间休息的长椅，靠背倾斜度应较大，一般与座面倾斜度为5°。无靠背的休息凳，其宽、深尺寸较自由，一般为33～40cm，根据环境场所空间的不同，其尺寸可适当调整。如体育场看台座席宽约25cm，座面高为40cm，如设靠背，背长约20cm；作为游乐园、广场等处的休息凳并兼作止路障碍物使用的，尺寸一般较小，高30～60cm，宽20～30cm，深15～25cm等。

(4) 沿街设置的休息椅以不影响道路交通为原则，尤其在人行道上要留有充足的步行空间，同时不可占、压盲道等。

(5) 从人们在环境中的活动规律和心理角度研究，使用者常产生避免与不相识的人同席的心理倾向。当使用者逐渐增加，座席显得拥挤时，人们从心理上会非意识地保持个体距离和非接触领域。为此，公共椅的设置、造型、数量都会对使用者产生心理、行为的影响。如在候车站等公共场所的休息座椅，应尽可能保持一定数量，并以单体连接型设置较适当。

(6) 公共椅凳的设置形式与人的关系分析。

1) 单体型。在人流量大，不宜长时间停留处，利用环境中的自然物与人工物。如石墩、木墩、路障等。这种形式可向背而坐，私密性较大，可避免互相干扰。

2) 直线型。基本的长椅形式，两端交流的人可以自由地转身，使用者的互动距离为120cm。

3) 转角型。这种形式便于双向交流，避免腿部互碰，适合多人间的互动，站立的人也不妨碍通道的畅通。

4) 围绕型。此种形式不便于群体间互动，较适合单独使用。当多人时，容易造成使用者的碰触。

5) 群组型。可产生丰富的空间形态，适宜不同人群的活动需要。

7.6.2 亭、廊

亭、廊也是休息系统中的重要组成部分。通常，亭、廊是人们活动和休憩聚集的场所。亭一般由柱支撑顶棚，亭内设置休息设施。亭的外形形态有正方形、六边形、三角形、圆形，也有组合型，以攒尖顶最为常见，以此构成区域环境的导向性标志。廊的布局形式比较自由，具有较强的导向性，有直廊、曲廊、折廊等。亭、廊的设置构成了联系空间的纽带。

亭、廊可以和攀缘植物结合构成花草植物廊，使亭、廊建筑掩映在绿色之中，疏朗风韵，层次穿插，成为怡人的休憩娱乐场所。

7.7 游乐设施系统设计

公共环境中适当配置游乐设施，不仅满足人们游玩、休闲活动的需要，还可锻炼人们的体质与心智。游乐器具是老少皆悦的设施，游乐活动是人们休息的积极形式，还能陶冶人们的情操。游乐设施包括游戏设施和娱乐设施（健身设施），具有不同的使用对象和设置要求。

7.7.1 游戏设施

游戏设施主要是为学龄前后年龄段的儿童而设置的，其尺度和规模较小，构造做法也较简单，主要设置于幼儿园、小学校、住宅小区和儿童游戏场。包括秋千、木马、滑梯、压板、攀登架、转椅、游戏墙等及组合式设施，满足和促进儿童攀、爬、跳、转、立、行的需求和能力。

1. 游戏设施的种类

（1）游戏墙

造型丰富多样的游戏墙，可供儿童钻、爬、攀登及可在墙上涂鸦绘画。墙体高度一般为 1.2m 以下，其上设置了形状不同的孔洞。游戏墙还可组织和分隔空间，形成供不同年龄层的儿童活动的区域，减少互相干扰与噪声。迷宫也是游戏墙的一种，既可用藤篱植物等软质材料围合，又可用混凝土等可塑性材料做成儿童喜爱的迷宫形式。

（2）嬉水池

常用的嬉水池有两种，一种是池深度为 20cm 左右，浅而易见；另一种为边缘浅逐渐加深。嬉水池的平面形式多样，可与雕塑、喷泉等结合，流动的池水减少污染。设置于向阳处，选用的材料要作防滑处理。

（3）沙坑

玩沙土是儿时的重要的游戏形式，儿童凭借丰富的想象堆砌、开挖，产生愉悦的体验。沙坑适宜深度为 30～45cm，四周用木制或橡胶缘石加固，防止沙土流失。

（4）滑梯

滑梯是一种结合攀登、下滑两种运动方式的游戏器械。宽度为 40cm 左右，两侧立缘为 18cm，标准的倾角为 30°～50°，着地部分宜用软质地面。造型上结合坡度有曲线形、波浪形、螺旋形等样式，可创造丰富的景观效果（图 7-89）。

（5）攀登架、攀爬器械

攀登架用金属或木材组接而成。常用攀登架每段 0.5～0.6m，由 4～5 段组成框架，总高约 2.5m 左右。攀登架可设计成梯子形、圆柱形或动物造型。攀爬器械是由软质材料（绳、藤）编织成，有钻通道、洞的乐趣，主要锻炼儿童的平衡能力。

（6）组合式

把不同类型的游戏器械组合在一起，既节省材料，又减少占地面积。有线组合、十字组合、方形组合。常用玻璃钢、高强度塑料等材料。在设计这种游戏器械时，要考虑适于儿童的活动方式，同时要易于生产，并具有较强的抗自然腐蚀性能。

图 7-89　滑梯

2. 游戏设施设计配置的要点

（1）安全性是儿童游戏设施和器械设计的基本要求。在结构、材料、造型方面必须保证使用的安全性，可利用绿化、矮墙、栅栏、沟渠等形成相对封闭的袋状空间，与外界作适当的分隔。

（2）儿童游戏设施应着力于结合综合环境的特点，整体把握考量地域的生活习惯、地理气候、文化特质及外界因素等的影响，其造型设计力图以鲜明的形象、色彩、质感、形态，针对不同年龄层次，着眼于满足儿童的生理和心理特点，既要促进儿童的智力发育，又要努力使他们身体健康成长。

（3）游戏空间布局要合理考虑儿童的使用半径、身体尺度、体重等，鉴于成人在旁呵护、保护便捷的需要，可在近处为成人提供休息设施。

（4）游戏设施应反映儿童的探求心理。因此，研究游戏设施的使用方式是设计的重要课题。使设施在儿童们心理上产生魅力、吸引力，导致孩子们自由地发现和创造游乐的方式。游戏设施应给予儿童触觉、视觉、嗅觉等的感官接触，给予儿童运动肌体、搬移物体的经验。儿童们能容易地创造出自己的游乐方式，激发他们的想象力和创造力。

（5）儿童游戏场所的基础设施应设有草坪（供儿童进行柔性活动和休息）、铺装路面和软性地面（供儿童运动）、沙土和水（儿童玩耍所需）。

7.7.2 娱乐及健身设施

娱乐设施是供儿童、少年及成年人共同参与使用的娱乐、游艺和健身的设施。娱乐设施品种类别繁多，且消耗相当的空间面积。游乐场是提供娱乐设施的媒体场所，为此，游乐场的设置地点和娱乐设施的类型均应认真研究。

1. 娱乐设施

通常设置的娱乐设施有迷宫建筑、游艺房、观光缆车索道、空中吊篮以及各类回转器械、运行器械、下滑器械，包括各类小型娱乐设施和附属设施。因其占地面积大、内容多、规模大，因此，在规划布局时应考虑其空间结构布局，力求平面与立体结合，大小设施结合。在保证使用娱乐设施安全性和便利性的基础上，力图减少、弱化对区域环境景观的负面影响和干扰。

2. 健身设施

户外健身器材是供人们露天锻炼身体的小型简单设施。它不仅设置于体育场、学校校园，在住宅区、办公区、城市绿地中也常见，为人们休闲运动提供了条件。如国外城市在绿地广场中设置硕大的国际象棋盘，行人可随时对弈。放在广场中的棋子需成人双手合力相抱才能搬动，这样既锻炼了身体，又启动了思维，趣味盎然。户外健身器在国外也普遍存在。它具有占地面积小、运动幅度适宜、老少皆宜的特点。若几种器具集中设置，可因地制宜，形成特色。我国随着群众体育的大力倡导和开展，街头的体育娱乐性设施快速增加，体育彩票的发展也为设施的建设资金提供了保障。

目前，供老年人娱乐的设施开发是游乐器具设计的重要课题。进行体育活动是老年人晚年

图7-90　香港海洋公园　　　　　　　图7-91　香港迪士尼乐园

生活的主要内容之一,故在老年人活动区域选择时应加以考虑,其设置位置最好在离居住区较近的地方,同时应注意老年人使用设施的无障碍性与易于识别性。

当前,游乐设施已从单一的功能,向着复合型的功能方向发展、变化。为此,游乐设施的设计,应观察儿童们的行为和游戏特点加以分析,获取设计信息,为设计服务。第一个迪士尼乐园成功地创造了一种独特的环境和气氛,使人如身临其境,在娱乐和休息的同时获得了不少科技、文化、艺术、历史、地理等方面的知识,其创举受到人们的热烈欢迎。其后,在美国奥兰多市、法国巴黎、日本东京建成了规模超大的"迪士尼乐园"。已开业的香港迪士尼乐园,标志着迪士尼娱乐业已经走向世界。受其影响,我国北京及各地近年来建立了多处游乐场和娱乐园地,天津等地区也举办了娱乐嘉年华活动。这对丰富人民生活、扩大与世界的文化交流无疑起到了推动作用。这些游乐场和娱乐公园成为当地主要的景观和游乐设施(图7-90、图7-91)。

8 天津市公共环境设施的设计案例

8.1 鼓楼商业街公共设施设计案例

8.1.1 鼓楼商业街公共设施现状调研分析

每个城市、地区都有自己的文化特色,从最具有代表天津特色地域文化的鼓楼和古文化街,进行调研和分析研究,揭示天津在现代街道设施建设中存在的问题,并提供一定的修改建议。致力于街道设施的建设符合现代潮流并与世界接轨,毕竟这两个地方以后的发展方向是以旅游为主的商业区域,有大量的国内和国外的人士来参观旅游。通过现状调研提出改进设想,让天津鼓楼和古文化街的特色地域文化与街道设施建设和谐统一。

本次调研主要以鼓楼和古文化街这两条具有天津文化特色的街道为分析的对象,按照公共设施的类别分别进行分析,这些类别主要有交通类、安全类、商业类、资讯类、休息类、环保类、邮电类、城市设备类等。每一类别从造型、数量、设计风格、材料、尺度、与周边的关系、设施的优缺点等方面进行分析研究。

鼓楼商业街以位于天津老城厢中央的鼓楼为中心,总体布局呈十字形,南北长580m,东西长510m,早期的明清建筑风格。目前,以新鼓楼为中心的鼓楼广场,长宽各81m,作敞开式设计,周围分南街(天津风情街)、北街(古董珠宝街)、东街(精品购物街)等几个部分,具备旅游、购物、娱乐、展示、休闲等多项功能。

根据鼓楼的这些特征,可以充分感受到它集旅游、文化、购物、休闲、娱乐等功能于一体。因此,在这样的大都市中还建有保留历史和民族特色的商业街也就顺其自然地吸引着来自世界各地的旅游观光者,而这里的一切也就更加强了人与自然环境和建筑设施的关系。在这个对外商业性如此紧密的场所,它的各种公共环境设施的设计就显得更加重要,不仅要体现它的商业气息,还要充分符合人与环境相协调的特征。

1. 交通类

交通类主要是指基于交通上的需要而设置的公共环境设施。例如,候车亭、指示牌、自行车架、路障等。

(1) 候车亭(图8-1)

公交车站还是可以使游览者较容易地找到,有它的标志设计,但是它的外观造型与鼓楼商业街的氛围结合较少,没有特点。

(2) 自行车停放(图8-2)

周围的自行车存放上就显得凌乱,街道除内部固定的停车地点外,街口两边几乎没有合理

图8-1　候车亭

图8-2　自行车停放　　　　　　　　　　　　　图8-3　指示牌

停放自行车的位置，因此随意摆放的车子也就相应地降低了商业街古雅的味道。

(3) 指示牌（图8-3）

在鼓楼的设施中，没有见到指示牌的设立，除了街头的平面布局图外，没有指示性的公共设施的建设，增加了游人观看购买的难度。

(4) 路障（图8-4）

路障只是在一些雕塑的周围建设得较好，能够融入到环境当中。但是街道头的停车处等路障没有起到很好的作用，有的路障可以被人任意搬动，使得路障混乱，起不到该有的作用。

2.安全类

安全类是指提供夜间照明以供人或车安全行走的公共环境设施。例如，路灯、走道灯等（图8-5）。

路灯的设计造型上结合了古典元素与现代元素，能够较好地融合到古色古香的文化氛围里。同时，路灯上广告条幅的色彩和文案也很好地衬托了路灯，使它更好地融入了环境当中。路灯

图8-4　路障

图8-5 路灯

图8-6 广告招牌

之间5m的间距也很好地利用了光源，使照明达到很好的状态，几乎没有漏点。

3.商业类

商业类是指提供商业资信或商业服务的公共环境设施。例如，广告招牌、售票亭、书刊亭和简易食物亭等。

（1）广告招牌（图8-6）

广告招牌的色彩运用上，基本上能够体现这个店的古典气息，但在形式方面略显单一，缺少一些个性的元素和体现本店特色的元素。

（2）简易食物亭（图8-7）

简易食物亭在造型设计上符合简易的形式，在色彩和文案的运用上都来自于中国古典和传统元素，在食物亭的周围设立了不少就餐和休息的桌凳，方便游人休息和就餐。

4.休息类

休息类是指如凉亭、桌椅板凳等供行人歇息的设施（图8-8）。

休息长椅。也许是鼓楼商业街的占地面积没有一般商业街的大，所以这里的绿化植物和休息停靠的长椅也就相对很少。

5. 环保类

环保类主要是指垃圾桶和资源回收之类的公共设施（图8-9）。

垃圾桶的形式新旧不一，材料的运用也不一样，比较破旧的用的是铁，还有的运用的是木材与铁的结合，还有的运用民间的手工编制技术的草质垃圾桶。在鼓楼商业街上应当多运用一些带有传统工艺性质的垃圾桶，材质可以更加多样化，结合现代技术。

6. 邮电类

邮电类主要是指电话亭、邮筒等公共设施（图8-10）。

电话亭整体造型和色调与周围街道建筑比较的协调，但是电话亭的利用率比较低，有一半以上的得不到利用。也可以看见电话亭中的电话已经撤走了不少，背对的电话亭中只有一侧有电话，有点不太协调。

7. 城市设备类

城市设备类主要是指电力变压箱、消火栓、检修盖等公共设施。

（1）电力变压箱（图8-11）

图8-7 简易食物亭　　　　　　　　　　　　图8-8 休息长椅

图8-9 垃圾桶　　　　　　　　　　　　图8-10 电话亭

图8-11 电力变压箱

电力变压箱有不少已经很陈旧，需要更换新的，以免影响街道的容貌。另外，一些电力变压箱没有保证安全的措施，都开着盒盖。电力变压箱在整体色调上也不统一，需要进行新的色彩设计。

（2）消火栓

在鼓楼商业街上很难看见消火栓，缺少必要的应急安全措施设备。

8.1.2　鼓楼商业街公共设施调研总结

针对以上环境的分析，我们对鼓楼商业街的一些街道设施做了初步调查与资料收集。走进十字形的街道，基本在相对适宜的距离内观察到了这里的垃圾桶、路灯、公用电话、公厕等设施。这些设施基本在功能上都满足了游览者的需要。

（1）在这个人流密集的街道还没有垃圾分散脏乱的样子，正是在垃圾桶的有序摆放下保持了这个整洁的环境。

（2）进出每个街口时，观察了周围的公交车站牌和自行车存放的情况。公交车站还是可以使游览者较容易地找到，有它的标志设计，但是它的外观造型与鼓楼商业街的氛围结合较少，没有特点。

（3）周围的自行车存放上就显得凌乱很多，街道除内部固定的停车地点外，街口两边几乎没有合理的停放自行车的位置，因此随意摆放的车子也就相应地降低了商业街古雅的味道。

（4）也许是鼓楼商业街的占地面积没有一般商业街的大，所以这里的绿化植物和休息停靠的长椅也就相对很少。

（5）路障设施也没有过多建设。

（6）但是在归属商业街其他设施中的雕塑在这个古香古色的街道却体现得淋漓尽致。基本在走过街道的相隔几百米处就会有一座雕塑，但是它们所表现的却是一个场景，都是在古老的鼓楼街道上昔日所出现的场面。例如，伏案看字的先生、沿街叫卖的商贩、孩子围挤中吹糖人的老人以及听戏的老爷。这些雕塑都体现了古老街道的韵味。因此，在这样的环境下，这样的雕塑就为街道设施的建设起到了至关重要的作用。而除此主要的雕塑外，还有两边店铺门口代表其老字号特征的人物雕像，如尽人皆知的泥人张门口的杨柳青年画中的娃娃，这些也是不但给店铺本身带来了吸引人们目光的标志，而且更是为整个鼓楼街道增添了趣味。游览者也可以通过这些特征标志获得关于鼓楼历史的信息。

8.1.3　鼓楼商业街公共设施改进设想

1．交通类

（1）候车亭

问题总结：候车亭的建设还是可以使游览者较容易地找到，有它的标志设计，但是它的外观造型都是普通的标准化的，与其他地方的候车亭没有区别，与这两条街的氛围上结合较少，没有特点。

可行性解决方法的预想：应用古代天津文化中的一些元素，结合现代的材质加以表现。既表现出这个地区的文化底蕴，又体现了这个地区与时俱进的时代特色。例如，从泥人张的泥人、杨柳青的年画、妈祖文化、软风筝等中的提取元素。

(2) 自行车

问题总结：周围的自行车存放上就显得凌乱，街道除内部固定的停车地点外，街口两边几乎没有合理的停放自行车的位置，随意摆放的车子也就相应地降低了商业街古雅的味道。

可行性解决方法的预想：在街道的两头建设自行车停放处，尽可能地减少自行车在商业街内的停留，杜绝自行车在商业街内行走，形成步行街性质的街道。

(3) 指示牌

问题总结：没有指示牌或者地理位置较差，除了街头的平面布局图外，缺少可指示性的公共设施的建设，现有的指示牌方向的指示性差，易损坏，不易清洗，指示效果较差，增加游人的观看购买的难度。

可行性解决方法的预想：指示牌要有连续性，每个指示牌上的指示内容尽可能地少，但必须与下一个指示牌能够连接起来，总体的指示内容不可少。在与周围环境相融合的同时，要考虑指示牌使用的材质，要便于清洁和不容易损坏，不容易变得陈旧。

(4) 路障

问题总结：路障只是在一些雕塑的周围建设得较好，能够融入到环境当中。但是街道头的停车处等的路障没有起到很好的作用，有的路障可以被人任意地搬动，使得路障混乱，起不到该有的作用。石墩的造型过于工业化、现代化，缺少文化底蕴的体现。色彩方面需要与环境协调，造型方面也需要突破一下。

可行性解决方法的预想：可以采用石墩与植被的结合，增加路障的人性化，同时石墩造型上可以从天津的古文化中吸取设计元素，突破造型的机械化。

2. 安全类

(1) 路灯

问题总结：路灯的设计造型上结合了古典元素与现代元素，能够较好地融合到古色古香的文化氛围里。但是，有一些路灯的设计只是把传统元素生硬地利用，没有考虑人际以及结构的因素，这种灯具易碎，操作性、实用性低。

可行性解决方法的预想：设计造型上结合古典元素与现代元素，注意结构的设计和灯的光学原理，同时注意灯具放置的位置对于空间的要求，设计相适应的灯具尺寸。不要把一种灯具放到所有的地方，要有差别性。

(2) 商业灯具

问题总结：每个商家都拥有或大或小的商业传统灯具。虽然是利用的古代形式，但在形式方面略显单一，缺少新的变化，缺少一些个性的元素和体现本店特色的元素，识别性差。

可行性解决方法的预想：从本店经营的老字号的传统元素中提取元素，设计带有个性色彩的灯具，而不是仅仅利用古代灯笼的概念，都用一样的灯具。

3. 商业类

(1) 广告招牌

问题总结：在形式方面略显单一，缺少一些个性的元素和体现本店特色的元素，识别性差。

可行性解决方法的预想：从本店经营的老字号的传统元素中提取元素，设计带有个性色彩的招牌，增强 VI 指示识别性，从远处一看就知道是哪家店。

(2) 简易食物亭

问题总结：简易食物亭在造型设计上符合简易的形式，在色彩和文案的运用上都来自于中国古典和传统元素，但在食物亭的周围没有卫生设施。容易造成垃圾满地的现象。

可行性解决方法的预想：在简易食物亭周围增加与环境相融合，或者能够与简易食物亭相配套的卫生设施，保证食用食物后的环境卫生。在两个食物亭之间适量地设置就餐桌椅。

4. 休息类

休息长椅

问题总结：设计元素较少，非常不符合人机工程学，木料容易腐烂，卫生条件差，使用人群少。

可行性解决方法的预想：从明清等时代的座椅中吸取元素，结合现在的材料，设计符合人机工程学的座椅，材料尽量便于清洁。

5. 环保类

垃圾桶

问题总结：垃圾桶的形式新旧不一，材料的运用也不一样，比较破旧的用的是铁，还有的运用的是木材与铁的结合，也有运用民间的手工编制技术的草质垃圾桶。开口太小，位置不合理，造型过于单一。

可行性解决方法的预想：在商业街上应当多运用一些带有传统工艺性质的垃圾桶，材质可以更加的多样化，结合现代技术。

6. 邮电类

电话亭

问题总结：使用率低，造价高，破坏率高，造型太旧，位置偏僻。

可行性解决方法的预想：在造型提取传统元素的基础上，在材质和色彩上进行改进。电话亭设在人群流动大的地方，便于发现和使用。

7. 城市设备类

电力变压器

问题总结：电力变压箱有不少已经很陈旧，影响了街道的容貌，另外一些电力变压箱没有保证安全的措施，都开着盒盖，有的警示标志不明显，电力变压箱在整体色调上也不统一。

可行性解决方法的预想：及时维护和更新设备的外壳，注意标明警示性的标志。如果允许进行新的色彩设计，可以根据文化商业街的性质选择颜色；如果不能更换颜色，可以在设备的外围进行附加包装设计，让设备更好地融入到文化的氛围当中。

8.重点问题改进设想

针对课题设计，主要对公共环境中人们需求比较大的设施进行深入调查和分析。而这些设施主要是街道中随处可见不可缺少的垃圾箱、便于游人小憩的停靠椅以及商业性能较强的海报塔。而这些无论从什么角度都可以体现环境与人们的紧密相连，二者是相互作用的。

首先，针对垃圾桶的深入考察。一方面是出于对自然生态环境的维护，更主要的是想通过丰富它的造型使垃圾桶不仅是一个环保工具，更成为点缀街道的一个设施。所以，除了在功能上要符合商业街的性质外，还要在外形设计上作创新，最终达到美化城区的作用，使它真正融入其中。

其次，在长椅性能上的分析。主要是由于我们观察了整个鼓楼商业街发现休息座椅很少，几乎没有。在这个拥有众多游客观光的街道，尽管人们主要以参观店铺、消费购物为主，但是从人体学考虑，观赏者都会有疲劳的时候，所以难免想找个地方稍作停留，需要提供游客休息的设施。因此，应在这里设置一些类似座椅但是不可以久留的设施，毕竟观览者不会停留得太久，而这种休息的设施正好符合游客的心理，当他们需要停靠、并携带物品时可以在此小憩，最终既满足了人们的需求又为街道合理使用了空间。而这种性能的靠椅造型我们还会深入设计，尽量与环境相协调。

最后，还对广告塔展开了分析。在这个商业街道，除了体现它本身具有的古老气息外，商业气息也应该巧妙地被结合起来。所以，在游览者密集的地方适当地建有广告塔式的宣传设施还是很有作用的。设施不要太多，多了会使游客产生逆反心理，而在外形设计上一定要新颖，可以使人们很有兴趣，被吸引，这样既给人们增添了乐趣，又与此同时带来了商业效益。

8.1.4　鼓楼商业街出租车站、路灯、路牌设计

（1）鼓楼商业街出租车站设计（图8-12）

（2）鼓楼商业街路灯设计（图8-13）

（3）鼓楼商业街路牌设计（图8-14）

图8-12　鼓楼商业街出租车站设计

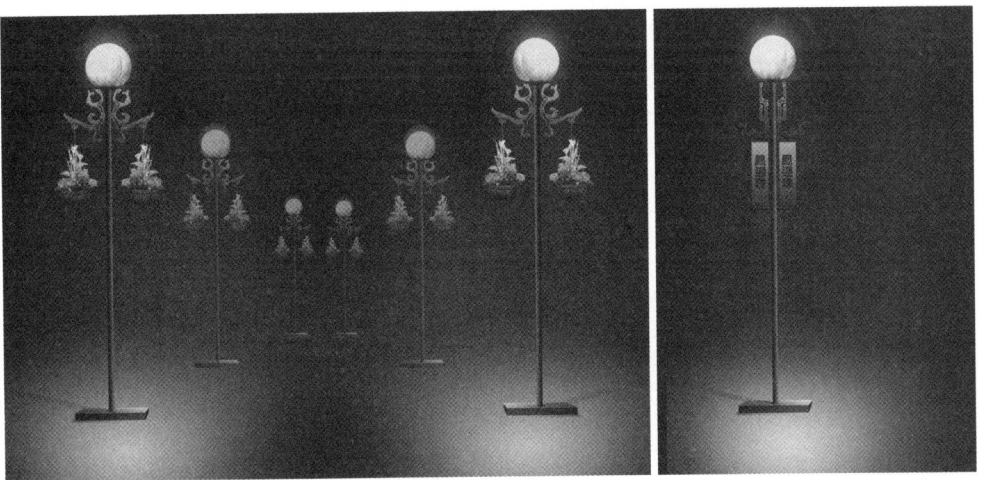

图8-13　鼓楼商业街路灯设计

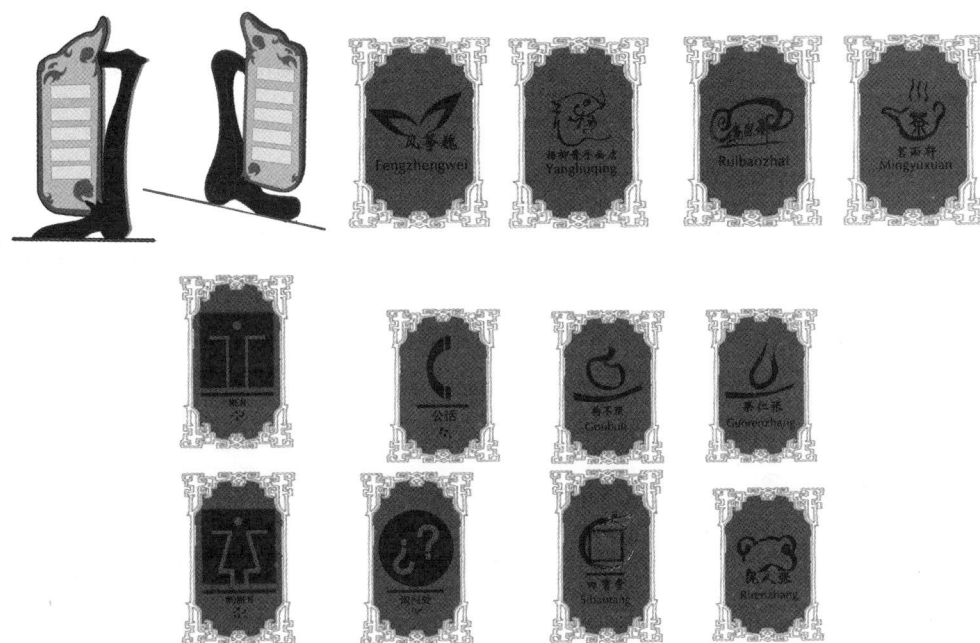

图8-14　鼓楼商业街路牌设计

8.2　五大道公共设施设计案例

8.2.1　五大道公共设施现状调研分析

公共设施是城市环境中重要的组成部分，公共设施与城市建筑共同创造了城市的环境，与市民的生活息息相关，是一个城市经济与文化水平的标志。通过对天津市五大道各种设施进行详细全面的调查，反映所调研街道的具体公共设施环境，致力于通过调查现有街道设施存在的问题，找到提升天津市公共设施发展水平的策略。

天津存有各类历史风貌建筑，是城市历史发展过程中保留下来的宝贵财富和资源。五大道正是这些建筑最聚集的地方，每年都会吸引来自各国各地的游客前来观赏。旅游是五大道的主要功能之一。同时，此地还聚集着一些具有一定社会功能性的建筑场所，如医院、公园、学校、银行、商店、俱乐部等。出入这些建筑场所的人是五大道的主要人群，他们是五大道的设施环境服务的又一人群。

在天津中心市区的南部，东西向并列着以中国西南名城成都、重庆、常德、大理、睦南及马场为名的几条街道。天津人把它称做"五大道"。这里汇聚着英、法、意、德、西班牙等国各式风貌建筑230多幢，名人名宅50余座。这里的各类历史风貌建筑，是城市历史发展过程中保留下来的宝贵财富，也是开发旅游的重要资源和城市形象标志。这里还聚集着一些具有一定社会功能性的建筑场所，如医院、公园、学校、银行、商店、俱乐部等。出入这些场所的人，与来自各地的旅游者共同构成了这个地区的人群特征（图8-15）。

1. 交通类

交通类的公共设施关系到城市交通的通畅，优秀的交通类公共设施能方便人们出行，节省人们旅途时间，提高人们的生活效率。具体分类如下：

（1）公交车候车亭

五大道地区的公交车候车亭全采用同一种形式。形式上比较古典，采用了西方古典建筑元素，呈现一种西方古典建筑的味道。金属材料，涂有褐色的漆面，尺寸型号较小。

五大道所采用的公交车候车亭能较好地完成公交车候车站点的基本功能，体形小，不会影响人们欣赏五大道建筑的风采。但是功能单一，如缺少遮风挡雨设施、缺少配套的休息设施等。人性化因素考虑较少，如下面的公交线路信息要蹲下去看，给人们带来了不便，从侧面看不是太显著。除此之外，在位置摆放上太靠近行车道，行人多时，观看公交线路信息聚集在公交站牌的前方，甚至人们要站到行车道上，既给乘客的安全构成威胁，也容易造成交通的混乱（图8-16）。

（2）指示牌

指示牌能够给人以引导，指示牌功能的好坏也会影响交通环境，甚至还有造成交通事故的潜在危险。指示牌调查中主要的分类有：交通指示牌、道路指示牌和其他指示牌。

图8-15　天津市五大道

图8-16 公交车候车亭

1）交通指示牌

五大道的交通指示牌系统在历史味道浓郁的建筑环境中显得非常醒目，与两边的路灯等设施共同组成了道路两边的环境。指示牌大多运用交通警示颜色，如蓝色、红色、白色、黄色、黑色等。形式为金属板材上印刷图案，用金属管材立在地面上。由于道路密集，指示牌也非常多。形式大体一样。但是考虑到五大道旅游环境与古典的建筑风格等因素，应注意协调指示牌既要满足五大道古典庄重的整体环境，又要起到交通指示作用之间的关系。在调查中发现，指示牌的位置和其他设施之间存在相互冲突的情况，比如与路灯、道路指示牌之间的冲突。有的指示牌还直接被安装在了路灯等设施上，虽然节约了空间，但也破坏了路灯等设施的整体性（图8-17）。

2）道路指示牌

道路指示牌就像是道路的一个标签，是街道的"名片"。不同风格和内涵的街道会采用不同的道路指示牌。如五大道地区的指示牌，运用的是建筑结构元素设计的，材质上选用厚重的金属，以及重色与蓝色和白色进行搭配，能体现五大道的道路整体特征。但也存在一些需进一步考虑的方面。如：五大道中的每条道路，都有它不同的特点，不应该所有道路均选用同一种形式，应考虑整体统一基础上的变化，使每条道路的风格特征都能有所体现。

3）其他指示牌

从图8-18中不难发现，4个几乎在一条街道上的指示牌却存在着风格各不相同的特点，无论是材质运用，还是结构形式，都比较混乱。颜色选用上虽然

图8-17 交通指示牌及道路指示牌

图8-18　指示牌

都采用白色和蓝色的搭配组合,但无法构成系列产品。这4个指示牌整体上还存在形式简陋的问题,识别性比较差。比如,公共厕所指示牌在夜间不好识别,给人们造成不必要的麻烦;位置上也应该有所考虑;视觉效果一般,功能实现上也存在问题。

（3）自行车存放架

五大道地区有很多社会功能性很强的部门。如医院、学校、银行等。这些部门周边会产生局部人群滞留的现象,从而使自行车的存放成了一个比较大的问题。经过调查发现,五大道各路段都有自行车乱放的现象。自行车存放架不多,只在特殊的地方有。虽然有,其形式亦与五大道地区的旅游观赏环境非常不协调。材料选用的是金属管,颜色大多为黄色,造型没有创新,无法体现天津浓厚的文化特征。并且结构单薄,稳定性差。设计风格与天津市其他各地区一模一样,缺乏五大道的独创性（图8-19）。

（4）电子泊车设施

在五大道上发现了一些电子泊车设施,这些设施给汽车的停放解决了一些问题,也丰富了公共设施的门类,是未来公共设施的发展方向,体现了科技的魅力。在设计方面还有一些值得改进的地方。电子泊车设施属于一种较新的设施,从人们使用角度上看,是比较陌生的,使用起来就不太方便,加上电子泊车设施上产品语义的设计较少,就会影响电子泊车设施的使用推广。或者有的电子泊车设施使用起来又太复杂,也不便于人们的使用（图8-20）。

图8-19　自行车存放架　　　　　　　　　　　　图8-20　电子泊车设施

图8-21 休息座椅设置

2. 休息类

休息类公共设施为行走忙碌的人们提供了一个稍事歇息的地方。对于经常有游客观光的五大道来说，设置休息类的公共设施是非常必要的。在对五大道的调查中发现，五大道的座椅很少，样式也很少，只在马场道和成都路上有一些，大多是摆放在绿地广场里的，还有一种是配合公交候车亭用的。配合公交车候车亭的座椅以木料和钢铁为主要材料，形式简洁，节约空间，没有破坏周边的环境。但没有靠背，不符合人机工程学原理。其他的座椅有靠背，形式感较好。数量太少，分布过于集中（图8-21）。

3. 环保类

环境保护类公共设施是保持环境整洁的重要设施，主要有垃圾桶等设施。五大道部分路段的垃圾桶比较陈旧，形式死板，垃圾桶设计与五大道风格不统一。具体分为三类：一种是以塑料为材料的较大的垃圾桶，主要功能是聚集建筑内人们生活和工作产生的废品。特点是容量大，可移动，定点有人收拾垃圾。一种是以石材和金属板为主要材料，放在路边供行人使用的。可两面投垃圾，形式感强，具有现代感觉。一种是以金属作为主要构件的圆柱形垃圾桶。这种垃圾筒比较结实，分为内胆和外皮两部分，上盖可拆卸，便于垃圾取出，造型圆润，整体感强。上面所述的三种垃圾桶，第一种和第三种不支持垃圾分类，也没有"可回收"与"不可回收"的字样，不利于垃圾的分类回收。另外，也没有烟灰缸的作用（图8-22）。

4. 邮电类

邮电类的公共设施关系到人们的沟通与交往，在街道的所有公共设施中占有重要的地位。邮电类公共设施主要包括电话亭和邮筒。

（1）电话亭

五大道各路段的电话亭以马场道的电话亭最为统一，采用的是建筑元素，铸铁材质，黑色漆面，给人厚重的感觉，与马场道的氛围基本融合。但是也呈现出一些不足的地方，如高度较矮，顶部较小，避雨的效果不好；由于采用的是铸铁工艺，又涂上了黑色，无形中渲染加重了整个道路的气氛。其他路段的电话亭多以有机玻璃和不锈钢材质组合而成，颜色鲜艳，半封闭，

图8-22 垃圾箱

图8-23 电话亭设置

遮风避雨的效果显著。主要不足是颜色变化大，不够统一，并且有的道路出现几种形式混杂的情形（图8-23）。

(2) 邮筒

通过调查发现，天津市的街道邮筒大都一模一样。五大道作为旅游的地方，应该秉承自己独特的风格，不然就会影响到五大道历史文化韵味的体现。邮筒形式没有独特性（图8-24）。

图8-24 邮筒

5.城市设备类

城市设备类的设施，同样是城市容貌的体现。城市公共设施的提升要靠所有的公共设施之间的相互配合。城市设备就像平面作业中的底色，好坏直接影响整个城市环境的优劣。城市设

图8-25 电力变压箱　　　　　　　　　　　　　　　　　　图8-26 消火栓

图8-27 树池

备类的设施主要有电力变压箱、消火栓、铺地等。

（1）电力变压箱

五大道地区内的电力变压箱，在五大道设施环境中占有重要的地位。在五大道各个路段都露在外面，大体上都是水泥地基和金属皮的箱子结合，颜色大都是白色，在道路两旁占用空间大。由于在建筑物的外面，影响人们的视线，也影响街道环境的美观。所以，应该处理好电压箱与周围环境的融合，在什么环境下运用什么样的造型方法，解决现行变压箱过于单一死板的形态局面，可采用隐藏和伪装两种方法来处理（图8-25）。

（2）消火栓

五大道消火栓设施很陈旧，颜色都为艳丽的红色，虽然醒目，但也破坏了环境的整体性，在人行路面上加重了设施整体环境的混乱。有的处在阻碍行人的位置上，一定程度上影响人们的行走，视觉上的效果不佳。同时，消火栓下面的铺地设施受到破坏，维护得稍差，不利于卫生清理工作（图8-26）。

（3）树池

五大道地区的树池设施整体上比较混乱。虽然常德道上的树池比较规整，视觉效果比较好，但清理也比较困难。其他的树池，有的裸露土地面，有的运用碎石头来填补。裸露的土地面看上去与铺地面反差大，不够整体，阴雨天的时候，容易使行人踩到泥土，给环境卫生带来不便。用碎石头填补，视觉效果比较凌乱，风沙大的时候会把垃圾碎屑吹到碎石头之中，看上去更加凌乱，也不利于清理（图8-27）。

图8-28 各式盖板

(4) 盖板

盖板是地面上的又一景观，能为整个街道环境增添色彩，起到画龙点睛的作用。经调查发现，五大道地区的盖板形式都太陈旧，表面都是铁的原有色，图案纹样老套，缺乏韵味。五大道周边的建筑设计得如此优秀，却配上了这么普通的盖板，势必会影响到五大道整体环境的体现（图 8-28）。

8.2.2 五大道公共设施调研总结

无论是以旅游观赏为主要功能的五大道的各街道，还是以小区住宅和商业服务作为主要功能的永安道和广东路，都暴露出来一些值得关心和解决的问题。每一条街道的公共设施系统设计是城市整体规划中的一部分，必须服从和服务于城市和整个街道的整体。公共设施的形状、色彩、尺度等特征是加强人们沟通的重要媒介，应该系统详细地去挖掘各方面的可能性，突出街道特色，美化街道环境。

8.2.3 五大道公共设施改进设想

无论是什么种类的设施设计，都是以功能为基础的设计。对于街道设施所处的特殊的交通环境，方便街道交通功能是至关重要的一方面。但一个街道只具有交通的功能是不完全的，还应具有绿化生态功能和景观观赏功能。街道的绿化生态功能需要各种绿化和维护自然生态的设施来完成。街道的景观观赏功能是要各种街道设施在整体与细节的结合上能给人一种赏心悦目的效果。针对街道的这三大功能，可以对街道进行大方向定位，找到侧重的功能，体现街道特点和特有的气质。

由于五大道地区素有"万国建筑博物馆"的美称，这就要求对街道的建设以及街道设施的设计不能停留在简单的使用上，应该在满足顺畅的交通和优美的绿化生态的同时，最大限度地提升五大道地区的景观观赏功能。对于街道设施来说，就要充分配合这条主线。

随着近年来经济的发展，天津风貌建筑资源及其潜在价值的合理开发、保护和利用，已经成为城市建设和管理的迫切任务，而五大道整体两千亩地则被作为主要的开发对象。通过"该建的建、该拆的拆"这些改造措施，争取把昔日的建筑特色恢复起来，大力开发，合理应用，将其中所蕴含的极大财富和商机充分发挥出来，以此来带动天津的经济建设。

搞好风貌建筑资源，无非以开发旅游资源为主。但无论是风貌建筑旅游——看建筑，还是人物历史旅游——讲近现代史，都是供游客参观用的。所以，不光要注重风貌建筑的改造，同时也要搞好公共设施的建设。因为它毕竟也是城市环境的重要组成部分，是构成户外空间必不可少的物质基础，体现了城市的风采和特点，表现了城市的气氛和性格。说白了，它就是城市的一张"脸"。

通过实地调查发现，虽然五大道的建筑不断翻新，令人赏心悦目，但在公共设施方面并没有太多的改善，有些设施已破烂不堪。例如，有些住宅区里的垃圾箱，还是传统的混凝土材质，虽说是保留遗产，但其破烂程度不堪设想：不仅当年的油漆已经褪去，而且边角也都不复存在；而有的地方，甚至仅用两个绿色的铁皮桶，再用白色的油漆写上"垃圾桶"三个大字，就成为一个公共设施了。相对于五大道上风格迥异的建筑来说，实在是大煞风景！

在使用功能方面，部分公共设施已经有所扩展。像公共电话亭，可以坐着打电话，不必再站着通话了；公交候车站也增添了简单的座椅设计，减少了候车时站立所产生的疲劳感，而且多了顶棚设计，为避免阴天下雨、日光暴晒等自然环境所带来的麻烦，提供了适当的帮助。

在造型方面，也已加入了一些设计因素。比如，公共电话亭和公交候车站，已经改变了传统的观念。

同时据观察发现，五大道上的长椅几乎全是木质材料加上一些铁艺配饰，尽管是考虑了一些历史因素，但在造型上却也太过一致了，无所突破。另外，在一些标志方面的设计还有所欠缺，依然还保持着 20 世纪七八十年代的样式，不能体现一个城市的发展变化的进步。

在公共空间已经成为老百姓与艺术家共享创作理念和乐趣的今天，这样的环境设施实在是有点影响整体风貌。现代的公共设施不仅是精神文化的指南，而且成为了一种宣传性与技能性的符号环境。公共设施的设计要考虑到社会的涵构，要结合一些自然面、历史面与文化面，而且还要因设计物在进入空间时所遭遇的问题不同而变化。

通过访问还发现，随着社会日新月异的变化，人们对都市景观和生活空间的要求也开始普遍提高。因此，寻求人与自然环境、人工设施间的协调应该作为设计的主要对象，并且还应该充分掌握空间内容的特性，运用设计来呼应空间发展概念，使空间机能及意义均可获得充分的诠释。

通过对五大道的实地调查了解到，对于公共设施的设计，不仅要注重主观的表现，还要考虑到气候、位置、使用以及维修等细节方面；对设计物的材料与视觉特质进行整合，要有明确的方向与评估标准；在部分设计上更要体现人性化设计的理念，并要符合人机工程学原理，使设计物更有效地诱导人们的使用，呼应空间特性，充分发挥公共设施美化环境的作用。

通过实地观察发现，在五大道公共设施设计上最值得关注的：一是垃圾桶设计；二是公共厕所设计。

8.2.4　五大道公共设施设计方案

五大道公共设施设计方案，如图 8-29 所示。

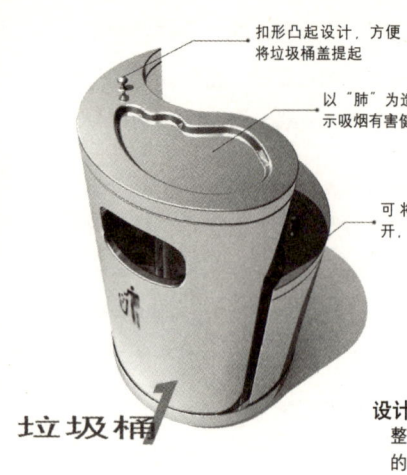

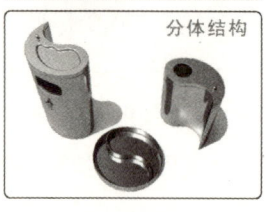

设计说明：
整体造型以太极图为基础，并加以变化；可作分类垃圾的处理；以不锈钢为材质，不仅坚实耐用，而且大方得体；以"肺"为造型的烟灰碟，使垃圾桶更具理念化

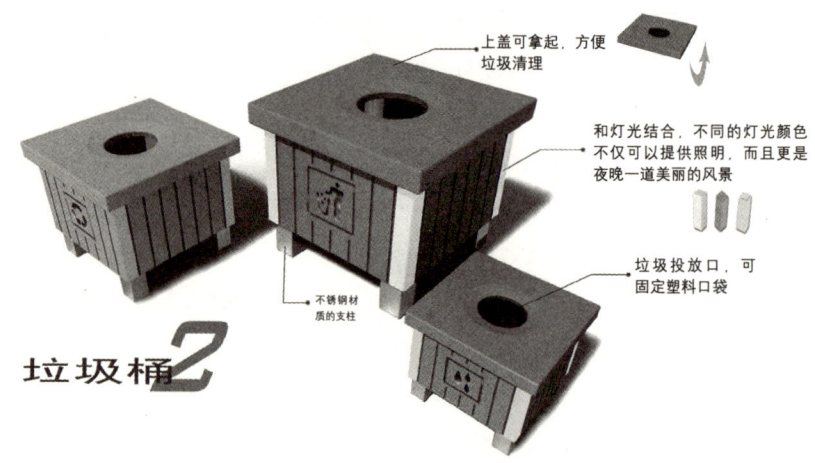

设计说明：
像板凳式的造型，并与现代艺术相结合，美观、大方；可将大小不一、颜色不一的垃圾箱组合起来，作分类处理

设计说明：
仿树木式的造型，给人以回归自然之感，更渗透了环保的意识；环形与柱形的结合，不仅将垃圾桶合理分割，而且造型别致

图8-29 五大道公共设施设计方案

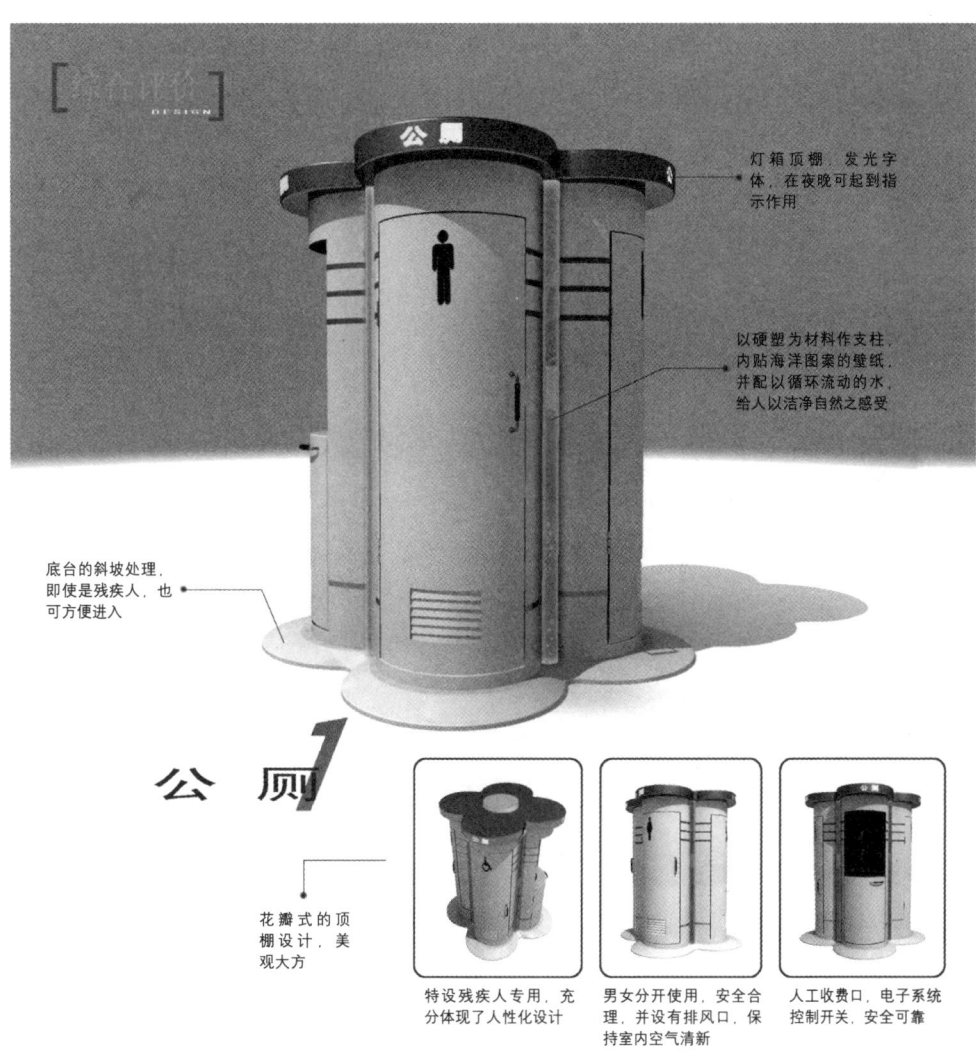

图8-29 五大道公共设施设计方案（续图）

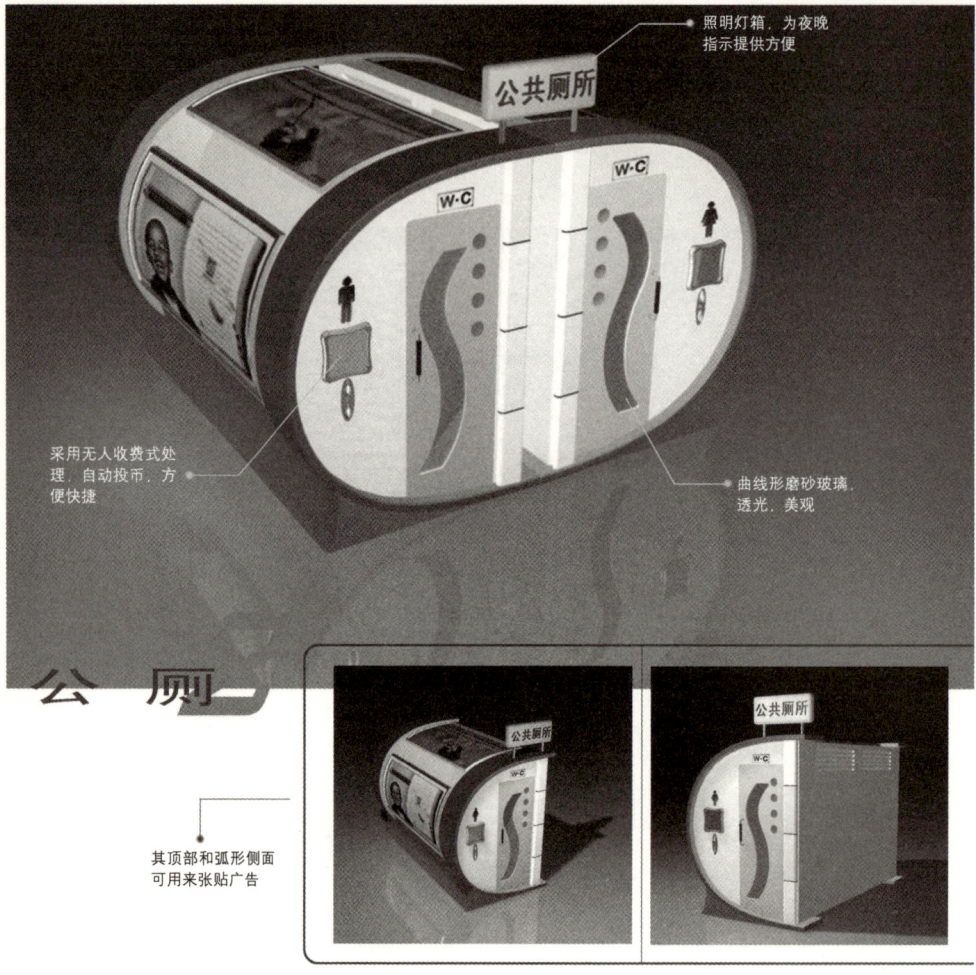

设计说明：
　　整体造型以半圆为基本形状，可组合使用，也可独立使用；造型新颖大方，整体感强；颜色简洁明了；电子投币设计更节省了人力资源，且富于现代感

图8-29　五大道公共设施设计方案（续图）

8.3　红星路沿线公共设施设计案例

8.3.1　红星路沿线公交站设计

　　（1）方案一设计草图及设计效果图（图8-30、图8-31）

　　（2）方案二设计草图及设计效果图（图8-32、图8-33）

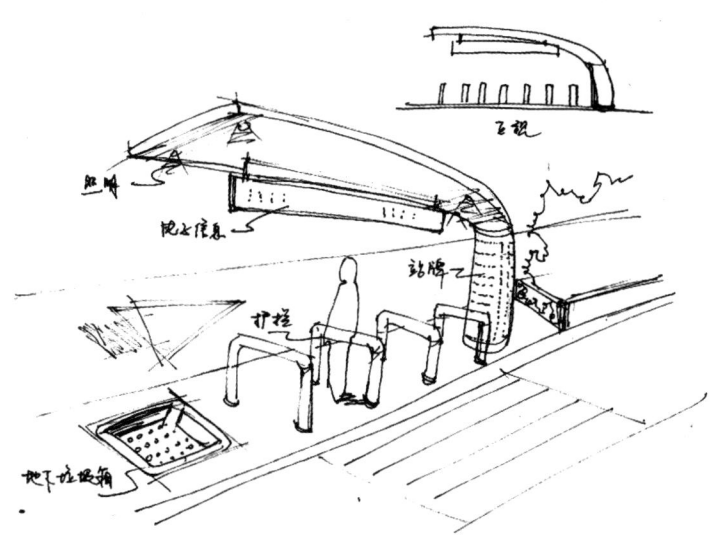

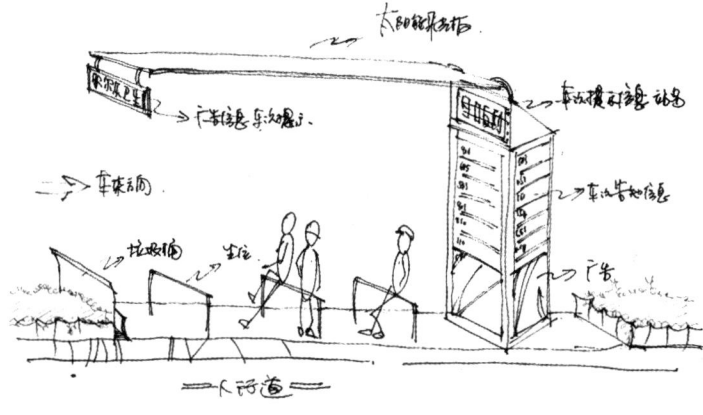

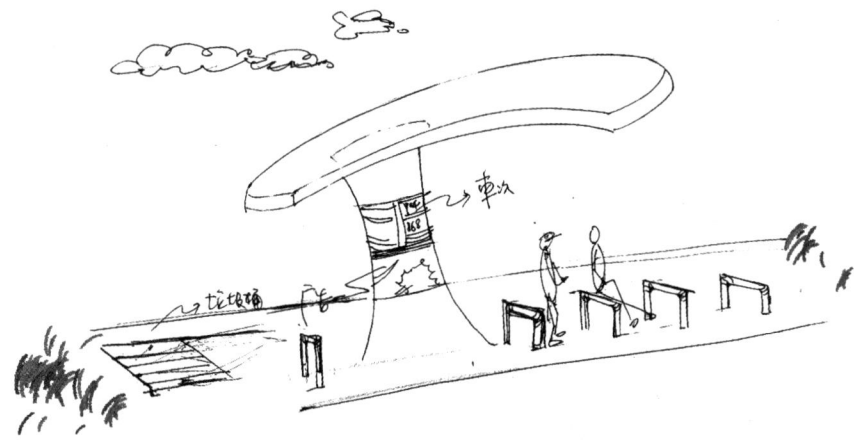

图8-30 方案一设计草图

图8-31 方案一设计效果图

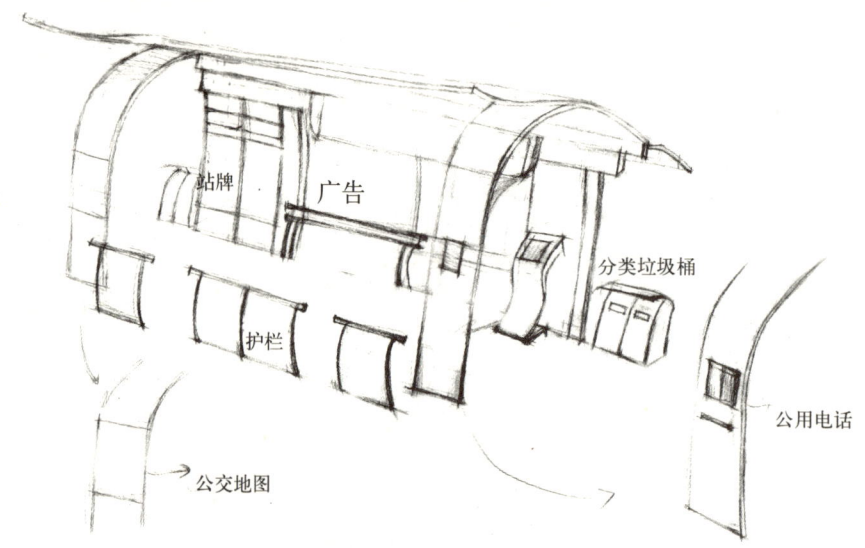

图8-32 方案二设计草图

图8-33 方案二设计效果图

8.3.2 红星路沿线自行车架设计

(1) 方案一设计草图及设计效果图（图 8-34、图 8-35）

(2) 方案二设计草图及设计效果图（图 8-36、图 8-37）

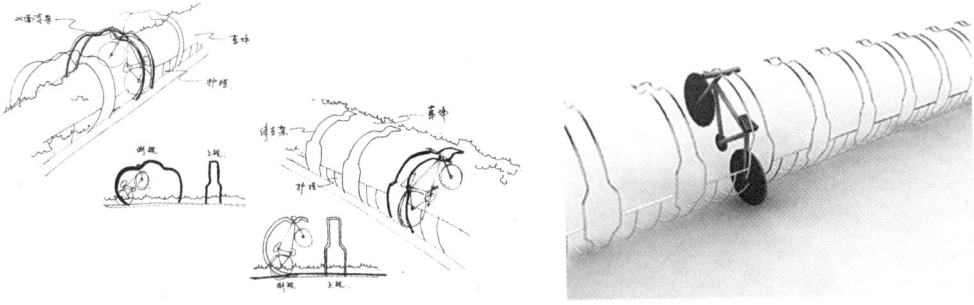

图8-34　方案一设计草图　　　　　　　　　图8-35　方案一设计效果图

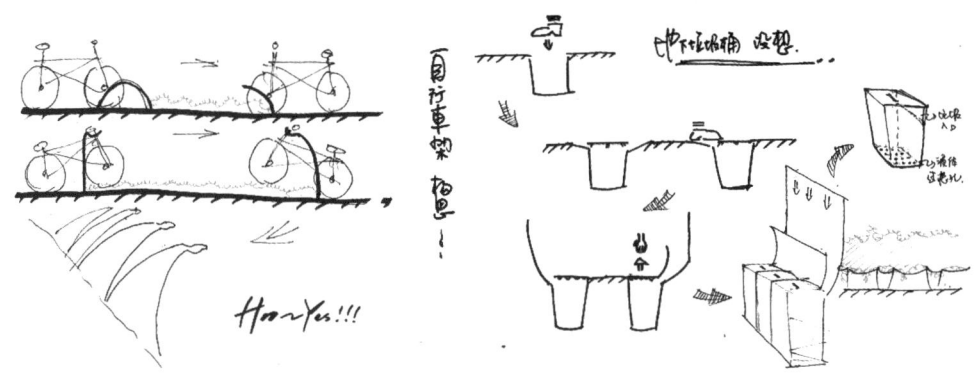

图8-36　方案二设计草图

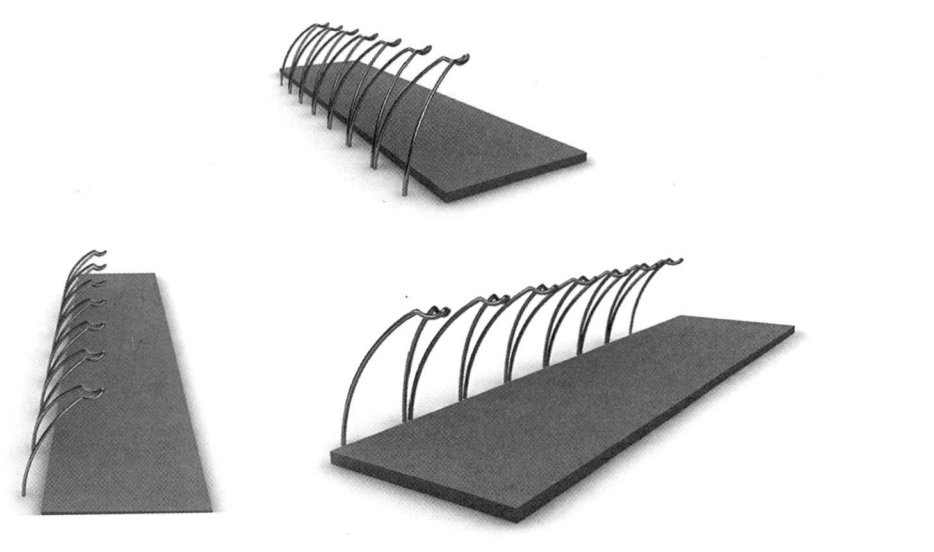

图8-37　方案二设计效果图

8.4 华苑居住区公共设施设计案例

(1) 华苑居住区公交站设计方案（图8-38）
(2) 华苑居住区垃圾箱设计方案（图8-39）
(3) 华苑居住区棋牌桌设计方案（图8-40）

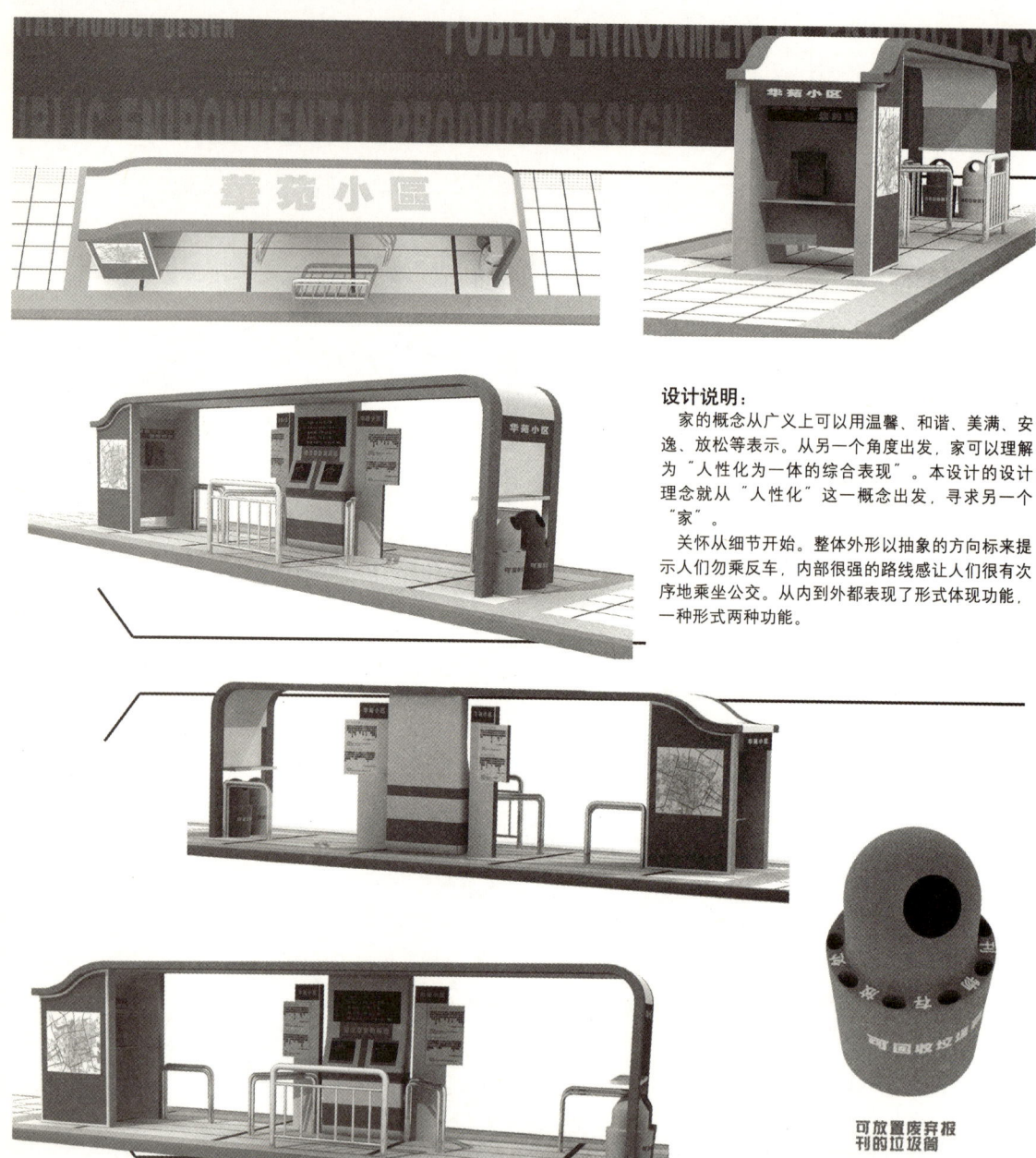

设计说明：
　　家的概念从广义上可以用温馨、和谐、美满、安逸、放松等表示。从另一个角度出发，家可以理解为"人性化为一体的综合表现"。本设计的设计理念就从"人性化"这一概念出发，寻求另一个"家"。
　　关怀从细节开始。整体外形以抽象的方向标来提示人们勿乘反车，内部很强的路线感让人们很有次序地乘坐公交。从内到外都表现了形式体现功能，一种形式两种功能。

图8-38　华苑居住区公交站设计方案

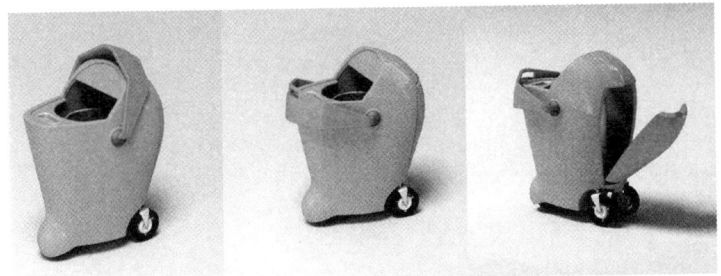

为配合公交总站这一特定的使用环境，垃圾箱的设计采用了可移动式的设计，可调节式的扶手设计既方便工作人员对垃圾箱的推动，也不妨碍行人的正常使用。借鉴一些室内垃圾箱的设计创意，特别针对车站内的吸烟者设计了熄烟凹槽，防止未熄灭的烟头在垃圾箱内引燃物品。

图8-39　华苑居住区垃圾箱设计方案

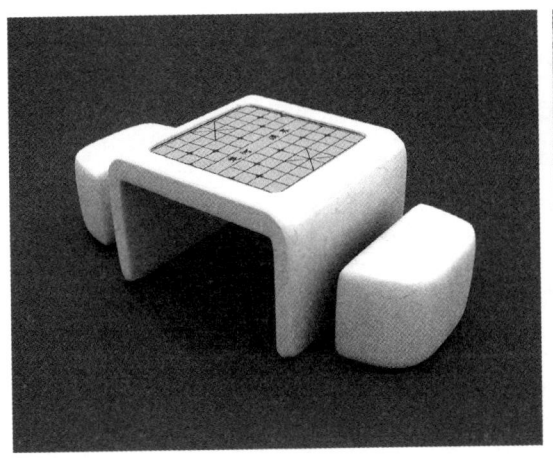

图8-40　华苑居住区棋牌桌设计方案

8.5　友谊路公共设施设计案例

8.5.1　友谊路公共设施调研分析

友谊路位于天津市区的东南部，是天津市最具发展潜力的地区之一。友谊路金融街北起马场道、南至黑牛城道，全长 3500m，是一条集金融、涉外、商务、会展、餐饮等功能于一体的服务型经济聚集带。友谊路是代表天津现代化风貌的主干交通路线，具有较强的政治、经济、文化等综合辐射力。目前，已经入住企业 500 余家，集中了全市近 40%的银行、金融、保险、证券、期货等机构，国际展览中心、天津博物馆、天津宾馆、喜来登酒店、青少年活动中心等建筑同样落户于此。区域内，市政、园林绿化等配套设施完备。其中，银河公园、青少年活动中心等绿化面积达到 120 万 m²。

1. 交通类

在友谊路以及友谊路广场上，自行车摆放是一大难题。自行车停放的设施较少，几乎很难发现。自行车的摆放呈现出量大、聚集点多、杂乱和乱停乱放的现象。例如，在天津服装进出

图8-41 自行车停放

口公司商场的门前左右,横七竖八地停放着七八十辆自行车,自行车的停放使得想买报的人很难靠近报亭;在渤海证券与天津商业银行之间杂乱的自行车排列近百米,在这里常令人有"百米长龙"的想象;再就是友谊路广场上的自行车,散、乱、杂现象很严重。在有些地段虽然专门设有简单的车架,但是存在着长时间没人维护管理、车多不够用的现象。另外,由于没有相应的公共配套设施,有些人怕自行车被偷,就将车锁在围栏、路灯杆、路边的树上,显得凌乱,损害树木、影响市容。在友谊路上还有一个与自行车有关的现象,就是修理自行车的摊位很多、很乱、很脏。特别是在马场道至围堤道之间,这种摊位很多,平均每百米就有一个。这些凌乱的摊点对市容影响也很大,可以做些相应的流动设施。此外,自行车和汽车的停放严重影响了自行车道和步行道。有些汽车靠马路停放,延绵几百米,不但严重影响了自行车道,更主要的是造成公交车很难停靠在公交站点,给公交候车人员上车造成了障碍(图8-41)。

2. 安全类

友谊路的路灯数量较多,完全能满足功能需要。材质以金属为主,上下两个灯头,整体呈线形造型,高度适宜。摆放在步行道和自行车道的分界处,间距也很小,以适应友谊路车流量大的需要。但是,整个灯的形式有点过于平淡,没有与友谊路现代化大都市的特色形成一致(图8-42)。

3. 商业类

友谊路的广告牌数量相对较多,大小不一,有横幅的、条幅的,一般悬挂位置较高,给现代化的友谊路增色不少。这些广告牌与友谊路上高耸的大楼相得益彰。它的橱窗招牌可定时更换,产生奇特效果。但是,同时也暴露出了许多问题。如在友谊路上的小广告乱贴现象也很严重,广告灯箱上、路灯上、公交车站上、路边的电缆上、路边的树木上到处贴满了小广

图8-42 路灯

告，这是最能影响友谊路街貌的败笔，应当予以改善。对于报亭，友谊路报亭数量较多，但造型普通，并无新颖之处，不能体现出友谊路的现代化风格。在友谊路靠近水晶宫一个路口处有一个报亭，报刊书籍挤满了柜台、货架，整个报亭的布局很凌乱，而且报亭周围停放着许多凌乱的自行车，让人很难靠近报亭，报亭的周围还有垃圾的堆放现象（图 8-43）。

4. 休息类

友谊路的座椅数量很少，就是在座椅主要的聚集区广场，座椅也非常少，只有星辰广场边缘的花池边有座椅，一般是 25m 远 1 个，质量差，使得很多游玩的人都只能坐在花池的两边上。还有的座椅出现了损坏现象（图 8-44）。

5. 环保类

友谊路（包括友谊广场）上的垃圾桶数量不多，以绿色的金属材质垃圾箱为主。绿色的颜色容易造成垃圾箱和邮筒的混淆，颜色单调，缺少生机。在友谊路广场上，垃圾桶只是在星辰广场座椅的附近有，在远离座椅的人们活动的场所没有垃圾桶。而且，在星辰广场座椅，附近的垃圾桶的特点是间隔距离远（大约 30m）、不易投放（过于高大，投放口又小），周围的 3 个可以放烟头的小投放口直径是 17cm。这样造型的垃圾桶缺乏人机的考虑，不易将垃圾投进去，特别是对于那些在广场上玩的孩子们而言。还有，就是垃圾桶的口是向上的，没有防水性，取垃圾是将垃圾桶上部的圆台拿去，很不方便（图 8-45）。

8.5.2 友谊路公共设施调研总结

1. 设施功能

友谊路公共设施功能基本可以满足需要，但自行车和汽车的停放问题仍然有待进一步解决。更好地处理车辆停放和马路布局的问题是设施功能改进的一个重大问题。垃圾箱也应该进一步增加，以满足大家投放垃圾的便宜性。马路灯则可以完全满足功能需要。

设施风格：

友谊路和友谊广场，整体是大都市的风格，现代化、商业化气息浓重。但这里的公共设施风格显得平淡无奇，毫无特色，和整体毫无关联。

图 8-43　广告牌设置

图 8-44　座椅设置

  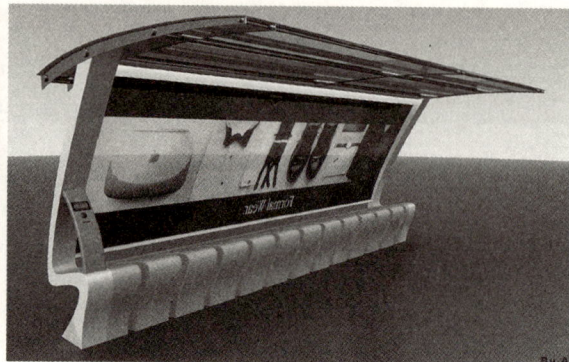

图8-45　垃圾筒设置　　　　　　　　　　图8-46　友谊路车棚设计方案

2. 设施空间划分

在友谊路有些地方，马路宽敞，用绿化带等设施很好地把汽车道、自行车道和步行道分得很清楚。但部分地方，由于汽车和自行车的停放，把自行车道和步行道的空间给占用了。这是友谊路公共设施划分空间的一大缺陷。

3. 以人为本

友谊路的公共设施除了灯的设置外，其他设施都没有很好地体现出以人为本的理念。垃圾桶的颜色指示性差，棱角鲜明，高度不适于部分人群的投放。人行道狭窄，公共座椅太少。这些都市设计中的弊端。

4. 改进方向

友谊路是新的大都市街道，商业气息浓重，现代化特征明显。这里的建筑都非常的前卫和现代。但这里的公共设施却显得平淡无奇，毫无现代化的个性特点，与整体风格严重不符。因此，寻找现代化公共设施风格的设计定位，保持与友谊路现代化风格的一致性，是友谊路及其广场公共设施改进的方向。

8.5.3　友谊路公共设施设计方案

（1）友谊路车棚设计方案（图8-46）

流线型的车棚设计，结合了高科技与现代化的自动刷卡车锁，具有更强的防盗功能，大幅的真彩超薄灯箱，使车棚融入了时尚的气息。

（2）友谊路自行车车架设计方案（图8-47）

简洁的"V"造型，座椅与车架的完美结合，让人们体验意想不到的视觉感受。

（3）友谊路公共座椅设计方案（图8-48）

奇特的造型，大胆的尝试，好像一些流动的液体滴落而成。它们被充当座椅的同时又多了一层功能——被欣赏。

（4）友谊路路障设计方案（图8-49）

图8-47 友谊路自行车车架设计方案

图8-48 友谊路公共座椅设计方案

图8-49 友谊路路障设计方案

8 天津市公共环境设施的设计案例

传统与现代的融合,石材与金属的呼应,造型与功能的完美结合,功能虽简单,但在不经意间流露出自身的美感。

(5)友谊路公交车站设计方案(图8-50、图8-51)

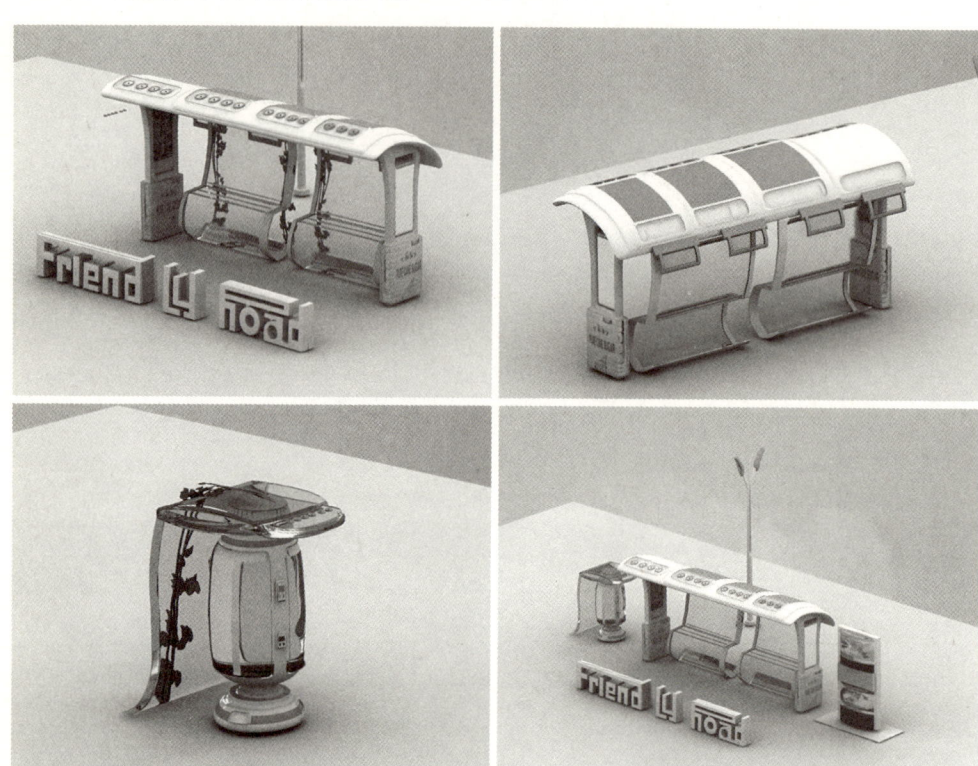

图8-50 友谊路公交车站设计方案一

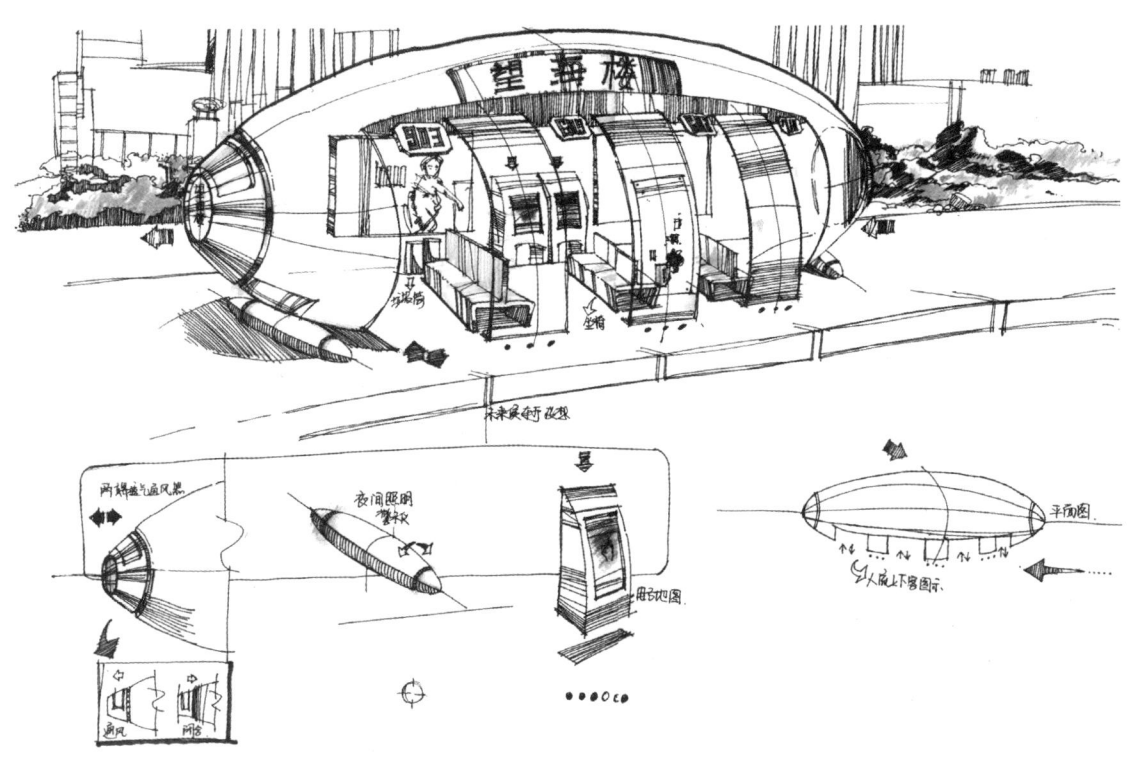

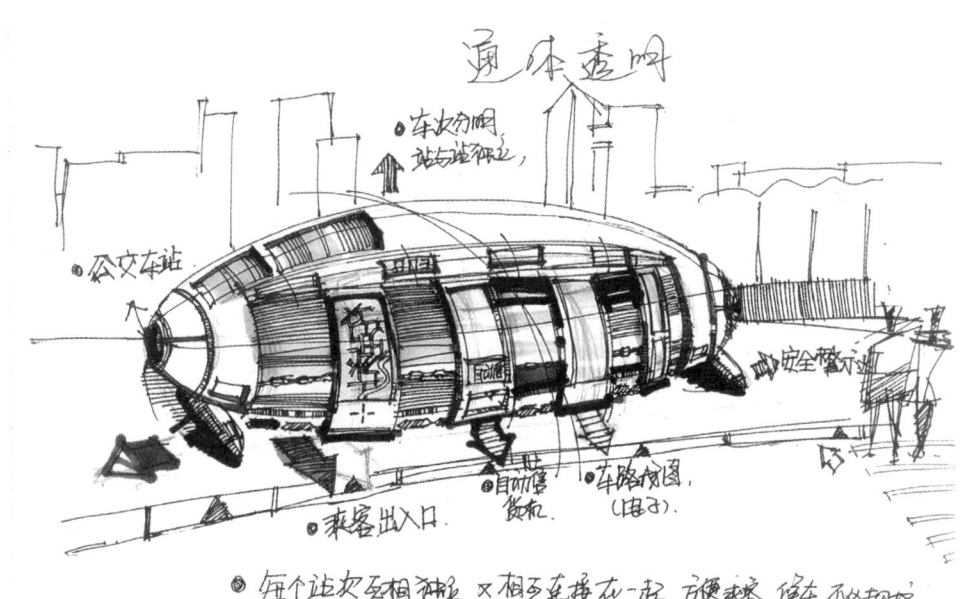

图8-51 友谊路公交车站设计方案二

8 天津市公共环境设施的设计案例

图8-51　友谊路公交车站设计方案二（续图）

（6）友谊路公共厕所设计方案（图8-52）

（7）友谊路自行车存放架设计方案（图8-53）

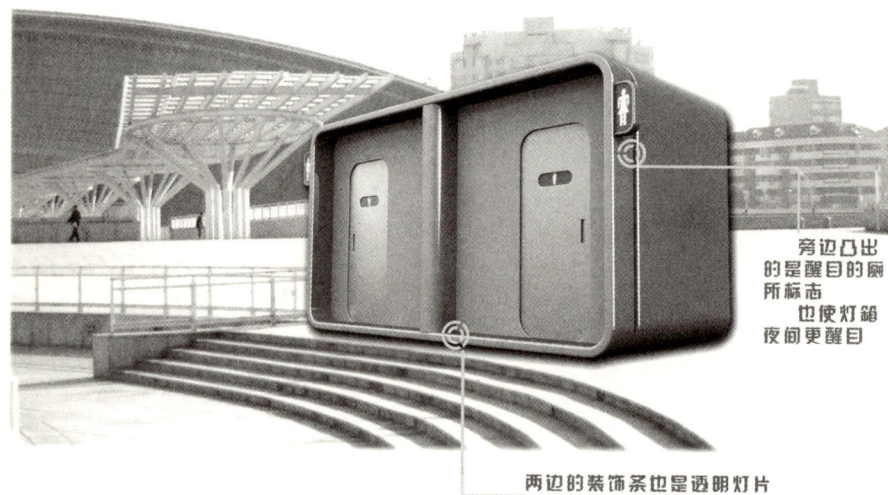

图8-52　友谊路公共厕所设计方案

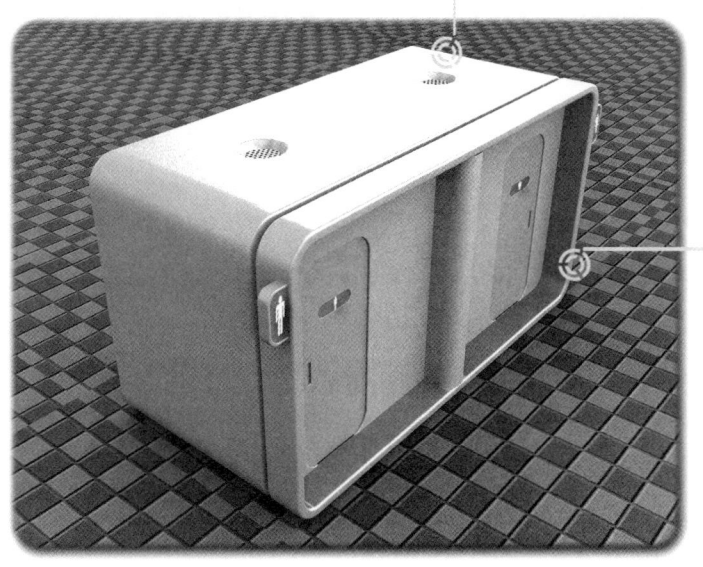

图8-52 友谊路公共厕所设计方案（续图）

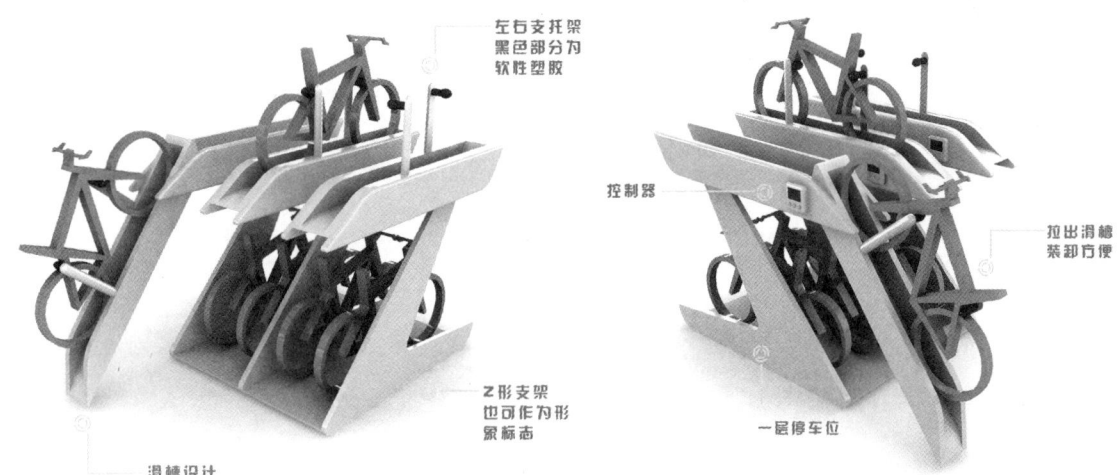

图8-53 友谊路自行车存放架设计方案

8.6 水上公园附近道路公交站设计案例

水上公园附近道路公交站设计案例，如图8-54所示。

图8-54 水上公园附近道路公交站设计

8.7 天津站公共设施设计案例

（1）天津站检票机设计（图 8-55）

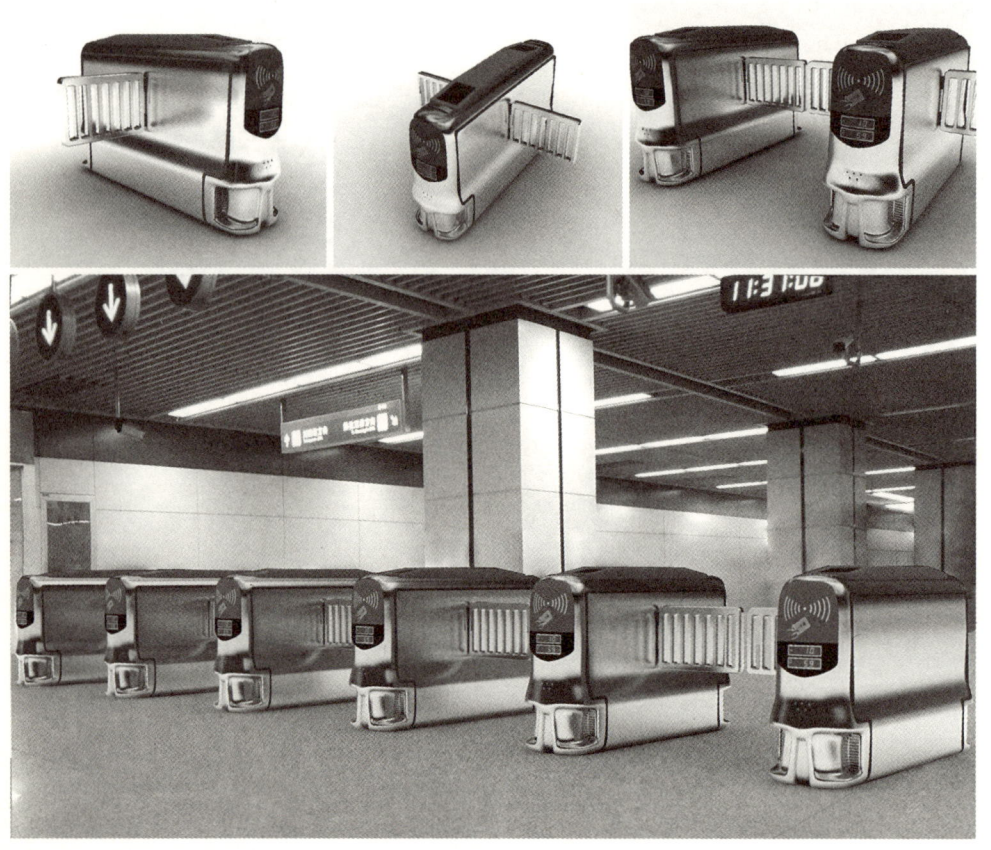

图8-55 天津站检票机设计

(2) 天津站临时依靠设计（图8-56）

(3) 天津站公共座椅设计（图8-57）

(4) 天津站人工售卖亭设计（图8-58）

(5) 天津站自动售货机设计（图8-59）

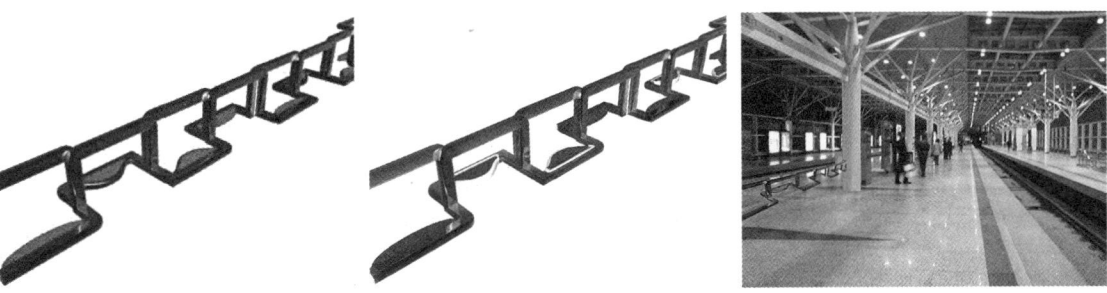

图8-56 天津站临时依靠设计

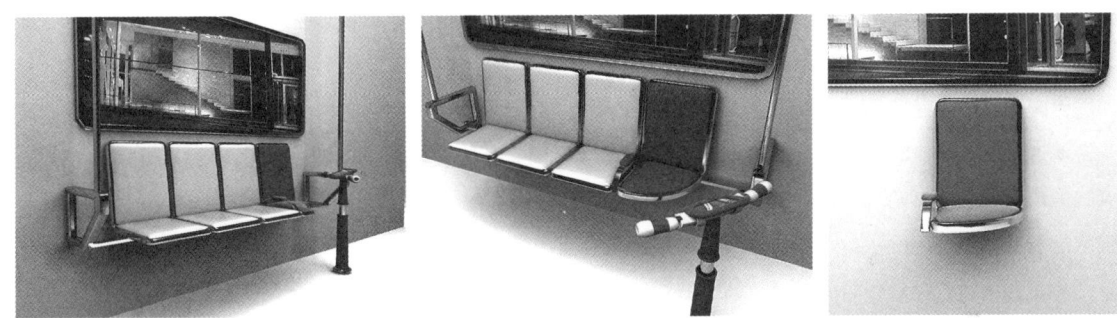

图8-57 天津站公共座椅设计

 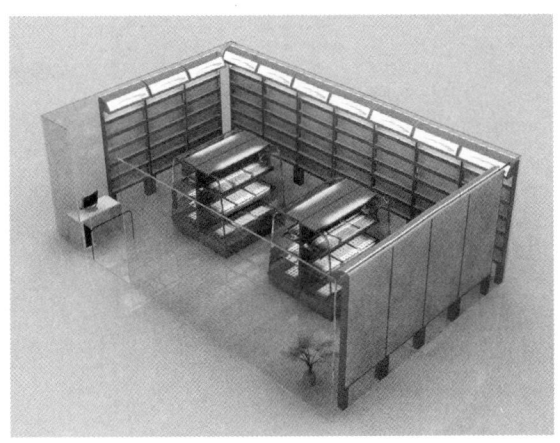

图8-58 天津站人工售卖亭设计

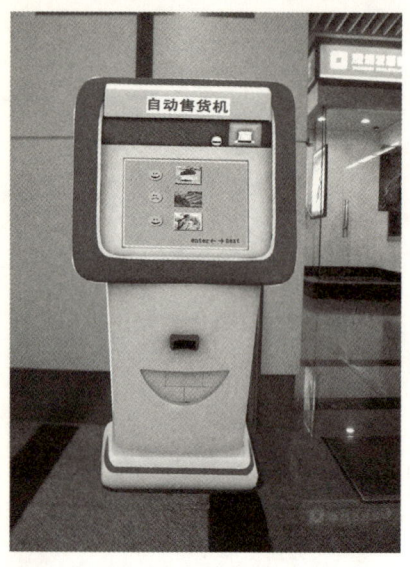

图8-59 天津站自动售货机设计

8.8 中山路报刊亭设计案例

中山路报刊亭设计案例，如图 8-60 所示。

该报刊亭的设计以迎接奥运会为主题，向世界弘扬中国文化。在造型上迎合了时代的潮流，流线型顶棚设计，具有一定程度的隔热作用，符合周围环境。报刊亭内部空间设计合理，最大限度地发挥它的使用面积。入口和前面的书架都是推拉型设计，大大提高了可利用空间。侧面为广告宣传区域，在宣传的同时也起到了美观的作用。材料上 PVC 板和金属有机结合，防腐、防潮、价廉、耐用。

图8-60 中山路报刊亭设计

8.9 天津滨海新区公共设施设计案例

8.9.1 滨海新区城市导向识别系统与公共设施形象调研

天津滨海新区位于天津东部沿海，拥有中国最大的人工港，地处环渤海湾的中心位置，包括开发区、保税区、天津港三个功能区和塘沽区、汉沽区、大港区三个行政区以及东丽区、津南区的部分行政区域，规划面积2270km^2，海岸线153km，2007年常住人口达158万人，2020年人口规划300万人。该区域地理位置优越，自然资源丰富，科技人才密集，产业基础雄厚，交通通信便捷，具有集国际化港口、高度开放的功能区和大片可供开发土地于一体的综合优势。滨海新区作为天津的一部分，拥有着饱满、丰富的天津传统文化，其中天津戏曲、相声、剪纸等民俗文化都在这里继承并发展着。

公共设施是城市公共空间中不可缺少的基础设施，人们可以轻松地使用并且依赖于它们。它们属于城市景观的一部分，但是又着重于强调使用功能，所以，在人们越来越强调享受精神生活的今天，公共设施的功能性与审美性是密不可分的。城市导向识别系统对于一个高速发展的城市区域也是至关重要的。良好的城市导向识别系统能够让国内外到滨海新区旅游投资的人士更加快捷地了解滨海新区的情况，具有城市特色的导向识别系统能够传递城市文化，同时也是这个城市经济高速发展的重要标志。

具有地域、人文特色的公共环境设施及导向识别系统能够给旅游或投资者一个深刻的印象，好的设计甚至可以从中看出一个城市的精神面貌和文化内涵。不同的城市都具有其不同的地域、文化特点。在调研中发现，目前滨海新区的公共环境设施设计水平参差不齐，部分区域的部分设施较完善，但是其他大部分设施仍然存在明显问题。没有专门机构直接指导城市公共设施形象设计、系统性差、整体规划不完善等都是问题所在。例如，在海河外滩公园中，许多公共设施（如灯具）的设计，与周边海河地理环境相适应，但是，并不具备滨海新区自身的特色，导向系统更是严重缺乏。在解放路商业街，公共基础设施相对齐备，但没有一个共同的设计主旨，没有体现出天津特有的人文特点，功能性良好，但缺乏内涵，与其他城市的商业街没什么两样，并且导向系统根本不存在。滨海国际会展中心，作为一个国际性的交流平台，部分灯具设计功能性良好，造型能够与环境融合，但是许多公共基础设施设计，如垃圾箱、公共座椅等，仍与国际设计水平脱节，导向识别设施匮乏。滨海新区作为天津的一部分，有着带动天津城市形象全面提升的重要责任，而公共设施设计正是直接展示天津城市品位、居民生活品质的重要标志。

此次调研主要以会展中心及其周边环境、海河外滩公园、解放路商业街等地为主轴展开实地调研。调研的主要方面：导向识别系统及公共设施；调研的主要侧重点：功能性、审美性、材料、颜色与环境是否融合。

1. 外滩步行街（图8-61）

(1) 垃圾桶（图8-62）

1) 分析问题

①垃圾桶表面已经破烂不堪，不锈钢表面已经严重变形。

②垃圾桶的回收标志已经脱落，不锈钢的亮面和回收标志色很难区分，因此使用者无法看清回收分类。

③造型简陋，一方面没有体现塘沽地区特色，另一方面与城市环境没有任何联系。

④垃圾桶内桶不易于收取，不便于回收和清除。

2) 解决问题

①垃圾桶上方两个不锈钢圆盖可以将其固定，一方面可以增加强度，另一方面可以不易于掉落。

②垃圾桶的可回收和不可回收可以采取不同色区分，回收和不可回收标志在镀色的表面标出。采用两色区分回收与不可回收。

③垃圾桶的造型一方面要体现地域特色，另一方面要与环境相协调。如北京某公园的"鸟笼垃圾桶"，不仅让垃圾桶与公园的环境协调，而且还让人立刻想起过去提笼架鸟的八旗子弟，体现老北京的特色（图8-63）。

3) 创意与设想

垃圾桶再怎么干净也是垃圾桶，所以大部分人是不会愿意跟它有任何接触的，即便是用脚来踩一下踏板让桶盖打开也仍然会让人不舒服。可是如果垃圾桶没有盖，里面的脏东西发出的味道也会令人反感。那就来试试这款红外感应垃圾桶吧（图8-64）。

(2) 电话亭（图8-65）

1) 分析问题

①公共电话亭根本没有设置电话，而且公共电话亭的前后方让广告牌挡住，根本看不到。

②公共电话无障碍方面存在缺陷，儿童、成人、残障人士是一样的标准。公共电话亭没有体现地域特色，造型极其简陋。

③公共电话人机方面存在问题，电话亭与人接触部分的水平金属板，让使用者在使用过程中身体一部分露在外部，在下雨情况下，会让使用者身体被淋湿。

图8-61 塘沽外滩步行街

图8-62 塘沽金街垃圾桶设施

图8-63 北京某公园鸟笼形垃圾桶

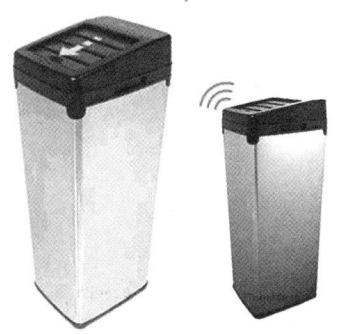
图8-64 国外垃圾桶创意设计获奖作品

图8-65 塘沽金街电话亭设施

2)解决问题

①提高公共设施管理效率,电话亭正前和正后方设置电话标志,或者在顶部设置明显标志。

②根据成年人、儿童以及轮椅残障人士的高度设置电话亭高度,确保最大限度地满足各方面使用者使用。

③公共电话亭要根据当地环境体现当地特色,电话亭的造型可以采用循环上升造型,和滨海新区的快速发展相适应。

④公共电话亭前方的水平金属板取消,或者设置一个U形板,可以让使用者进入,避免使用者在使用过程中遭日晒雨淋。

3)创意与设想

当今移动通信越来越发达,加上人们对于公共设施卫生要求的提高,相信单纯的公共电话已经不能满足时代发展要求。现实生活中,很多人会因为手机没电而烦恼,为什么不能将公共电话和手机自助充电联系起来呢?在当代环保主题下,如果设计一款能够利用太阳能自助充电的公共电话亭是不是很好呢(图8-66)。

图8-66 太阳能光伏板及自助充电器

(3) 自动取款机（图8-67）

该设施是自动取款机和电话亭的结合。设计造型相对活泼，有一种发展的动感，和滨海新区的发展恰恰吻合。但是仔细分析，会发现一些问题。

分析问题

①自动取款机的"自动取款"字样已经看不清，还有"中国农业银行"字体已经基本脱离，白天这种情况都难以分清，何况是晚上呢？

②公共电话亭的电话标志或者中文提示一点都没有。仅仅在侧面的一个凹陷的小方格里。

③在无障碍方面也存在缺陷，相信残障人士难以取款和打电话。

(4) 路灯（图8-68）

1) 分析问题

外滩步行街路灯主要集中为两种。第一种是高压钠灯（大灯），第二种是一般节能灯（小灯）。高压钠灯照射距离远，所以设置在步行街的两侧，步行街的内部则分布着许多节能灯。

①大灯下面有一圈不锈钢管，从图中可以看到，钢管可以让行人作一个短暂的依靠。但是，在夏天烈日的暴晒下相信没有几个人敢靠近。

图8-67 塘沽金街的自动取款机

图8-68　塘沽金街的路灯　　　　　　　　图8-69　南方某地的路灯

②中间节能灯造型平庸，随处可见，而且灯管裸露会产生眩光。

2）解决问题

①可以在上面加一圈遮盖物，避免阳光直射，或者换作其他导热性能差的材质。

②在灯管周围可以设置一层半透明的罩，使灯光柔和，避免灯管直射，避免眩光（图 8-69）。

(5) 管理亭（图 8-70）

1）分析问题

①该管理亭较小，只能容得下一个人。图中三个管理人员，在这么小的环境下工作，相信一定很辛苦。

②管理亭里面造型比较呆板，作为步行街第一印象，管理亭仅仅是四方的一个盒子，没有一点特色。

2）解决问题

①要根据管理值班人员人数设计出具有适宜空间的管理亭。如果可用空间确实有限，至少在亭子周围应该要有配套的设施，如管理人员休息椅。

②管理亭造型可以突出管理职能，让路人很容易分辨出管理亭，方便管理和行人的咨询。

(6) 公共座椅（图 8-71）

图8-70　塘沽金街前管理亭　　　　　　图8-71　公共座椅

8　天津市公共环境设施的设计案例　｜　213

图8-72 喷水口

图8-73 会展中心

图8-74 会展中心垃圾桶

在步行街的中心分布着很多这样的半圆形公共座椅,座椅成本不高,椅子表面采用的材料导热性能低,夏天坐着也不会感觉很烫,能很好地让行人得到短暂的休息。不足之处就是椅子造型比较简陋,和城市环境联系不大。

(7) 喷水口(图8-72)

在步行街靠中心地带的两侧分布了很多这样的喷水系统。该喷水口相对于其他喷水口比较独特,采用了蜘蛛网造型。但是,为什么不能与塘沽地方特色联系起来呢?比如说塘沽版画。

2. 会展中心(图8-73)

(1) 垃圾桶(图8-74)

1) 分析问题

①在会展中心,会看到周围的垃圾桶集中表现为这两种,左图垃圾桶没有灭烟装置,香烟等物品直接丢到垃圾桶内,容易有火灾隐患。

②右图的垃圾桶进口较小,很多垃圾不容易放进,而且没有垃圾分类回收。

③两种垃圾桶都没有很好地反映国际展示中心的特色,造型较平庸,随处可见。

2) 解决问题

①在垃圾桶的顶部设置灭烟装置或者装专门存放烟头等燃物的装置。

图8-75 会展中心路灯

②适当增加垃圾桶的宽度,增大垃圾桶的进口,增加垃圾分类回收。

③垃圾桶要反映会展中心特色,体现国际展示中心的气质。

(2) 路灯(图8-75)

1) 分析问题

①会展中心的路灯相对而言设计还是比较成功的,左图大灯的钢架结构较为牢固,与会展中心的整体也很协调。

②右图中的左侧的灯造型比较简陋,体现不出会展中心特色。

③右图中右侧的灯是广场大灯,灯的造型有点类似于天津"天塔"造型,相对比较前卫、现代。大灯照射范围也较广,但是大灯高度较高,相信后期维护也是一个问题。

④细节决定成败,广场周围的路灯底部仅仅是用4个螺栓拧紧的,可以发现,虽然灯安装时间不长,但是4个螺母已经生锈,时间久了会造成安全隐患。

⑤四个螺栓裸露在外面,一方面螺母受风吹日晒容易生锈,另一方面螺母外露也使得造型不美观(图8-76)。

2) 解决问题

①会展中心可以设计出更具有动感造型的路灯,让路灯的造型反映滨海新区的飞速发展(图8-77)。

②灯的底部相对于上方可以适当增加半径,增加灯杆的稳定程度,底部可以采取不锈钢内嵌螺钉。可以起到防锈和美观的作用。

③可以将灯杆和地面接触部分做成和地面水面高度一致,避免凸出的部分影响外观。

(3) 地灯(图8-78)

1) 分析问题

①会展中心东部公园里面分布着很多地灯,地灯本身不但可以起到照明的作用,也能点缀环境。但从图中会发现,地灯周围已经生锈。

②该地灯适合用于人来人往的水泥路面,与公园的环境不相协调,体现不出灯与环境的和

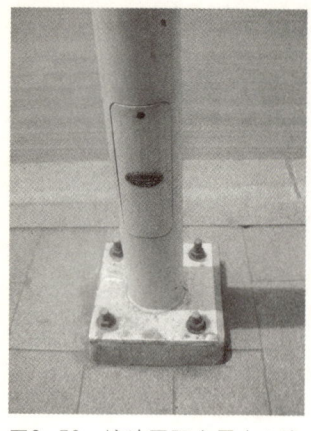 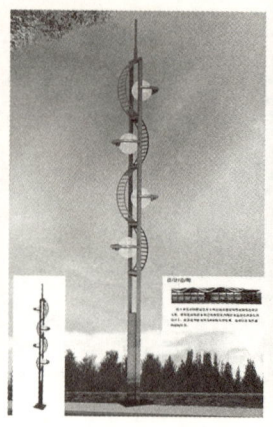 

图8-76 塘沽国际会展中心路灯底座　　图8-77 某公司设计的路灯效果图　　图8-78 塘沽国际会展中心草坪地灯

谐统一。

2）解决问题

①将地灯材质换成不锈钢材质，防止生锈，能有效地防止螺母锈死。

②改变地灯的造型，设计出和周边环境相和谐统一的路灯。如图8-79所示，北京鸟巢草坪的地灯，不仅造型优美，还能与公园以及周边的建筑环境很好地融合。

（4）井盖（图8-80）

1）分析问题

①这样的井盖随处可见。在很多城市都出现过井盖被盗，一方面井盖被盗造成公共财产损失，另一方面井盖丢失会造成严重的安全问题。

②井盖造型沿用了20世纪的标准，这类井盖算"前辈"了。

2）解决问题

①在井盖设置上可以设计成防盗的井盖，用内嵌的特殊螺纹。

图8-79 北京鸟巢前的草坪地灯　　图8-80 塘沽国际会展中心旁草坪井盖

②井盖可以参照国外井盖的造型，比如说国外彩绘的井盖，将井盖采用相联系图案彩绘，和周围草坪很好地融为一体。

（5）路标、指示牌（图8-81）

1）分析问题

①指示色彩明确醒目，起到了指示的作用。但是指示牌在空间指示方面不够明确。

②旁边路灯离指示牌较远，指示牌在夜间不容易看清。

2）解决问题

①在平面导向的基础上设置空间导向，设置导向标以指示位置。

②路牌旁设置路灯，或者将路牌设置为灯箱显示，但是这方面会大大增加成本。

3. 外滩公园（图8-82）

（1）路灯、地灯（图8-83）

外滩公园的路灯和地灯相对于步行街和会展中心相当出色，地灯错落有致，造型简洁，灯光柔和，在照明的同时避免了眩光。海浪形循环上升以及海鸥造型的路灯不仅造型优美，而且和海滨外滩的环境相和谐统一。

图8-81　塘沽会展中心旁道路指示系统　　图8-82　塘沽外滩公园

图8-83　塘沽外滩公园路灯

(2) 自行车停靠处（图 8-84）

该地区设置的自行车存车架，可以把自行车合理的规划存储起来。一方面美观环境，另一方面也增加空间的利用率。不足之处就是造型太过于平常，体现不了地区特色。

(3) 公共汽车站（图 8-85）

1) 分析问题

①车站贴满了广告，很难找到车站班次提示。

②车站的提示牌太小，占据不到站台广告面积的 1/20，乘客很难看到。

③站台的提示牌位置不对，刚好挡住过来的车辆，要候车必须站到道路前才能看到过来车辆，因此会造成乘客占道以及一定安全问题。

2) 解决问题

①控制车站广告数量。

②增加车站车次牌的面积，在前方和侧面都设置站次提示。

③将站次提示牌移到左面，这样乘客在站内就能看到过来的车辆。

(4) 无障碍通道（图 8-86）

1) 分析问题

塘沽外滩公园的台阶缺乏人文关怀，图中拉着购物小推车的老人正艰难地走上这16级台阶，外滩文化墙通往广场仅有3m的距离，却被16级台阶阻隔。由于缺少无障碍通道，腿脚不便的老人、坐轮椅的老人、婴儿车想登上台阶都十分费力，有些只好放弃，遗憾地告别外滩的美景。

2) 解决问题

设置无障碍通道，建立坡度较低的斜坡，或者架设简易坡道。

8.9.2　滨海新区公共设施设计方案

(1) "可直立自动锁"自行车停放架（图 8-87）

(2) "灵动"风电混合路灯（图 8-88）

图8-84　塘沽外滩公园自行车存车架

图8-85　塘沽外滩公园公共汽车站

图8-86　塘沽外滩正在上台阶的老人

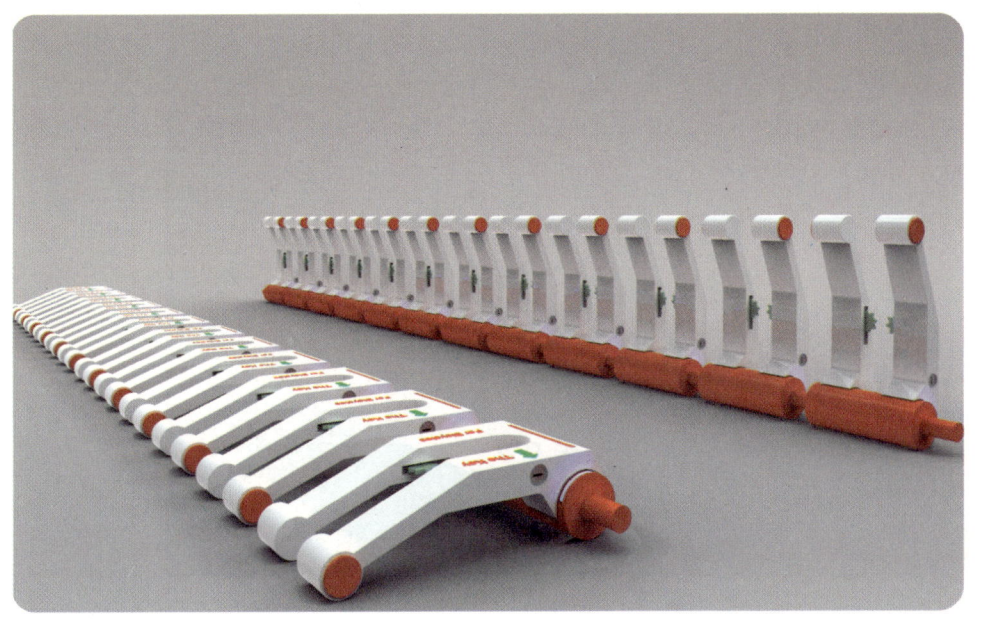

"可直立自动锁"自行车停放架

Industry Design

◎ 设计说明：
design description

该设计着力于解决两个问题，第一，自行车停放架占地太大。第二，自行车锁放的方便与安全问题。该停放架中间的两个转轮为可滑动卡轮。自行车只需向内部推动中间转轮滑动即可锁上，一旦锁上，中间滑轮滑动不可逆向，不可伸缩，只有用侧面钥匙开启。停放架可以单独侧放，靠近墙角，或者将几排并排侧放，以减少停放架占地过大。停放架造型优美，色彩鲜艳，突破了传统停放架冰冰冷冷，多了一份人文关怀

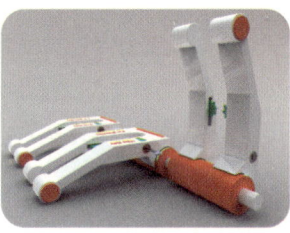

● 侧面的荧光灯晚上可以照亮钥匙孔

● 色彩鲜艳，给人以人文关怀

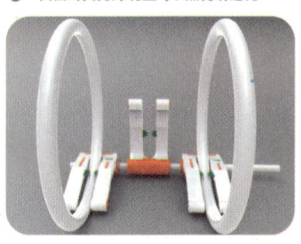

● 中间的自动锁，只需轮子向内推进就可以

◎ 三视图
three-view drawing

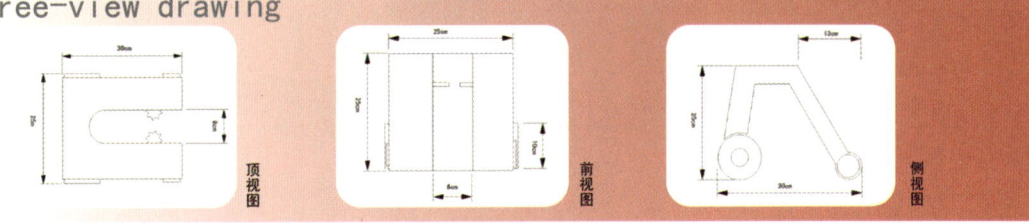

图8-87 "可直立自动锁"自行车停放架设计

"灵动"风电混合路灯

Industry Design

◎ 设计说明：
design description

该设计考虑到滨海外滩的风力资源，将本地优势资源和当今环保主题结合。路灯造型突出外滩灵动的风貌，与"海之魂"的主题也能很好地融合。顶部的垂直风力发电装置可以捕获多个方位的风能。

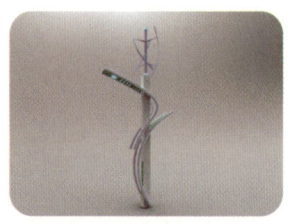
● 路灯的灵动的设计紧贴"海之魂"主题

◎ 三视图
three-view drawing

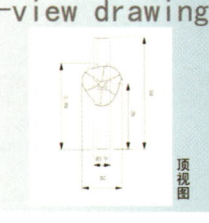
● 顶部的垂直风力发电装置可以捕获多个方位的风能

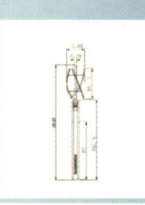
● 路灯两边分别照亮人行道与机动车道

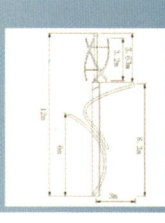
顶视图

前视图

侧视图

图8-88　"灵动"风电混合路灯设计

(3) 公共座椅——简单生活（图8-89）

(4) "饼凳"城市公共户外座椅设计（图8-90）

(5) 塘沽外滩公园识别系统设计（图8-91、图8-92）

固定方式：
将固定金属管放置于地下40cm，通过螺纹的旋转锁紧即可

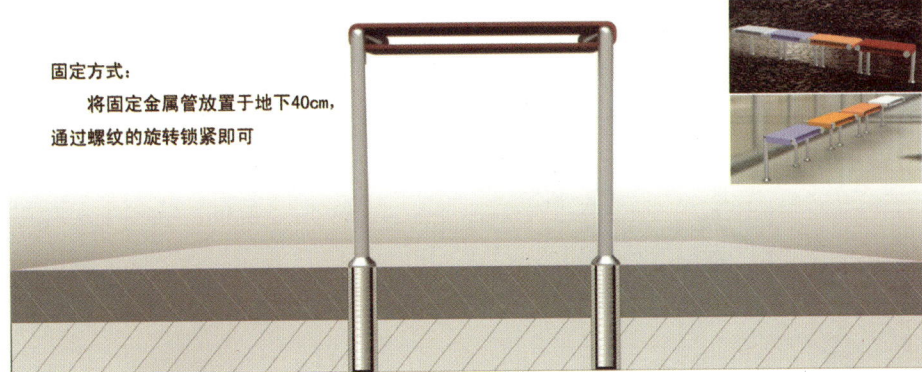

简单生活
SIMPLE LIFE

PUBLIC SETTING DESIGN
公共座椅设计

设计说明

- 此款设计以维持城市空间的连续性为出发点，以与城市环境相协调的原则为基础，将公共座椅形态全部几何化处理。这样，公共座椅风格既与周围环境相统一，又能体现出自身独具特色的地方
- 根据公共空间座椅的经济、容易维护的原则，该公共座椅整体部件采用模块化处理，各部分零件易于翻修、拆换。并且自身材质全部为可回收材料，节约资源，经济环保
- 该公共座椅占地空间小，组合搭配形式灵活，适合现代城市公共空间的各个角落。而且拆卸机动性强，当需要消除某一空间公共座椅时，只需简单拆卸即可。并且运送十分方便，节约物流成本
- 座椅的色彩形式丰富多样，可以根据不同的空间表达最恰当的色彩语义

图8-89　公共座椅设计

图8-90　"饼凳"城市公共户外座椅设计

外滩公园
导向识别系统
设计型录

方案一："W"形边缘型　方案一："W"形边缘型

色彩方案：
　　色值　R:204 G:202 B:169
　　色值　R:158 G:157 B:131
　　色值　R:54 G:60 B:74
　　色值　R:226 G:17 B:0

字体方案：微软雅黑＋华文中宋＋幼圆

图形方案：

图形设计思路：
该图形源于外滩核心景观——碧海帆影中的波浪形状，经过抽象后作为该方案导向标识中的核心图案。经过抽象的图案还酷似外滩拼音首字母"W"的变形，另外，该图形还具有连绵起伏的瓦片的形态，具有中国传统建筑元素的特色，也寓意着塘沽人民正为滨海新区的建设添砖加瓦。

图8-91　设计方案一

"W"形边缘型方案设计——景观导向（碧海帆影）

设计理念："碧海帆影"是外滩公园的核心景观，由大、中、小3个单体景观组成，在整个公园当中按照规划动线进行分布。在进行导向设计时，按照单体大小的不同进行体量大小不同的数字标志。另外，在每一个导向牌上都附有对景观的概述以及不同角度下拍摄的景观图片，在为游人进行目标引导的同时，也进一步向游人展示景观的风貌。

 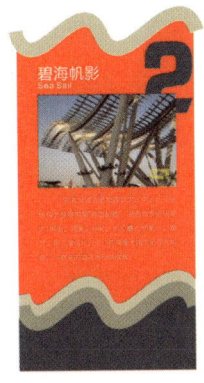 

"W"形边缘型方案设计——入口导向

设计理念：左图为入口处的导览图，供游人了解公园景观、设施的布局，使游人迅速获得游览思路。右图为公园的概况简介，作为滨海新区的核心景观之一，外滩公园应当将自己的设计构思、景观概况简明地传达给游客，而游客也希望通过对概况的了解，进一步认识外滩公园甚至是滨海新区的发展状况。

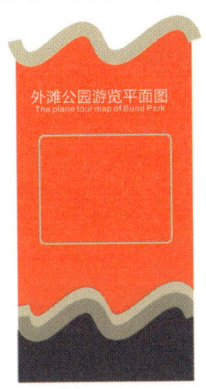 

"W"形边缘型方案设计——公共设施导向（基本设施导向）

设计理念：为了体现外滩公园国际化的设计理念，对公共设施导向系统采取了以标志符号为主，中英文提示为辅助的导向方法。并为每一处设施的远近距离进行了详细的箭头、数据引导。

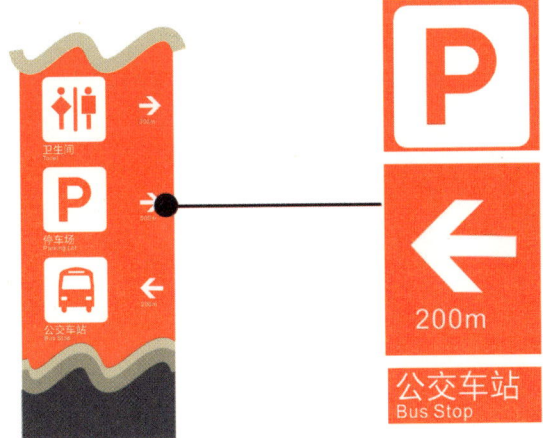

图8-91 设计方案一（续图）

"W"形边缘型方案设计——公共设施导向（卫生间）

设计理念： 卫生间的导向设计是从细节处体现景点的人文关怀，核心图案的应用和分类完善的图形引导将为游客留下一个愉快、舒适的游玩印象。

"W"形边缘型方案设计——景观导向（公主号）

设计理念： "东方公主"号游轮是外滩公园的一个重要景观，为了突出其重要性以及为游人带来方便，这类景观的导向必不可缺。此设计将景观导向标志、景观介绍、景观公共标志整合在一起，给游人提供最便捷的导向服务。首先是通过导向标志是有人在远距离获得景观名称、项目、远近等环境信息；其次，景观的全景照片及对景观进行的文字说明，使游人能更进一步了解景观信息；最后，公共禁止标志提醒游人及时注意到游览景观时应有的景观保护意识。

图8-91 设计方案一（续图）

方案二：模块型　　方案二：模块型

色彩方案：　色值 R:255 G:222 B:0
　　　　　　　色值 R:19 G:64 B:152

字体方案：　微软雅黑+华文中宋+幼圆

图形方案：

图形设计思路：
该图形源于外滩核心景观——碧海帆影中的波浪形状，经过抽象后作为该方案导向标识中的核心图案。经过抽象的图案还酷似外滩拼音首字母"W"的变形，另外，该图形还具有连绵起伏的瓦片的形态，具有中国传统建筑元素的特色，也寓意着塘沽人民正为滨海新区的建设添砖加瓦。

图8-92 设计方案二

"W"形边缘型方案设计——景观导向（碧海帆影）

设计理念："碧海帆影"是外滩公园的核心景观，由大、中、小3个单体景观组成，在整个公园当中按照规划动线进行分布。在进行导向设计时，按照单体大小的不同进行体量大小不同的数字标志。另外，在每一个导向牌上都附有对景观的概述以及不同角度下拍摄的景观图片，在为游人进行目标引导的同时，也进一步向游人展示景观的风貌。

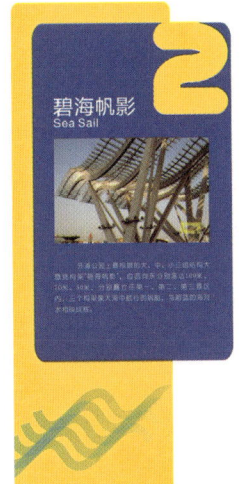

"W"形边缘型方案设计——景观导向（公主号）

设计理念："东方公主"号游轮是外滩公园的一个重要景观，为了突出其重要性以及为游人带来方便，这类景观的导向必不可缺。此设计将景观导向标志、景观介绍、景观公共标志整合在一起，给游人提供最便捷的导向服务。首先是通过导向标志是有人在远距离获得景观名称、项目、远近等环境信息；其次，景观的全景照片及对景观进行的文字说明，使游人能更进一步了解景观信息；最后，公共禁止标志提醒游人及时注意到游览景观时应有的景观保护意识。

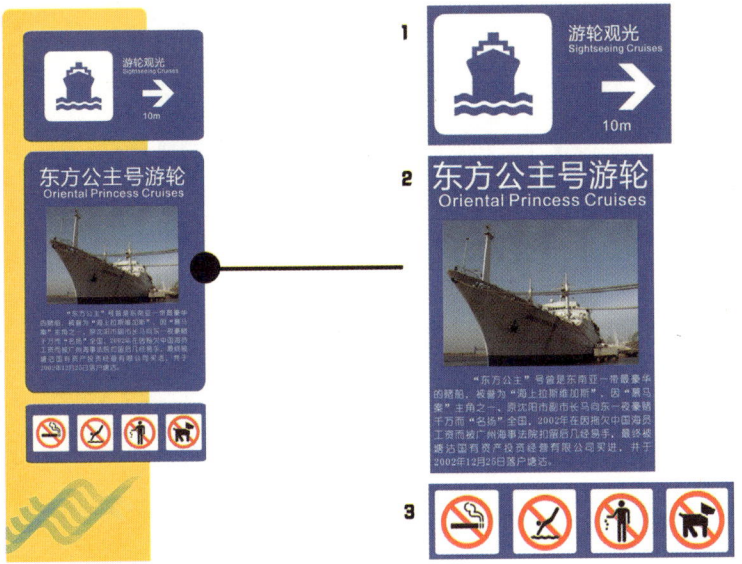

图8-92 设计方案二（续图）

"W"形边缘型方案设计——入口导向

设计理念：左图为入口处的导览图，供游人了解公园景观、设施的布局，使游人迅速获得游览思路。右图为公园的概况简介，作为滨海新区的核心景观之一，外滩公园应当将自己的设计构思、景观概况简明地传达给游客，而游客也希望通过对概况的了解，进一步认识外滩公园甚至是滨海新区的发展状况。

"W"形边缘型方案设计——公共设施导向（基本设施导向）

设计理念：外滩公园作为滨海新区塘沽区的一个开放式景点，面对的游客群体非常广泛。此外，外滩公园北有解放路商业步行街，南沿海河，隔河而望还有塘沽重要的商务核心区——响螺湾CBD，不得不说，外滩公园意义非凡，其设施导向等设计理念都应达到高度国际化，来体现塘沽积极、开放的发展势头。为了体现外滩公园国际化的设计理念，对公共设施导向系统采取了以标志符号为主，中英文提示为辅助的导向方法，并为每一处设施的远近距离进行了详细的箭头、数据引导。

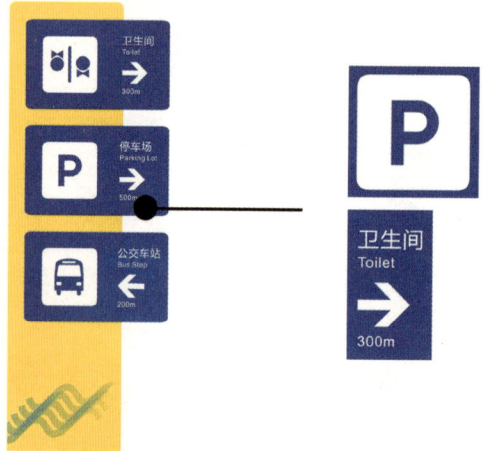

"W"形边缘型方案设计——公共设施导向（卫生间）

设计理念：外滩公园作为滨海新区塘沽区的一个开放式景点，面对的游客群体非常广泛。此外，外滩公园北有解放路商业步行街，南沿海河，隔河而望还有塘沽重要的商务核心区——响螺湾CBD，不得不说，外滩公园意义非凡，其设施导向等设计理念都应达到高度国际化，来体现塘沽积极、开放的发展势头。卫生间的导向设计是从细节处体现景点的人文关怀，核心图案的应用和分类完善的图形导引将为游客留下一个愉快、舒适的游玩印象。

 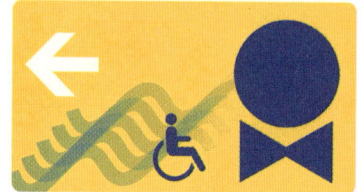

图8-92 设计方案二（续图）

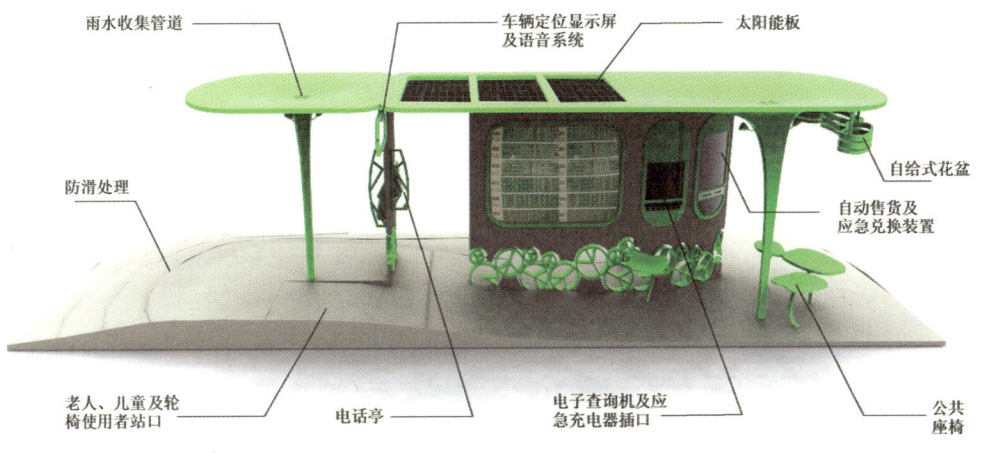

视觉干扰 + 太阳高度角

普通候车亭视角较窄，不方便观察来往的车辆，而"城市荷塘"增加了视角的观察范围

当太阳高度角发生变化时，普通候车亭不能更好地遮阳，而"城市荷塘"可以解决这个问题

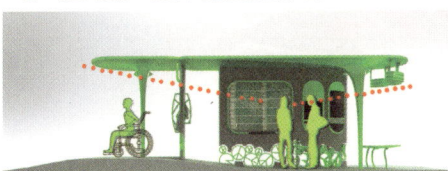

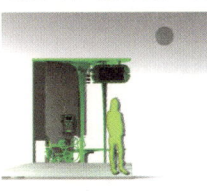

普通候车亭　设计候车亭

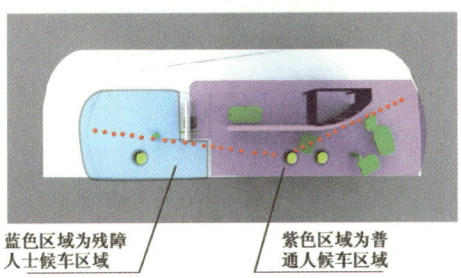

蓝色区域为残障人士候车区域　　紫色区域为普通人候车区域

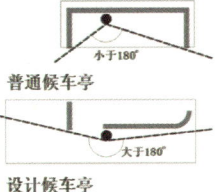

普通候车亭

设计候车亭

图8-92　设计方案二（续图）

8　天津市公共环境设施的设计案例 | 227

自动供氧+自动供水

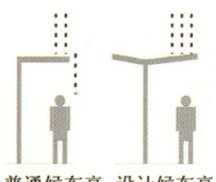

普通候车亭　设计候车亭

雨水收集流道口，防止顶棚边缘的雨水淋湿候车的人群

收集后的雨水可以通过顶棚内的流道，给花卉给养

功能化+细节设计

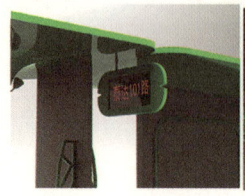

车辆定位显示面板还具有语音功能，方便弱势群体

公用电话的位置也分为无障碍区域与常规区域

垃圾筒具有荷叶一样的盖子，形态与候车亭相融合；同时筒下部有一活动底面，方便垃圾清理工收拾垃圾

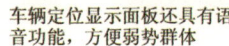

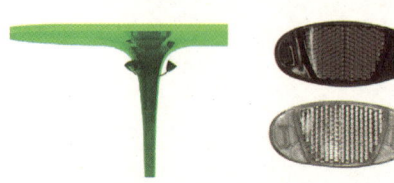

候车亭顶部的太阳能面板能基本满足站内用电；亭内顶棚和支柱嵌有强反材料，节约电能的使用，在深夜里增强安全性

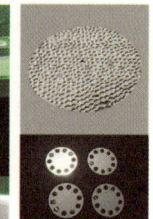

候车亭内的灯采用莲蓬的形态，并具有反光面板，功能与形态完美结合

无障碍+整体形态融合

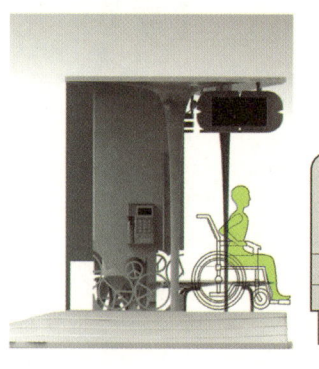

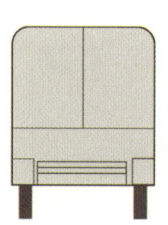

无障碍候车区使得老人、儿童等更容易上车；地面曲面形态与整体造型相融合；并具有防滑等防护措施

图8-93　城市荷塘候车亭设计方案（续图）

9 彩图

彩图9-1

彩图9-2

彩图9-3

彩图9-4

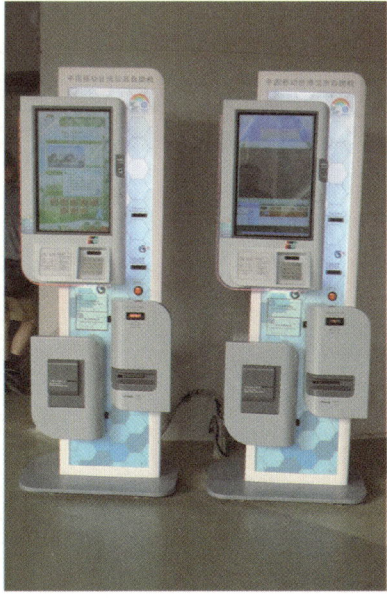

彩图9-5

彩图9-6

彩图9-7

彩图9-8

彩图9-9

彩图9-10

彩图9-11

彩图9-12

彩图9-13

彩图9-14

彩图9-15

彩图9-16

彩图9-17

彩图9-18

彩图9-19

彩图9-20

彩图9-21

彩图9-22

彩图9-23

彩图9-24

彩图9-25

彩图9-26

彩图9-27

彩图9-28

彩图9-29

彩图9-30

彩图9-31

彩图9-32

彩图9-33

彩图9-34

彩图9-35

彩图9-36

彩图9-37

彩图9-38

彩图9-39

彩图9-40

彩图9-41

彩图9-42

彩图9-43

彩图9-44

彩图9-45

彩图9-46

彩图9-47

彩图9-48

彩图9-49

彩图9-50

彩图9-51

彩图9-52

彩图9-53

彩图9-54

彩图9-55

彩图9-56

彩图9-57

彩图9-58

彩图9-59

彩图9-60

彩图9-61

彩图9-62

彩图9-63

彩图9-64

彩图9-65

彩图9-66

彩图9-67

彩图9-68

彩图9-69　　　　　　　　彩图9-70　　　　　　　　彩图9-71

彩图9-72　　　　　　　　彩图9-73　　　　　　　　彩图9-74

彩图9-75　　　　　　　　彩图9-76　　　　　　　　彩图9-77

彩图9-78　　　　　　　　彩图9-79　　　　　　　　彩图9-80

彩图9-81　　　　　　　　彩图9-82　　　　　　　　彩图9-83

彩图9-84　　　　　　　　彩图9-85　　　　　　　　彩图9-86

彩图9-87　　　　　　　　彩图9-88　　　　　　　　彩图9-89

彩图9-90

彩图9-91

彩图9-92

彩图9-93

彩图9-94

彩图9-95

彩图9-96

彩图9-97

彩图9-98

彩图9-99

彩图9-100

彩图9-101

参考文献

[1] 钟蕾. 天津市新型公交车站设施系统设计尝试. 装饰, 2006, 9: 81.
[2] 钟蕾, 张海林. 城市街头公共设施形象设计. 装饰, 2003, 12: 25.
[3] 钟蕾, 张海林. 产品造型设计中的仿生形态与设计应用分析艺术与设计, 2005, 11: 82-84.
[4] 钟蕾、苗延荣、董雅. 天津市公交站牌、候车亭信息布局与设计可行性分析研究. 艺术与设计, 2006, 7: 38-41.
[5] 张海林、钟蕾. 关于公共雕塑与城市形象的新角度思考. 装饰, 2006, 3: 9-10.
[6] 钟蕾、董雅. 论"和谐、生态"的城市街道设施设计. 天津市社会科学界第三届学术年会优秀论文集(上卷). 天津:天津人民出版社, 2007, 266-276.
[7] 张海林、董雅. 城市空间元素公共环境设施设计. 北京:中国建筑工业出版社, 2007.
[8] 钟蕾. 立体造型表达. 北京:中国建筑工业出版社, 2010.
[9] 罗京艳, 钟蕾. 天津市公共设施的无障碍设计分析. 教育教学探讨, 2008, 6: 45-47.
[10] 李杨, 钟蕾. 天津地域性特征对城市街道设施设计影响分析. 天津师范大学学报社科版, 2008, 8: 151-152.
[11] 张妍, 钟蕾. 关于滨海新区环境设施设计中意境美的构成研究. 艺术与设计, 2011, 1: 50.
[12] 梁梅. 中国当代城市环境设计的美学分析与批判. 北京:中国建筑工业出版社, 2008.
[13] 安秀. 公共设施与环境艺术设计. 北京:中国建筑工业出版社, 2007.
[14] 冯信群. 公共环境设施设计. 上海:东华大学出版社, 2006.
[15] 杨子葆. 街道家具与城市美学. 台北:艺术家出版社, 2005.
[16] 汤重熹, 熊应军. 城市公共环境设计2、3. 乌鲁木齐:新疆科学技术出版社, 2004.
[17] 张鸿雁. 城市形象与城市文化资本论. 南京:东南大学出版, 2002.
[18] (丹麦)杨·盖尔. 交往与空间. 何人可译. 北京:中国建筑工业出版社, 2002.
[19] 陈堂启. 城市公共设施人文化设计的文化发掘和设计. 天津科技大学硕士论文, 2009.
[20] 杨叶红. "城市家具"——城市公共设施设计研究. 西南交通大学硕士论文, 2007.
[21] 张小燕. 现代城市公共设施中的人性化设计研究. 山东轻工业学院, 2009.
[22] 李哲. 生态城市美学的理论建构与应用性前景研究. 天津大学. 博士论文. 2005.
[23] 苗鹏云. 城市广场及街道中环境设施的艺术造型设计研究. 西安建筑科技大学硕士论文. 2007.